高等院校"十三五"规划教材——Python系列

DATA ANALYSIS、MINING
AND VISUALIZATION USING

PYTHON

慕课版

Python

数据分析、挖掘与可视化

董付国◎编著

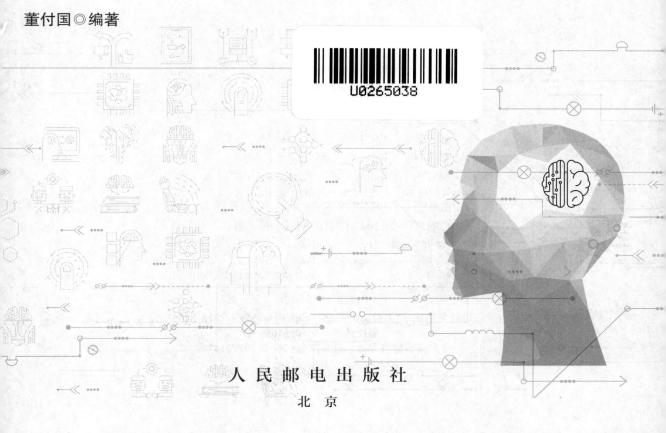

人民邮电出版社
北京

图书在版编目（C I P）数据

Python数据分析、挖掘与可视化 ：慕课版 / 董付国
编著. -- 北京 ：人民邮电出版社，2020.1（2023.7重印）
高等院校"十三五"规划教材. Python系列
ISBN 978-7-115-52361-7

Ⅰ．①P… Ⅱ．①董… Ⅲ．①软件工具－程序设计－
高等学校－教材 Ⅳ．①TP311.561

中国版本图书馆CIP数据核字(2019)第230239号

内 容 提 要

全书共 9 章，内容包括 Python 开发环境的搭建与编码规范，数据类型、运算符与内置函数，列表、元组、字典、集合与字符串，选择结构、循环结构、函数定义与使用，文件操作，numpy 数组与矩阵运算，pandas 数据分析实战，sklearn 机器学习实战，matplotlib 数据可视化实战等。

本书适合作为高等院校计算机、大数据、数据科学或相关专业的教材，也适合从事相关工作的工程师和爱好者阅读。

◆ 编　著　董付国
责任编辑　武恩玉
责任印制　周昇亮

◆ 人民邮电出版社出版发行　　北京市丰台区成寿寺路 11 号
邮编　100164　电子邮件　315@ptpress.com.cn
网址　http://www.ptpress.com.cn
大厂回族自治县聚鑫印刷有限责任公司印刷

◆ 开本：787×1092　1/16　　插页：1
印张：17　　　　　　　　2020 年 1 月第 1 版
字数：412 千字　　　　　 2023 年 7 月河北第11次印刷

定价：49.80 元

读者服务热线：**(010)81055256**　印装质量热线：**(010)81055316**
反盗版热线：**(010)81055315**
广告经营许可证：京东市监广登字 20170147 号

　　数据分析、数据挖掘与数据可视化是一个古老的话题，并非什么新生事物。近些年来，随着计算机软硬件的飞速发展，数据分析、数据挖掘、数据可视化的相关理论和技术在各领域的应用更是有了质的飞跃。饭店选址、公交路线规划、物流规划、春运车次安排、原材料选购、商场进货与货架摆放、查找隐性贫困生、房价预测、股票预测、寻找黑客攻击向量、犯罪人员社交关系挖掘、网络布线、潜在客户挖掘、个人还贷能力预测、异常交易分析、网络流量预测、成本控制与优化、客户关系分析、商品推荐、文本分类、笔迹识别与分析、共享单车投放、智能交通、智能医疗等，这些都要借助于数据分析与挖掘相关的理论和工具才能更好、更快地完成，而可视化则一直是用于辅助数据分析、挖掘进而做出正确决策的有力工具与技术。

　　数据分析、数据挖掘与数据可视化是综合性非常强的学科领域。从事相关工作的人员既要掌握线性代数、统计学、人工智能、机器学习等大量理论知识，又要熟悉编程语言及相关软件的使用。

　　在众多的编程语言中，Python 是最适合做数据分析、数据挖掘和数据可视化的，其简洁的语法、强大的功能、丰富的扩展库以及开源免费、易学易用的低门槛特点，使 Python 成为众多领域不可替代的编程语言。

　　本书首先简要地介绍了进行数据分析、挖掘和可视化时，需要了解的 Python 基础知识，然后重点介绍了扩展库 numpy、pandas、sklearn、matplotlib 以及相应的理论知识。全书以案例为主，通过大量的实际案例演示相关理论和 Python 语言的应用。

　　本书配有视频讲解，可以登录智慧树网搜索"董付国"学习配套慕课。另外，微信公众号"Python 小屋"中 1000 余篇文章和 500 多个微课视频是对书中内容很好的补充和扩展。

董付国

2019 年 8 月

山东烟台

目录

第 1 章 Python 开发环境的搭建与编码规范

本章学习目标

- 了解 Python 的特点；
- 了解 Python 的应用领域；
- 掌握 Python 开发环境的搭建；
- 熟练使用 IDLE 和 Anaconda3 的 Jupyter Notebook 与 Spyder 开发环境；
- 熟练安装 Python 扩展库；
- 了解 Python 的编码规范；
- 熟练掌握 Python 标准库与扩展库对象的导入和使用。

1.1 Python 开发环境的搭建与使用

1.1

Python 是一门跨平台、开源、免费的解释型高级动态通用编程语言，其应用领域并不局限于数据分析与挖掘。诞生 30 年来，Python 已经渗透到系统安全、科学计算可视化、逆向工程与软件分析、人工智能、网站开发、数据爬取与大数据处理、系统运维、自然语言处理、电子电路设计、游戏设计与策划、移动终端开发、树莓派开发等专业和领域。本书侧重于讲解 Python 在数据分析、挖掘和可视化方面的应用，但介绍的 Python 基础知识是通用的。

Python 除了可以解释执行源码，还支持伪编译为字节码以提高加载速度，也支持使用 py2exe、pyinstaller、cx_Freeze、py2app 或其他类似工具将 Python 程序及其所有依赖库打包成为各种平台上的可执行文件，这也是保护源码和知识产权的常用方式。

Python 支持命令式编程和函数式编程两种模式，完全支持面向对象程序设计，语法简洁清晰，功能强大且易学易用，最重要的是拥有大量的几乎支持所有领域应用开发的成熟扩展库，具有极强的通用性。

目前，Python 官方网站同时发行和维护 Python 2.*x* 和 Python 3.*x* 两个不同系列的版本。这两个系列的版本之间很多用法和扩展库是不兼容的。本书不讨论 Python 2.*x*（官方已停止维护），书中所有代码适用于 Python 3.5、3.6、3.7、3.8、3.9 以及更高版本。

常用的 Python 开发环境除了 Python 官方安装包自带的 IDLE，还有 Anaconda3、PyCharm、Eclipse、zwPython 等。本书主要通过 Anaconda3 提供的 Jupyter Notebook 和 Spyder 开发环境

介绍 Python 语言的语法和在数据分析、挖掘与可视化相关领域的应用，个别使用 IDLE 演示的代码会特别说明。书中所有代码同样也可以在 Python 的其他开发环境中运行。

1.1.1 IDLE

IDLE 是 Python 安装包自带的开发环境，没有集成任何扩展库，也不具备强大的项目管理功能，如果用来开发大型系统的话，需要花费较多的时间在环境配置和项目管理上，对用户综合能力的要求非常高。

在 Python 官方网站下载最新的 Python 3.6.*x*、Python 3.7.*x* 或 Python 3.8.*x* 安装包（根据自己计算机操作系统选择 Windows、Mac OS X 或其他平台以及 32 位或 64 位）并安装后（建议使用 C:\Python36、C:\Python37、C:\Python38 或类似的安装路径，但这并不是必须的），在开始菜单中可以选择 IDLE(Python 3.6 64-bit)或 IDLE(Python 3.7 64-bit)或其他版本的 IDLE，如图 1-1 所示。

单击 IDLE 之后看到的就是 IDLE 默认的交互式开发环境界面。图 1-2 所示为 Python 3.7 IDLE 的交互式开发环境界面，其他版本界面与此基本类似。

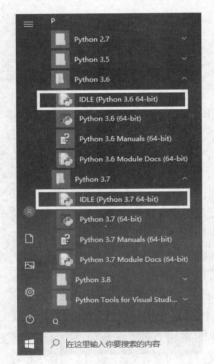

图 1-1   在开始菜单中选择 IDLE 版本   图 1-2   Python 3.7 IDLE 交互式开发环境界面

在 IDLE 的交互模式中，">>>　"表示提示符，可以在提示符后面输入代码，然后按回车键执行。在交互模式中，每次只能执行一条语句，必须等上一条语句执行结束，并再次出现提示符">>>　"时才可以输入下一条语句。普通语句或表达式可以直接按回车键运行并立刻输出结果；选择结构、循环结构、异常处理结构、函数定义、类定义、with 块等属于一条复合语句，需要按两次回车键才会执行。

为了便于反复修改和长期保存代码，用户经常需要创建程序文件，可以在 IDLE 中单击菜单 "File" ==> "New File"，输入代码之后将其保存为扩展名为 ".py" 或 ".pyw" 的文件。注意，文件名不要和标准库或已安装的扩展库文件名相同，否则会影响代码运行甚至无法启动 Python 解释器。保存文件后按 "F5" 键或单击菜单 "Run" ==> "Run Module" 运行程序，然后结果会显示到交互式窗口中，如图 1-3 所示。

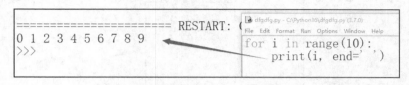

图 1-3　使用 IDLE 编写和运行 Python 程序

1.1.2　Anaconda3

Anaconda3 支持 Windows、Linux 和 Mac OS 操作系统，主要提供了 Jupyter Notebook 和 Spyder 两个开发环境，自带大量的常用扩展库，得到了广大初学者和教学、科研人员的喜爱。

使用浏览器打开 Anaconda 官方网站下载合适版本并安装，目前官方主页上的 Anaconda3 适用于 Python 3.8 版本，如果想下载早期发行版本的 Anaconda3，可以在官网搜索获取。

安装成功之后，从开始菜单中启动 Jupyter Notebook 或 Spyder 即可，如图 1-4 所示。

1. Jupyter Notebook

启动 Jupyter Notebook 会启动一个控制台服务窗口并自动启动浏览器打开一个网页，把控制台服务窗口最小化，然后在浏览器中该网页右上角单击菜单 "New"，然后选择 "Python 3" 打开一个新窗口，如图 1-5 所示。在该窗口中即可编写和运行 Python 代码，如图 1-6 所示。页面上每一个单元格称为一个 cell，每个 cell 中可以编写一段独立运行的代码，但是前面 cell 的运行结果会影响后面的 cell，也就是前面 cell 中定义的变量在后面的 cell 中仍可以访问，这一点要特别注意。另外，还可以通过菜单 "File" ==> "Download as" 把当前代码以及运行结果保存为 ".py" ".ipynb" 或其他形式的文件，方便日后学习和演示。

图 1-4　在开始菜单中启动 Jupyter Notebook 或 Spyder

2. Spyder

Anaconda3 自带的集成开发环境 Spyder 同时提供了交互式开发界面和程序编写与运行界面，以及程序调试和项目管理功能，使用更加方便。在图 1-7 中，箭头 1 指出项目文件，箭头 2 指出程序编写窗口，单击箭头 3 所指工具栏中的 "Run File" 按钮运行程序，可在交互式窗口显示运行结果。另外，在箭头 4 指出的交互环境中，也可以执行单条语句，与 IDLE 交互模式类似。

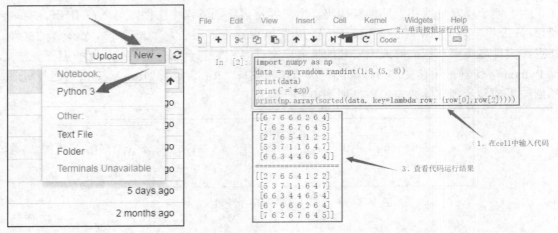

图 1-5　Jupyter Notebook　　　　图 1-6　Jupyter Notebook 程序编写与运行界面
主页面右上角菜单

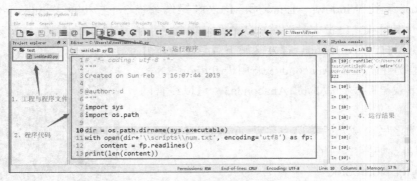

图 1-7　Spyder 程序编写与运行界面

1.1.3　安装扩展库

库或包一般指包含若干模块的文件夹，模块指一个包含若干函数定义、类定义或常量的 Python 源程序文件。除了 math（数学模块）、random（随机模块）、datetime（日期时间模块）、collections（包含更多扩展版本序列的模块）、functools（与函数以及函数式编程有关的模块）、urllib（与网页内容读取和网页地址解析有关的模块）、itertools（与序列迭代有关的模块）、string（常用字符串）、re（正则表达式模块）、os（系统编程模块）、os.path（与文件、文件夹有关的模块）、zlib（数据压缩模块）、hashlib（安全哈希与报文摘要模块）、socket（套接字编程模块）、tkinter（GUI 编程模块）、sqlite3（操作 SQLite 数据库的模块）、csv（读写 CSV 文件的模块）、json（读写 JSON 文件的模块）、pickle（数据序列化与反序列化的模块）、statistics（统计模块）、time（与时间操作有关的模块）等大量内置模块和标准库（完整清单可以通过官方在线帮助文档进行查看），Python 还有 xlrd（用于读取 Excel 2003 之前版本文件）、xlwt（用于写入 Excel 2003 之前版本文件）、openpyxl（用于读写 Excel 2007 及更高版本文件）、python-docx（用于读写 Word 2007 及更新版本文件）、python-pptx（用于读写 PowerPoint 2007 及更新版本文件）、pymssql（用于操作 Microsoft SQL Server 数据库）、pillow（用于数字图像处理）、pyopengl（用于计算机图形学编程）、numpy（用于数组计算与矩阵计算）、scipy（用

4

于科学计算）、pandas（用于数据分析与处理）、matplotlib（用于数据可视化或科学计算可视化）、scrapy（爬虫框架）、sklearn（用于机器学习）、tensorflow（用于深度学习）、django（用于网站开发）等，几乎渗透到所有领域的扩展库或第三方库。

标准的 Python 安装包只包含了内置模块和标准库，没有包含任何扩展库，开发人员可以根据实际需要再安装和使用合适的扩展库。Python 自带的 pip 工具是管理扩展库的主要方式，支持 Python 扩展库的安装、升级和卸载等操作。常用 pip 命令的使用方法如表 1-1 所示。

表 1-1　　　　　　　　　　　　常用 pip 命令的使用方法

pip 命令示例	说　　明
pip freeze	列出已安装模块及其版本号
pip install SomePackage[==version]	在线安装 SomePackage 模块，可以使用方括号内的形式指定扩展库版本
pip install SomePackage.whl	通过 whl 文件离线安装扩展库
pip install --upgrade SomePackage	升级 SomePackage 模块
pip uninstall SomePackage	卸载 SomePackage 模块

在 Windows 平台上，如果在线安装扩展库失败，可以下载扩展库编译好的 ".whl" 文件（一定要选择正确版本且不要修改下载的文件名），然后在命令提示符环境中，使用 pip 命令进行离线安装。例如：

```
pip install pandas-0.24.0-cp37-cp37m-win_amd64.whl
```

注意，如果计算机上安装了多个版本的 Python 开发环境，在一个版本下安装的扩展库无法在另一个版本中使用。用户多版本安装时，最好切换至相应版本的 Python 安装目录的 scripts 文件夹中，然后按 "Shift" 键的同时单击鼠标右键，在弹出的菜单中选择 "在此处打开命令提示符窗口"（Win 7）或 "在此处打开 Power Shell 窗口"（Win 10），进入命令提示符环境执行 pip 命令（如果使用 PowerShell，需要在 pip 命令前加上 "./"）。如果要离线安装扩展库，最好也把 ".whl" 文件下载到相应版本的 scripts 文件夹中。

在 Anaconda3 开发环境中，除了 pip 之外，也可以使用 conda 命令安装 Python 扩展库，用法与 pip 类似。不过，并不是每个扩展库都有相应的 conda 版本，如果遇到 conda 无法安装的扩展库，进入 Anaconda3 安装目录的 scripts 文件夹中，使用 pip 安装之后，同样可以在 Anaconda3 的 Jupyter Notebook 和 Spyder 环境中使用。

1.2　Python 编码规范

1.2

一个好的 Python 代码不仅应该是正确的，还应该是漂亮的、优雅的，读起来赏心悦目。代码布局和排版在很大程度上决定了代码可读性的好坏，变量名、函数名、类名等标识符名称也会对代码的可读性带来一定的影响。开发人员只有通过长期的练习才能具有编写优雅代码的功底和能力。

1. 缩进

Python 对代码缩进是硬性要求，严格使用缩进来体现代码的逻辑从属关系。一般以 4 个空格为一个缩进单位，并且相同级别的代码块应具有相同的缩进量。

在函数定义、类定义、选择结构、循环结构、异常处理结构和 with 语句等结构中，对应的函数体或语句块都必须有相应的缩进。当某一行代码与上一行代码不在同样的缩进层次上，并且与之前某行代码的缩进层次相同时，表示上一个代码块结束。例如，在 Jupyter Notebook 或 Spyder 中输入并运行下面的代码。

```
def toTxtFile(fn):                          # 函数定义
    with open(fn, 'w') as fp:               # 相对 def 缩进 4 个空格
        for i in range(10):                 # 相对 with 缩进 4 个空格
            if i%3==0 or i%7==0:            # 相对于 for 缩进 4 个空格
                fp.write(str(i)+'\n')       # 相对于 if 缩进 4 个空格
            else:                           # 选择结构的 else 分支，与 if 对齐
                fp.write('ignored\n')       # 相对于 else 缩进 4 个空格
        fp.write('finished\n')              # for 循环结构结束，与 for 对齐
    print('all jobs done')                  # with 块结束，与 with 对齐

toTxtFile('text.txt')                       # 函数定义结束，调用函数
```

2. 空格与空行

在每个类、函数定义或一段完整的功能代码之后增加一个空行，在运算符两侧各增加一个空格，逗号后面增加一个空格，让代码适当松散一点，不要过于密集。

在实际编写代码时，这个规范需要灵活运用。有些地方增加空行和空格会提高代码的可读性，更利于阅读。但是如果生硬地在所有运算符两侧和逗号后面都增加空格，则会适得其反。

3. 标识符命名

变量名、函数名和类名统称为标识符。在为标识符起名字时，应做到"见名知义"，例如，使用 age 表示年龄、price 表示价格、area 表示面积。除非是用来临时演示或测试个别知识点的代码片段，否则不建议使用 x、y、z 或者 a1、a2、a3 这样的变量名。除了"见名知义"这个基本要求，在 Python 中定义标识符的时候，还应该遵守下面的规范。

● 必须以英文字母、汉字或下画线开头。

● 名字中可以包含汉字、英文字母、数字和下画线，不能有空格或任何标点符号。

● 不能使用关键字，例如，yield、lambda、def、else、for、break、if、while、try、return 作为变量名都是非法的。

● 区分英文字母的大小写，例如，student 和 Student 是不同的变量。

● 不建议使用系统内置的模块名、类型名或函数名、已导入的模块名及其成员名作为变量或自定义函数名，例如，type、max、min、len、list 等，也不建议使用其他内置模块和标准库的名字作为变量名或自定义函数名，例如 math、random、datetime、re 等。

4. 续行

尽量不要写过长的语句，应尽量保证一行代码不超过屏幕宽度（并且一般建议一个函数不超过一个屏幕的高度）。如果语句确实太长而超过屏幕宽度，最好在行尾使用续行符"\"表示下一行代码仍属于本条语句，或者使用圆括号把多行代码括起来表示是一条语句。示例如下。

```
expression1 = 1 + 2 + 3\            # 使用"\"作为续行符
              + 4 + 5
expression2 = (1 + 2 + 3            # 把多行表达式放在圆括号中表示是一条语句
              + 4 + 5)
```

5. 注释

对关键代码和重要的业务逻辑代码进行必要的注释，方便阅读和维护。在 Python 中有两

种常用的注释形式：#和三引号。"#"用于单行注释，表示本行中"#"符号之后的内容不作为代码运行；三引号常用于大段说明性文本的注释，也可以用于界定包含换行符的长字符串。

代码中加入注释是为了方便阅读和理解代码，用来说明关键代码的作用和主要思路，应该源于代码并且高于代码。如果代码已经很好地描述了功能，不建议增加没有必要的注释进行重复说明。

6. 圆括号

圆括号除了用来表示多行代码为一条语句，还常用来修改表达式计算顺序，或者增加代码可读性，避免歧义。

1.3　标准库、扩展库对象的导入与使用

Python 所有内置对象不需要做任何的导入操作就可以直接使用，但标准库对象必须先导入才能使用，扩展库则需要正确安装之后，才能导入和使用其中的对象。在编写代码时，一般先导入标准库对象，再导入扩展库对象。建议在程序中只导入确实需要使用的标准库和扩展库对象，确定用不到的没有必要导入，这样可以适当提高代码加载和运行速度，并能减小打包后的可执行文件的体积。本节将介绍和演示导入对象的三种方式，以及不同方式导入时对象使用形式的不同。

1.3.1　import 模块名[as　别名]

使用"import 模块名[as　别名]"的方式将模块导入以后，使用其中的对象时，需要在对象之前加上模块名作为前缀，也就是必须以"模块名.对象名"的形式进行访问。如果模块名字很长，可以为导入的模块设置一个别名，然后使用"别名.对象名"的方式来使用其中的对象。在 Jupyter Notebook 中，输入下面的代码。

```
import math
import random
import posixpath as path

print(math.sqrt(16))                        # 计算并输出 16 的平方根
print(math.cos(math.pi/4))                  # 计算余弦值
print(random.choices('abcd', k=8))          # 从字符串'abcd'随机选择 8 个字符
                                            # 允许重复
print(path.isfile(r'C:\Windows\notepad.exe')) # 测试指定路径是否为文件
```

运行结果为：

```
4.0
0.7071067811865476
['d', 'a', 'd', 'b', 'a', 'a', 'd', 'd']
True
```

1.3.2　from 模块名 import 对象名[as　别名]

使用"from 模块名 import 对象名[as　别名]"的方式仅导入明确指定的对象，使用对象时不需要使用模块名作为前缀，可以减少程序员需要输入的代码量。这种方式可以适当提高代码运行速度，打包时可以减小文件的体积。示例如下。

```
from math import pi as PI
from os.path import getsize
from random import choice

r = 3
print(round(PI*r*r, 2))                          # 计算半径为 3 的圆面积
print(getsize(r'C:\Windows\notepad.exe'))        # 计算文件大小，单位为字节
print(choice('Python'))                          # 从字符串中随机选择一个字符
```

运行结果为：

```
28.27
245760
t
```

1.3.3 from 模块名 import *

使用 "from 模块名 import *" 的方式可以一次导入模块中的所有对象，可以直接使用模块中的所有对象而不需要使用模块名作为前缀，但一般并不推荐这样使用。示例如下。

```
from itertools import *

characters = '1234'
for item in combinations(characters, 3):          # 从 4 个字符中任选 3 个的组合
    print(item, end=' ')                          # "end=' '" 表示输出后不换行
print('\n'+'='*20)                                # 换行后输出 20 个等于号
for item in permutations(characters, 3):          # 从 4 个字符中任选 3 个的排列
    print(item, end=' ')
```

运行结果为：

```
('1', '2', '3') ('1', '2', '4') ('1', '3', '4') ('2', '3', '4')
====================
('1', '2', '3') ('1', '2', '4') ('1', '3', '2') ('1', '3', '4') ('1', '4', '2')
('1', '4', '3') ('2', '1', '3') ('2', '1', '4') ('2', '3', '1') ('2', '3', '4')
('2', '4', '1') ('2', '4', '3') ('3', '1', '2') ('3', '1', '4') ('3', '2', '1')
('3', '2', '4') ('3', '4', '1') ('3', '4', '2') ('4', '1', '2') ('4', '1', '3')
('4', '2', '1') ('4', '2', '3') ('4', '3', '1') ('4', '3', '2')
```

本章知识要点

- Python 是一门跨平台、开源、免费的解释型高级动态编程语言，是通用编程语言。
- Python 支持命令式编程和函数式编程两种模式，完全支持面向对象程序设计，拥有大量的几乎支持所有领域应用开发的成熟扩展库。
- 常用的 Python 开发环境除了 Python 官方安装包自带的 IDLE，还有 Anaconda3、PyCharm、Eclipse、zwPython 等。
- 在交互模式中，每次只能执行一条语句，必须等再次出现提示符时才可以输入下一条语句。
- 库或包一般指包含若干模块的文件夹，模块指一个包含若干函数定义、类定义或常量的 Python 源程序文件。
- Python 自带的 pip 工具是管理扩展库的主要方式，支持 Python 扩展库的安装、升级

和卸载等操作。

● 在 Windows 平台上，如果在线安装扩展库失败，可以下载扩展库编译好的".whl"文件，然后在命令提示符环境中使用 pip 命令进行离线安装。

● 一个好的 Python 代码不仅是正确的，还应该是漂亮的、优雅的，读起来赏心悦目。代码布局和排版在很大程度上决定了代码可读性的好坏，变量名、函数名、类名等标识符名称也会对代码可读性带来一定的影响。

● 在给自己编写的程序文件命名时，不要使用 Python 标准库和已安装扩展库的名字，否则会影响代码运行。

● 对于 Python 代码来说，缩进是非常重要的。

● Python 所有内置对象可以直接使用，不需要导入。

● 在编写代码时，一般先导入标准库对象，再导入扩展库对象。

本章习题

一、多选题

1. 下面（　　）选项是正确的 Python 标准库对象导入语句。

A．import math.sin as sin　　　　　　　B．from math import sin

C．import math.*　　　　　　　　　　　D．from math import *

2. 下面开发环境可以用来编写和调试 Python 程序的有（　　）。

A．IDLE　　　　　　　　　　　　　　B．Jupyter Notebook

C．Spyder　　　　　　　　　　　　　　D．PyCharm

3. 下面说法正确的选项有（　　）。

A．正确的缩进对 Python 程序是非常重要的

B．在表达式中圆括号可以改变运算顺序

C．在 Python 3.x 中可以使用中文做变量名

D．Python 程序中的空格和空行可有可无，但是适当的增加空格和空行可以提高代码的可读性

二、判断题

1. 缩进对于 Python 代码至关重要。（　　）

2. 为了让代码更加紧凑，减少占用空间，不应该在代码中任何位置增加空格和空行。（　　）

3. 在 Python 3.x 中不能使用汉字作为变量名。（　　）

4. 对于复杂表达式，如果计算结果是正确的，那么不建议再增加圆括号来说明计算顺序，这样可以使得代码更加简洁、清晰。（　　）

5. 在编写代码时，一般应先导入标准库对象，再导入扩展库对象。（　　）

三、操作题

1. 下载并安装 Python 官方安装包和 Anaconda3。

2. 使用 Jupyter Notebook 或 Spyder 运行并体会本章中的代码。

3. 安装扩展库 numpy、pandas、matplotlib、openpyxl、python-docx、python-pptx 和 sklearn。如果已经安装，则尝试进行升级。

第2章 数据类型、运算符与内置函数

本章学习目标
- 掌握整数、浮点数、复数的运算；
- 了解列表、元组、字典、集合、字符串的基本用法；
- 熟练掌握各种运算符的用法；
- 理解加法运算符（+）对列表、元组、字符的连接作用；
- 理解列表、元组、字符串比较大小的原理；
- 理解整除运算符（//）"向下取整"的运算特点；
- 理解集合运算的原理和相应的运算符用法；
- 理解关系运算符和逻辑运算符"惰性求值"的特点；
- 熟练掌握常用的内置函数；
- 理解 map()、reduce()和 filter()函数的工作过程；
- 理解 Python 函数式编程的特点。

2.1 常用内置数据类型

数据类型是特定类型的值及其支持的操作组成的整体，例如整型对象支持加、减、乘、除、幂运算以及计算余数，列表、元组、字符串支持与整数相乘，字典支持通过"键"作为下标获取相应的"值"。

在 Python 中，一切都可以称作对象，包括整数、浮点数、复数、字符串和 zip 对象、map 对象、range 对象、生成器对象等内置对象，以及大量标准库对象和扩展库对象，自定义函数和类也可以称作对象。其中，内置对象在启动 Python 之后就可以直接使用，不需要导入任何标准库，也不需要安装和导入任何扩展库。常用的 Python 内置对象如表 2-1 所示。

表 2-1   常用的 Python 内置对象

对象类型	类型名称	示　　例	说　　明
数值	int float complex	888888888888888888888 9.8，3.14，6.626e-34 5+6j，5j	数值大小没有限制，且内置支持复数及其运算

10

对象类型	类型名称	示　例	说　明
字符串	str	'Readability counts.' "I'm a Python teacher." '"Tom sai, "let's go."'' r'C:\Windows\notepad.exe'	使用单引号、双引号、三引号（三单引号或三双引号）作为定界符，不同定界符之间可以互相嵌套；前面加字母 r 或 R 表示原始字符串，任何字符都表示字面含义，不再进行转义
字节串	bytes	b'hello world'	以字母 b 引导
列表	list	[79, 89, 99] ['a', {3}, (1,2), ['c', 2], {65:'A'}]	所有元素放在一对方括号中，元素之间使用逗号分隔，其中的元素可以是任意类型
元组	tuple	(1, 0, 0) (0,)	所有元素放在一对圆括号中，元素之间使用逗号分隔，元组中只有一个元素时后面的逗号不能省略
字典	dict	{'red': (1,0,0), 'green':(0,1,0), 'blue':(0,0,1)}	所有元素放在一对大括号中，元素之间使用逗号分隔，元素形式为"键:值"，其中"键"不允许重复并且必须为不可变类型，"值"可以是任意类型的数据
集合	set	{'bread', 'beer', 'orange'}	所有元素放在一对大括号中，元素之间使用逗号分隔，元素不允许重复且必须为不可变类型
布尔型	bool	True, False	逻辑值，首字母必须大写
空类型	NoneType	None	空值，首字母必须大写
异常	NameError ValueError TypeError KeyError ……		Python 内置异常类
文件		f = open('test.txt', 'w', encoding='utf8')	Python 内置函数 open()使用指定的模式打开文件，返回文件对象
其他可迭代对象		生成器对象、range 对象、zip 对象、enumerate 对象、map 对象、filter 对象等	具有惰性求值的特点，空间占用小，适合大数据处理

　　在编写程序时，必然要使用到若干变量（关于变量命名的知识请参考本书 1.2 节）来保存初始数据、中间结果或最终计算结果。变量可以理解为表示某种类型的数据及其操作的对象。Python 属于动态类型编程语言，变量的值和类型随时可以发生改变。要特别注意，在 Python 中，变量不直接存储值，而是存储值的内存地址或者引用，这样的内存管理方式与很多编程语言不同，也是变量类型随时可以改变的原因。虽然 Python 变量的类型是随时可以发生变化的，但每个变量在任意时刻的类型都是确定的。从这个角度来讲，Python 属于强类型编程语言。

　　在 Python 中，不需要事先声明变量名及其类型，使用赋值语句可以直接创建任意类型的变量，变量的类型取决于等号右侧表达式值的类型。赋值语句的执行过程是：首先把等号右侧表达式的值计算出来，然后在内存中寻找一个位置把该值存放进去，最后创建变量并指向这个内存地址。对于不再使用的变量，可以使用 del 语句将其删除。

2.1.1

2.1.1　整数、浮点数、复数

　　Python 内置的数值类型有整型、浮点型和复数类型。其中，整数类型除了常见的十进制整数，还有如下进制数。

- 二进制数。以 0b 开头，每一位只能是 0 或 1，如 0b10011100。
- 八进制数。以 0o 开头，每一位只能是 0、1、2、3、4、5、6、7 这 8 个数字之一，如 0o777。
- 十六进制数。以 0x 开头，每一位只能是 0、1、2、3、4、5、6、7、8、9、a、b、c、d、e、f 之一，其中 a 表示 10，b 表示 11，以此类推，如 0xa8b9。

Python 支持任意大的数字。另外，由于精度的问题，对浮点数运算可能会有一定的误差，应尽量避免在浮点数之间直接进行相等性测试，而是应该比较两个浮点数是否足够接近。最后，Python 内置支持复数类型及其运算。示例如下。

```python
import math

print(math.factorial(32))            # 计算 32 的阶乘
print(0.4-0.3 == 0.1)                # 浮点数之间尽量避免直接比较大小
print(math.isclose(0.4-0.3, 0.1))    # 测试两个浮点数是否足够接近
num = 7
squreRoot = num ** 0.5               # 计算平方根
print(squreRoot**2 == num)
print(math.isclose(squreRoot**2, num))
c = 3+4j                             # Python 内置支持复数类型及其运算
print(c+c)                           # 复数相加
print(c**2)                          # 幂运算
print(c.real)                        # 查看复数的实部
print(c.imag)                        # 查看复数的虚部
print(3+4j.imag)                     # 相当于 3+(4j).imag
print(c.conjugate())                 # 查看共轭复数
print(abs(c))                        # 计算复数的模
```

运行结果为：

```
263130836933693530167218012160000000
False
True
False
True
(6+8j)
(-7+24j)
3.0
4.0
7.0
(3-4j)
5.0
```

2.1.2 列表、元组、字典、集合

2.1.2&2.1.3

列表、元组、字典、集合是 Python 内置的容器对象，其中可以包含多个元素。这几个类型具有很多相似的操作，但互相之间又有很大的不同。这里先介绍一下列表、元组、字典和集合的创建与简单使用，更详细的介绍请参考本书第 3 章。

```python
# 创建列表对象
x_list = [1, 2, 3]
# 创建元组对象
```

```
x_tuple = (1, 2, 3)
# 创建字典对象，元素形式为"键:值"
x_dict = {'a':97, 'b':98, 'c':99}
# 创建集合对象
x_set = {1, 2, 3}
# 使用下标访问列表中指定位置的元素，元素下标从 0 开始
print(x_list[1])
# 元组也支持使用序号作为下标，1 表示第二个元素的下标
print(x_tuple[1])
# 访问字典中特定"键"对应的"值"，字典对象的下标是"键"
print(x_dict['a'])
# 查看列表长度，也就是其中元素的个数
print(len(x_list))
# 查看元素 2 在元组中首次出现的位置
print(x_tuple.index(2))
# 查看字典中哪些"键"对应的"值"为 98
for key, value in x_dict.items():
    if value == 98:
        print(key)
# 查看集合中元素的最大值
print(max(x_set))
```

运行结果为：

```
2
2
97
3
1
b
3
```

2.1.3　字符串

　　字符串是包含若干字符的容器对象，其中可以包含汉字、英文字母、数字和标点符号等任意字符。字符串使用单引号、双引号、三单引号或三双引号作为定界符，其中三引号里的字符串可以换行，并且不同的定界符之间可以互相嵌套。在字符串前面加上英文字母 r 或 R 表示原始字符串，其中的每个字符都表示字面含义，不再进行转义。关于转义字符的概念和有关内容请自行查阅资料，本书不做过多介绍。如果字符串中含有反斜线"\"，建议在字符串前面直接加上字母 r 使用原始字符串。下面几种都是合法的 Python 字符串。

```
'Hello world'
'这个字符串是数字"123"和字母"abcd"的组合'
'''Tom said,"Let's go"'''
'''学习就怕满，懒，难，
心里有了满，懒，难，不看不钻就不前。
心里去掉满，懒，难，边学边干，蚂蚁也能爬泰山。'''
r'C:\Windows\notepad.exe'
```

　　Python 3.x 代码默认使用 UTF8 编码格式，全面支持中文字符。在使用内置函数 len()统计字符串长度时，一个汉字和一个英文字母都作为一个字符对待。在使用 for 循环或类似技术遍历字符串时，每次遍历其中的一个字符，中文字符和英文字符也都作为一个字符来对待。

除了支持双向索引、比较大小、计算长度、切片、成员测试等序列对象常用操作，字符串类型自身还提供了大量方法，如字符串格式化、查找、替换、排版等。本节先简单介绍一下字符串对象的创建、连接、重复、长度和子串测试的用法，更详细的内容请参考本书第 3 章。

```python
text = '''Beautiful is better than ugly.
Explicit is better than implicit.
Simple is better than complex.
Complex is better than complicated.
Flat is better than nested.
Sparse is better than dense.
Readability counts.'''
print(len(text))                    # 字符串长度，即所有字符的数量
print(text.count('is'))             # 字符串中单词 is 出现的次数
print('beautiful' in text)          # 测试字符串中是否包含单词 "beautiful"
print('='*20)                       # 字符串重复
print('Good '+'Morning')            # 字符串连接
```

运行结果为：

```
208
6
False
====================
Good Morning
```

2.2　运算符与表达式

在 Python 中，单个常量或变量可以看作最简单的表达式，使用赋值运算符之外的其他任意运算符连接的式子也是表达式，在表达式中还可以包含函数调用。

运算符用来表示对象支持的行为和对象之间的操作，运算符的功能与对象类型密切相关，例如数字之间允许相加则支持运算符"+"，日期时间对象不支持相加但支持减法"-"得到时间差对象，整数与数字相乘表示算术乘法，而与字符串相乘时表示对原字符串进行重复并得到新字符串。常用的 Python 运算符如表 2-2 所示。虽然 Python 的运算符有一套严格的优先级规则，但并不建议读者花费太多精力去记忆，而是应该在编写复杂表达式时尽量使用圆括号来明确说明其中的逻辑，以提高代码的可读性。

表 2-2　　　　　　　　　　　　　常用的 Python 运算符

运　算　符	功　能　说　明
+	算术加法，列表、元组、字符串合并与连接，正号
-	算术减法，集合的差集，相反数
*	算术乘法，序列元素的重复
/	真除法
//	求整商，向下取整
%	求余数，字符串格式化
**	幂运算，指数可以为小数，例如 0.5 表示计算平方根
<、<=、>、>=、==、!=	（值）大小比较，集合的包含关系比较

续表

运　算　符	功　能　说　明
and、or、not	逻辑与、逻辑或、逻辑非
in	成员测试
is	测试两个对象是否为同一个对象的引用
|、^、&、<<、>>、~	位或、位异或、位与、左移位、右移位、位求反
&、|、^	集合交集、并集、对称差集

2.2.1　算术运算符

2.2.1&2.2.2

1．+运算符

+运算符除了用于算术加法，还可以用于列表、元组、字符串的连接。
示例如下。

```
print(3 + 5)
print(3.4 + 4.5)
print((3+4j) + (5+6j))
print('abc' + 'def')
print([1,2] + [3,4])
print((1,2) + (3,))
```

运行结果为：

```
8
7.9
(8+10j)
abcdef
[1, 2, 3, 4]
(1, 2, 3)
```

2．−运算符

−运算符除了用于整数、浮点数、复数之间的算术减法和相反数之外，还可以计算集合的差
集。需要注意的是，进行浮点数之间的运算时，浮点数精度问题有可能会导致误差。示例如下。

```
print(7.9 - 4.5)                    # 注意，结果有误差
print(5 - 3)
num = 3
print(-num)
print(--num)                        # 注意，这里的--是两个负号，负负得正
print(-(-num))                      # 与上一行代码含义相同
print({1,2,3} - {3,4,5})            # 计算差集
print({3,4,5} - {1,2,3})
```

运行结果为：

```
3.4000000000000004
2
-3
3
3
{1, 2}
{4, 5}
```

15

3. *运算符

*运算符除了表示整数、浮点数、复数之间的算术乘法，还可用于列表、元组、字符串这几个类型的对象与整数的乘法，表示序列元素的重复，生成新的列表、元组或字符串。示例如下。

```
print(33333 * 55555)
print((3+4j) * (5+6j))
print('重要的事情说三遍！' * 3)
print([0] * 5)
print((0,) * 3)
```

运行结果为：

```
1851814815
(-9+38j)
重要的事情说三遍！重要的事情说三遍！重要的事情说三遍！
[0, 0, 0, 0, 0]
(0, 0, 0)
```

4. /和//运算符

/和//运算符在 Python 中分别表示真除法和求整商。在使用时，要特别注意整除运算符（//）"向下取整"的特点。以下示例中，-17/4 的结果是-4.25，在数轴上小于-4.25 的最大整数是-5，所以-17 // 4 的结果是-5。

```
print(17 / 4)
print(17 // 4)
print((-17) / 4)
print((-17) // 4)
```

运行结果为：

```
4.25
4
-4.25
-5
```

5. %运算符

%运算符可以用于求余数运算，还可以用于字符串格式化。在计算余数时，表达式结果与%右侧的运算数符号一致。示例如下。

```
print(365 % 7)
print(365 % 2)
print('%c,%c, %c' % (65, 97, 48))    # 把 65、97、48 格式化为字符
```

运行结果为：

```
1
1
A,a, 0
```

6. **运算符

运算符表示幂运算。使用时应注意，该运算符具有右结合性，也就是说，如果有两个连续的运算符，那么先计算右边的再计算左边的，除非使用圆括号明确修改表达式的计算顺序。示例如下。

```
print(2 ** 4)
```

```
print(3 ** 3 ** 3)
print(3 ** (3**3))                # 与上一行代码含义相同
print((3**3) ** 3)                # 使用圆括号修改计算顺序
print(9 ** 0.5)                   # 计算 9 的平方根
print((-1) ** 0.5)                # 对负数计算平方根得到复数
```

运行结果为：

```
16
7625597484987
7625597484987
19683
3.0
(6.123233995736766e-17+1j)
```

2.2.2　关系运算符

Python 的关系运算符用于比较两个对象的值之间的大小，要求操作数之间可以比较大小。当关系运算符作用于集合时，可以用于测试集合之间的包含关系。当关系运算符作用于列表、元组或字符串时，逐个比较对应位置上的元素，直到得出确定的结论为止。另外，在 Python 中，关系运算符可以连续使用，当连续使用时具有惰性求值的特点，即当已经确定最终结果之后，不再进行后面的比较。示例如下。

```
# 关系运算符优先级低于算术运算符
print(3+2 < 7+8)
# 等价于 3<5 and 5>2
print(3 < 5 > 2)
# 等价于 3==3 and 3<5
print(3 == 3 < 5)
# 第一个字符'1'<'2'，直接得出结论
print('12345' > '23456')
# 第一个字符'a'>'A'，直接得出结论
print('abcd' > 'Abcd')
# 第一个数字 85<91，直接得出结论
print([85, 92, 73, 84] < [91, 82, 73])
# 前两个数字相等，第三个数字 101>99
print([180, 90, 101] > [180, 90, 99])
# 第一个集合不是第二个集合的超集
print({1, 2, 3, 4} > {3, 4, 5})
# 第一个集合不是第二个集合的子集
print({1, 2, 3, 4} <= {3, 4, 5})
# 前三个元素相等，并且第一个列表有多余的元素
print([1, 2, 3, 4] > [1, 2, 3])
```

运行结果为：

```
True
True
True
False
True
True
True
False
```

17

```
False
True
```

2.2.3 成员测试运算符

成员测试运算符 in 用于测试一个对象是否包含另一个对象，适用于列表、元组、字典、集合、字符串，以及 range 对象、zip 对象、filter 对象等包含多个元素的容器类对象。示例如下。

2.2.3&2.2.4&
2.2.5

```
print(60 in [70, 60, 50, 80])
print('abc' in 'a1b2c3dfg')
print([3] in [[3], [4], [5]])
print('3' in map(str, range(5)))
print(5 in range(5))
```

运行结果为：

```
True
False
True
True
False
```

2.2.4 集合运算符

集合的交集、并集、对称差集运算分别使用&、|和^运算符来实现，而差集则使用减号运算符实现。示例如下。

```
A = {35, 45, 55, 65, 75}
B = {65, 75, 85, 95}
print(A | B)
print(A & B)
print(A - B)
print(B - A)
print(A ^ B)
```

运行结果为：

```
{65, 35, 85, 55, 75, 45, 95}
{65, 75}
{35, 45, 55}
{85, 95}
{35, 45, 85, 55, 95}
```

2.2.5 逻辑运算符

逻辑运算符 and、or、not 常用来连接多个子表达式构成更加复杂的条件表达式，其优先级低于算术运算符、关系运算符、成员测试运算符和集合运算符。其中，and 连接的两个式子都等价于 True 时，整个表达式的值才等价于 True；or 连接的两个式子至少有一个等价于 True 时，整个表达式的值等价于 True。对于 and 和 or 连接的表达式，最后计算的子表达式的值作为最终的计算结果。

在计算子表达式的值时，计算结果只要不是 0、0.0、0j、None、False、空列表、空元组、空字符串、空字典、空集合、空 range 对象或其他空的容器对象，都被认为等价于 True。例如，空字符串等价于 False；包含任意字符的字符串都等价于 True；0 等价于 False；除 0 之外的任意整数和小数等等价于 True。

在使用逻辑运算符时要注意，and 和 or 具有惰性求值或逻辑短路的特点，当连接多个表达式时只计算必须计算的值，并且最后计算的表达式的值作为整个表达式的值。以表达式 "expression1 and expression2" 为例，如果 expression1 的值等价于 False，这时不管 expression2 的值是什么，表达式最终的值都是等价于 False 的，这时干脆就不计算 expression2 的值了，整个表达式的值就是 expression1 的值。如果 expression1 的值等价于 True，这时仍无法确定整个表达式最终的值，所以会计算 expression2，并把 expression2 的值作为整个表达式最终的值。

同理，对于表达式 "expression1 or expression2"，如果 expression1 的值等价于 False，这时仍无法确定整个表达式的值，需要计算 expression2 并把 expression2 的值作为整个表达式最终的值。如果 expression1 的值等价于 True，那么不管 expression2 的值是什么，整个表达式最终的值都是等价于 True 的，这时就不需要计算 expression2 的值了，直接把 expression1 的值作为整个表达式的值。示例如下。

```
print(3 in range(5) and 'abc' in 'abcdefg')
print(3-3 or 5-2)
print(not 5)
print(not [])
```

运行结果为：

```
True
3
False
True
```

2.3 常用内置函数

使用者可以把函数看作一个黑盒子，一般不需要关心函数的内部实现，把数据输入这个黑盒子，就可以根据预先设定好的功能给出相应的输出。本节主要介绍如何使用 Python 提供的内置函数，第 4 章将介绍如何定义和使用自己的函数。

在 Python 程序中，使用者可以直接使用内置函数，而不需要导入任何模块。使用语句 print(dir(__builtins__)) 可以查看所有内置函数和内置对象，注意，builtins 两侧各有两个下画线。常用的内置函数如表 2-3 所示，其中方括号内的参数可以省略。

表 2-3　　　　　　　　　　　　　常用的 Python 内置函数

函　　数	功　能　说　明
abs(x)	返回数字 x 的绝对值或复数 x 的模
all(iterable)	如果可迭代对象 iterable 中所有元素都等价于 True，则返回 True，否则返回 False
any(iterable)	只要可迭代对象 iterable 中存在等价于 True 的元素就返回 True，否则返回 False
bin(x)	返回整数 x 的二进制形式，例如表达式 bin(3)的值是'0b11'
complex(real, [imag])	返回复数，其中 real 是实部，imag 是虚部
chr(x)	返回 Unicode 编码为 x 的字符

函　　数	功　能　说　明
dir(obj)	返回指定对象或模块 obj 的成员列表，如果不带参数，则返回包含当前作用域内所有可用对象名字的列表
enumerate(iterable[, start])	返回包含元素形式为(0, iterable[0]), (1, iterable[1]), (2, iterable[2]), ...的可迭代对象，start 表示索引的起始值
eval(s[, globals[, locals]])	计算并返回字符串 s 中表达式的值
filter(func, seq)	使用函数 func 描述的规则对 seq 序列中的元素进行过滤，返回 filter 对象，其中包含序列 seq 中使得函数 func 返回值等价于 True 的那些元素
float(x)	把整数或字符串 x 转换为浮点数
help(obj)	返回对象 obj 的帮助信息
hex(x)	返回整数 x 的十六进制形式
input([提示])	接收键盘输入的内容，以字符串形式返回
int(x[, d])	返回浮点数 x 的整数部分，或把字符串 x 看作 d 进制数并转换为十进制整数，d 省略时，默认为十进制
isinstance(obj, class-or-type-or-tuple)	测试对象 obj 是否属于指定类型（如果有多个类型的话需要放到元组中）的实例
len(obj)	返回对象 obj 包含的元素个数，适用于列表、元组、集合、字典、字符串以及 range 对象，不适用于具有惰性求值特点的生成器对象和 map、zip 等迭代对象
list([x])、set([x])、tuple([x])、dict([x])	把对象 x 转换为列表、集合、元组或字典并返回，或生成空列表、空集合、空元组、空字典
map(func, *iterables)	返回包含若干函数值的 map 对象，函数 func 的参数分别来自于 iterables 指定的一个或多个迭代对象
max(...)、min(...)	返回最大值、最小值，允许指定排序规则
next(iterator[, default])	返回迭代器对象 iterator 中的下一个元素
oct(x)	返回整数 x 的八进制形式
open(name[, mode])	以指定模式 mode 打开文件 name 并返回文件对象
ord(x)	返回 1 个字符 x 的 Unicode 编码
print(value, ..., sep=' ', end='\n', file=sys.stdout, flush=False)	基本输出函数，sep 参数表示分隔符，end 参数用来指定输出完所有值后的结束符
range([start,] stop [, step])	返回具有惰性求值特点的 range 对象，其中包含左闭右开区间[start,stop)内以 step 为步长的整数
reduce(func, seq[, initial])	将双参数的函数 func 以迭代的方式从左到右依次应用至序列 seq 中每个元素，并把中间计算结果作为下一次计算的操作数之一，最终返回单个值作为结果。注意，在 Python 3.x 中，reduce()不是内置函数，需要从标准库 functools 中导入再使用
reversed(seq)	返回 seq 中所有元素逆序后的可迭代对象
round(x [, 小数位数])	对 x 进行四舍五入，若不指定小数位数，则返回整数
sorted(iterable, key=None, reverse=False)	返回排序后的列表，其中 iterable 表示要排序的序列或迭代对象；key 用来指定排序规则或依据，默认为 None；reverse 用来指定升序或降序，默认为升序 False
str(obj)	把对象 obj 直接转换为字符串
sum(x, start=0)	返回序列 x 中所有元素之和，参数 start 默认为 0
type(obj)	返回对象 obj 的类型
zip(seq1 [, seq2 [...]])	返回 zip 对象，其中元素为(seq1[i], seq2[i], ...)形式的元组，最终结果中包含的元素个数取决于所有参数序列或可迭代对象中最短的那个

2.3.1 类型转换

2.3.1

1. int()、float()、complex()

内置函数 int()用来把浮点数转换为整数，或者把整数字符串按指定进制转换为十进制整数（如果不指定进制，则直接把字符串转换为十进制整数）。内置函数 float()用来将其他类型数据转换为浮点数，complex()可以用来生成复数。示例如下。

```
print(int(3.5))              # 获取浮点数的整数部分
print(int('119'))            # 把整数字符串转换为整数
print(int('1111', 2))        # 把 1111 看作二进制数，转换为十进制数
print(int('1111', 8))        # 把 1111 看作八进制数，转换为十进制数
print(int('1111', 16))       # 把 1111 看作十六进制数，转换为十进制数
print(int('  9\n'))          # 自动忽略字符串的两个空白字符
print(float('3.1415926'))    # 把字符串转换为浮点数
print(float('-inf'))         # 负无穷大
print(complex(3, 4))         # 复数
print(complex(6j))
print(complex('3'))
```

运行结果为：

```
3
119
15
585
4369
9
3.1415926
-inf
(3+4j)
6j
(3+0j)
```

2. bin()、oct()、hex()

内置函数 bin()、oct()、hex()分别用来将任意进制整数转换为二进制数、八进制数和十六进制数。示例如下。

```
print(bin(8888))             # 把整数转换为二进制数
print(oct(8888))             # 把整数转换为八进制数
print(hex(8888))             # 把整数转换为十六进制数
```

运行结果为：

```
0b10001010111000
0o21270
0x22b8
```

3. ord()、chr()、str()

ord()用来返回单个字符的 Unicode 编码，chr()用来返回 Unicode 编码对应的字符，str()直接将其任意类型参数整体转换为字符串。示例如下。

```
print(ord('a'))              # 返回字符的 ASCII 码
print(ord('董'))             # 返回汉字字符的 Unicode 编码
print(chr(65))               # 返回指定 ASCII 码对应的字符
```

```
print(chr(33891))                    # 返回指定 Unicode 编码对应的汉字
print(str([1, 2, 3, 4]))             # 把列表转换为字符串
print(str({1, 2, 3, 4}))             # 把集合转换为字符串
```

运行结果为：

```
97
33891
A
董
[1, 2, 3, 4]
{1, 2, 3, 4}
```

4. list()、tuple()、dict()、set()

list()、tuple()、dict()、set()分别用来把其他类型的数据转换成为列表、元组、字典和集合，或者创建空列表、空元组、空字典和空集合。示例如下。

```
print(list(), tuple(), dict(), set())
s = {3, 2, 1, 4}
print(list(s), tuple(s))
lst = [1, 1, 2, 2, 3, 4]
# 在转换为集合时会自动去除重复的元素
print(tuple(lst), set(lst))
# list()会把字符串中每个字符都转换为列表中的元素
# tuple()、set()函数也具有类似的特点
print(list(str(lst)))
print(dict(name='Dong', sex='Male', age=41))
```

运行结果为：

```
[] () {} set()
[1, 2, 3, 4] (1, 2, 3, 4)
(1, 1, 2, 2, 3, 4) {1, 2, 3, 4}
['[', '1', ',', ' ', '1', ',', ' ', '2', ',', ' ', '2', ',', ' ', '3', ',', ' ',
'4', ']']
{'name': 'Dong', 'sex': 'Male', 'age': 41}
```

5. eval()

内置函数 eval()用来计算字符串或字节串的值，也可以用来实现类型转换的功能，还原字符串中数据的实际类型。示例如下。

```
print(eval('3+4j'))                  # 对字符串求值得到复数
print(eval('8**2'))                  # 计算表达式 8**2 的值
print(eval('[1, 2, 3, 4, 5]'))       # 对字符串求值得到列表
print(eval('{1, 2, 3, 4}'))          # 对字符串求值得到集合
```

运行结果为：

```
(3+4j)
64
[1, 2, 3, 4, 5]
{1, 2, 3, 4}
```

2.3.2 最大值、最小值

内置函数 max()、min()分别用于计算序列中所有元素的最大值和最小值，

2.3.2&2.3.3

22

参数可以是列表、元组、字典、集合或其他包含有限个元素的可迭代对象。作为高级用法，内置函数 max()和 min()还支持使用 key 参数指定排序规则，参数的值可以是函数、lambda 表达式（见本书 4.3.2 节）等可调用对象。示例如下。

```
data = [3, 22, 111]
print(data)
# 对列表中的元素直接比较大小，输出最大元素
print(max(data))
print(min(data))
# 返回转换成字符串之后最大的元素
print(max(data, key=str))
data = ['3', '22', '111']
print(max(data))
# 返回长度最大的字符串
print(max(data, key=len))
data = ['abc', 'Abcd', 'ab']
# 最大的字符串
print(max(data))
# 长度最大的字符串
print(max(data, key=len))
# 全部转换为小写之后最大的字符串
print(max(data, key=str.lower))
data = [1, 1, 1, 2, 2, 1, 3, 1]
# 出现次数最多的元素
# 也可以查阅资料使用标准库 collections 中的 Counter 类实现
print(max(set(data), key=data.count))
# 最大元素的位置，列表方法__getitem__()用于获取指定位置的值
print(max(range(len(data)), key=data.__getitem__))
```

运行结果为：

```
[3, 22, 111]
111
3
3
3
111
abc
Abcd
Abcd
1
6
```

2.3.3 元素数量、求和

内置函数 len()用来计算序列长度，也就是元素个数。内置函数 sum()用来计算序列中所有元素之和，一般要求序列中所有元素类型相同并且支持加法运算。示例如下。

```
data = [1, 2, 3, 4]
# 列表中元素的个数
print(len(data))
# 所有元素之和
print(sum(data))
data = (1, 2, 3)
```

```
print(len(data))
print(sum(data))
data = {1, 2, 3}
print(len(data))
print(sum(data))
data = 'Readability counts.'
print(len(data))
data = {97: 'a', 65: 'A', 48: '0'}
print(len(data))
print(sum(data))                    #对字典的"键"求和
```

运行结果为：

```
4
10
3
6
3
6
19
3
210
```

2.3.4 排序、逆序

2.3.4&2.3.5

1. sorted()

内置函数 sorted()可以对列表、元组、字典、集合或其他可迭代对象进行排序并返回新列表，支持使用 key 参数指定排序规则，key 参数的值可以是函数、lambda 表达式等可调用对象。另外，还可以使用 reverse 参数指定是升序（reverse=False）排序还是降序（reverse=True）排序，如果不指定的话，默认为升序排序。示例如下。

```
from random import shuffle

data = list(range(20))
shuffle(data)                      # 随机打乱顺序
print(data)
print(sorted(data))                # 升序排序
print(sorted(data, key=str))       # 按转换成字符串后的大小升序排序
print(sorted(data, key=str,        # 按转换成字符串后的大小
             reverse=True))        # 降序排序
```

运行结果为：

```
[6, 16, 14, 15, 8, 13, 12, 1, 3, 17, 4, 0, 19, 11, 2, 7, 9, 10, 5, 18]
[0, 1, 2, 3, 4, 5, 6, 7, 8, 9, 10, 11, 12, 13, 14, 15, 16, 17, 18, 19]
[0, 1, 10, 11, 12, 13, 14, 15, 16, 17, 18, 19, 2, 3, 4, 5, 6, 7, 8, 9]
[9, 8, 7, 6, 5, 4, 3, 2, 19, 18, 17, 16, 15, 14, 13, 12, 11, 10, 1, 0]
```

2. reversed()

内置函数 reversed()可以对可迭代对象（生成器对象和具有惰性求值特性的 zip、map、filter、enumerate、reversed 等类似对象除外）进行翻转并返回可迭代的 reversed 对象。在使用该函数时应注意，reversed 对象具有惰性求值特点，其中的元素只能使用一次，不支持使用内置函数 len()计算元素个数，也不支持使用内置函数 reversed()再次翻转。示例如下。

```
from random import shuffle

data = list(range(20))              # 创建列表
shuffle(data)                       # 随机打乱顺序
print(data)
reversedData = reversed(data)       # 生成 reversed 对象
print(reversedData)
print(list(reversedData))           # 根据 reversed 对象得到列表
print(tuple(reversedData))          # 空元组，reversed 对象中元素只能使用一次
```

运行结果为：

```
[6, 2, 15, 7, 8, 1, 9, 5, 17, 11, 4, 10, 12, 19, 0, 13, 14, 18, 3, 16]
<list_reverseiterator object at 0x06C45EB0>
[16, 3, 18, 14, 13, 0, 19, 12, 10, 4, 11, 17, 5, 9, 1, 8, 7, 15, 2, 6]
()
```

2.3.5　基本输入/输出

1．input()

内置函数 input()用来接收用户的键盘输入，不论用户输入什么内容，input()一律返回字符串，必要的时候可以使用内置函数 int()、float()或 eval()对用户输入的内容进行类型转换。示例如下。

```
num = int(input('请输入一个大于 2 的自然数: '))
# 除 2 的余数为 1 的整数为奇数，能被 2 整除的整数为偶数
if num%2 ==1:
    print('这是个奇数。')
else:
    print('这是个偶数。')

lst = eval(input('请输入一个包含若干大于 2 的自然数的列表: '))
print('列表中所有元素之和为: ', sum(lst))
```

运行结果为：

```
请输入一个大于 2 的自然数: 35
这是个奇数。
请输入一个包含若干大于 2 的自然数的列表: [15, 4, 32]
列表中所有元素之和为:  51
```

2．print()

内置函数 print()用于以指定的格式输出信息，语法格式如下。

```
print(value1, value2, ..., sep=' ', end='\n')
```

其中，sep 参数之前为需要输出的内容（可以有多个）；sep 参数用于指定数据之间的分隔符，如果不指定则默认为空格；end 参数表示输出完所有数据之后的结束符，如果不指定则默认为换行符。示例如下。

```
print(1, 2, 3, 4, 5)                # 默认情况，使用空格作为分隔符
print(1, 2, 3, 4, 5, sep=',')       # 指定使用逗号作为分隔符
print(3, 5, 7, end=' ')             # 输出完所有数据之后，以空格结束，不换行
print(9, 11, 13)
```

运行结果为：

```
1 2 3 4 5
1,2,3,4,5
3 5 7 9 11 13
```

2.3.6&2.3.7

2.3.6　range()

内置函数 range() 的语法格式如下。

```
range([start,] stop [, step] ),
```

其中，参数 start 默认为 0，step 默认为 1。该函数有 range(stop)、range(start, stop) 和 range(start, stop, step) 3 种用法，返回具有惰性求值特点的 range 对象，其中包含左闭右开区间 [start, stop) 内以 step 为步长的整数范围。该函数返回的 range 对象可以转换为列表、元组或集合，可以使用 for 循环直接遍历其中的元素，并且支持下标和切片。示例如下。

```
range1 = range(4)           # 只指定 stop 为 4，start 默认为 0，step 默认为 1
range2 = range(5, 8)        # 指定 start=5 和 stop=8，step 默认为 1
range3 = range(3, 20, 4)    # 指定 start=3、stop=20 和 step=4
range4 = range(20, 0, -3)   # step 也可以是负数
print(range1, range2, range3, range4)
print(range4[2])
print(list(range1), list(range2), list(range3), list(range4))
for i in range(10):
    print(i, end=' ')
```

运行结果为：

```
range(0, 4) range(5, 8) range(3, 20, 4) range(20, 0, -3)
14
[0, 1, 2, 3] [5, 6, 7] [3, 7, 11, 15, 19] [20, 17, 14, 11, 8, 5, 2]
0 1 2 3 4 5 6 7 8 9
```

2.3.7　zip()

内置函数 zip() 用来把多个可迭代对象中对应位置上的元素分别组合到一起，返回一个可迭代的 zip 对象，其中每个元素都是包含原来的多个可迭代对象对应位置上元素的元组，最终结果中包含的元素个数取决于所有参数序列或可迭代对象中最短的那个，可以把 zip 对象转换为列表或元组之后查看其中的内容，也可以使用 for 循环逐个遍历其中的元素。

在使用该函数时要特别注意，zip 对象中的每个元素都只能使用一次，访问过的元素不可再次访问；并且，只能从前往后逐个访问 zip 对象中的元素，不能使用下标直接访问指定位置上的元素；zip 对象不支持切片操作，也不能作为内置函数 len() 和 reversed() 的参数。示例如下。

```
data = zip('1234', [1, 2, 3, 4, 5, 6])
print(data)
# 在转换为列表时，使用了 zip 对象中的全部元素，zip 对象中不再包含任何内容
print(list(data))
# 如果需要再次访问其中的元素，必须重新创建 zip 对象
data = zip('1234', [1, 2, 3, 4, 5, 6])
print(tuple(data))
data = zip('1234', [1, 2, 3, 4, 5, 6])
```

```
# zip 对象是可迭代的，可以使用 for 循环逐个遍历和访问其中的元素
for item in data:
    print(item)
```

运行结果为：

```
<zip object at 0x00C96968>
[('1', 1), ('2', 2), ('3', 3), ('4', 4)]
(('1', 1), ('2', 2), ('3', 3), ('4', 4))
('1', 1)
('2', 2)
('3', 3)
('4', 4)
```

2.3.8　map()、reduce()、filter()

2.3.8

本节的 3 个函数是 Python 支持函数式编程的重要方式，使用者若充分利用函数式编程，可以使得代码更加简洁，运行速度更快。

1. map()

内置函数 map() 的语法格式如下。

```
map(func, *iterables)
```

map() 函数把一个可调用对象 func 依次映射到序列的每个元素上，并返回一个可迭代的 map 对象，其中每个元素是原序列中元素经过可调用对象 func 处理后的结果，该函数不对原序列做任何修改。该函数返回的 map 对象可以转换为列表、元组或集合，也可以直接使用 for 循环遍历其中的元素，但是 map 对象中的每个元素只能使用一次。示例如下。

```
from operator import add

print(map(str, range(5)))
print(list(map(str, range(5))))
print(list(map(len, ['abc', '1234', 'test'])))
# 使用 operator 标准库中的 add 运算，是 add 运算相当于运算符+
# 如果 map() 函数的第一个参数 func，是能够接收两个参数的可调用对象，则可以映射到两个序列上
for num in map(add, range(5), range(5,10)):
    print(num)
```

运行结果为：

```
<map object at 0x00CA9770>
['0', '1', '2', '3', '4']
[3, 4, 4]
5
7
9
11
13
```

2. reduce()

在 Python 3.*x* 中，reduce() 不是内置函数，而在标准库 functools 中，所以，需要导入之后才能使用，其语法格式如下。

```
reduce(func, seq[, initial])
```

函数 reduce()可以将一个接收 2 个参数的函数以迭代的方式从左到右依次作用到一个序列或可迭代对象的所有元素上，并且每一次计算的中间结果直接参与下一次计算，最终得到一个值。例如，继续使用 operator 标准库中的 add 运算，那么表达式 reduce(add, [1, 2, 3, 4, 5]) 计算过程为(((((1+2)+3)+4)+5)。

```
from functools import reduce
from operator import add, mul, or_

seq = range(1, 10)
print(reduce(add, seq))          # 累加 seq 中的数字
print(reduce(mul, seq))          # 累乘 seq 中的数字
seq = [{1}, {2}, {3}, {4}]
print(reduce(or_, seq))          # 对 seq 中的集合连续进行并集运算
```

运行结果为：

```
45
362880
{1, 2, 3, 4}
```

3. filter()

内置函数 filter()用于使用指定函数描述的规则对序列中的元素进行过滤，其语法格式如下。

```
filter(func or None, iterable)
```

在语法上，filter()函数将一个函数 func 作用到一个序列上，返回一个 filter 对象，其中包含原序列中使得函数 func 返回值等价于 True 的那些元素。如果指定函数 func 为 None，则返回的 filter 对象中包含原序列中等价于 True 的元素。

和生成器对象、map 对象、zip 对象、reversed 对象一样，filter 对象具有惰性求值的特点，其中每个元素只能使用一次。示例如下。

```
seq = ['abcd', '1234', '.,?!', '']
print(list(filter(str.isdigit, seq)))    # 只保留数字字符串
print(list(filter(str.isalpha, seq)))    # 只保留英文字母字符串
print(list(filter(str.isalnum, seq)))    # 只保留数字字符串和英文字符串
print(list(filter(None, seq)))           # 只保留等价于 True 的元素
```

运行结果为：

```
['1234']
['abcd']
['abcd', '1234']
['abcd', '1234', '.,?!']
```

2.4 综合应用与例题解析

例 2-1 编写程序，输入一个正整数，然后输出各位数字之和。例如，输入 1234，输出 10。

```
# input()函数返回字符串
num = input('请输入一个正整数：')
# 把字符串中的每个字符转换为数字，然后对各位数字求和
print(sum(map(int, num)))
```

例 2-2　编写程序，输入一个字符串，输出翻转（首尾交换）后的字符串，要求使用内置函数实现。例如，输入字符串 12345，输出 54321。

```
from operator import add
from functools import reduce

# 注意，input()本身就返回字符串，在输入时不需要在内容两侧加引号
text = input('请输入一个字符串: ')
print(reduce(add, reversed(text)))
```

例 2-3　编写程序，输入一个包含若干整数的列表，输出列表中的最大值。例如，输入[1, 2, 3, 4, 5, 888]，输出 888。

```
# 使用内置函数 eval()把包含列表的字符串转换为列表
lst = eval(input('请输入一个包含若干整数的列表: '))
print(max(lst))
```

例 2-4　编写程序，输入一个包含若干整数的列表，把列表中所有整数转换为字符串，然后输出包含这些字符串的列表。例如，输入[1, 2, 3, 4, 5, 888]，输出['1', '2', '3', '4', '5', '888']。

```
lst = eval(input('请输入一个包含若干整数的列表: '))
print(list(map(str, lst)))
```

例 2-5　编写程序，输入一个包含若干任意数据的列表，输出该列表中等价于 True 的元素组成的列表。例如，输入[1, 2, 0, None, False, 'a']，输出[1, 2, 'a']。

```
lst = eval(input('请输入一个包含若干任意元素的列表: '))
print(list(filter(None, lst)))
```

例 2-6　编写程序，输入一个包含若干整数的列表，输出一个新列表，新列表中奇数在前偶数在后，并且奇数之间的相对顺序不变，偶数之间的相对顺序也不变。

```
lst = eval(input('请输入一个包含若干整数的列表: '))
newLst = sorted(lst, key=lambda num: num%2==0)
print(newLst)
```

本章知识要点

- 数据类型是特定类型的值及其支持的操作组成的整体。
- 在 Python 中，数值大小没有限制，且内置支持复数及其运算。
- 变量可以理解为表示某种类型的数据及其操作的对象。
- 在 Python 中，变量的值和类型都是随时可以发生改变的。
- 虽然 Python 变量的类型是随时可以发生变化的，但每个变量在任意时刻的类型都是确定的。
- 在 Python 中，不需要事先声明变量名及其类型，使用赋值语句可以直接创建任意类型的变量，变量的类型取决于等号右侧表达式值的类型。
- Python 内置的数值类型有整型、浮点型和复数类型。
- 浮点数运算可能会有一定的误差，应尽量避免在浮点数之间直接进行相等性测试，而是应该比较两个浮点数在指定的误差范围内是否足够接近。
- Python 3.x 代码默认使用 UTF8 编码格式，全面支持中文。

- 在使用算术运算符时，要特别注意整除运算符（//）"向下取整"的特点。
- 关系运算符作用于集合时，用来测试集合之间的包含关系；作用于列表、元组或字符串时，逐个比较对应位置上的元素，直到得出确定的结论为止。
- 在 Python 中，关系运算符可以连续使用，当连续使用时具有惰性求值的特点，即当已经确定最终结果之后，不会再进行多余的比较。
- 在计算子表达式的值时，只要不是 0、0.0、0j、None、False、空列表、空元组、空字符串、空字典、空集合、空 range 对象或其他空的容器类对象，都认为等价于 True。例如，空字符串等价于 False，但是包含任意字符的字符串都等价于 True；0 等价于 False，除 0 之外的任意整数和负数等等价于 True。
- 逻辑运算符 and 和 or 具有惰性求值或逻辑短路的特点，当连接多个表达式时只计算必须要计算的值，并且最后计算的表达式的值作为整个表达式的值。
- 作为高级用法，函数 max() 和 min() 还支持 key 参数，用来指定排序规则，可以是函数、lambda 表达式或类的方法等可调用对象。
- 内置函数 input() 用来接收用户的键盘输入，不论用户输入什么内容，input() 将其一律作为字符串对待，必要的时候可以使用内置函数 int()、float() 或 eval() 对用户输入的内容进行类型转换。

本章习题

一、填空题

1. 表达式 -68 // 7 的值为_____。
2. 表达式 {40, 50, 60} | {40, 60, 70} 的值为_____。
3. 表达式 {40, 50, 60} & {40, 60, 70} 的值为_____。
4. 表达式 {40, 50, 60} - {40, 60, 70} 的值为_____。
5. 表达式 chr(ord('0')+3) 的值为_____。

二、判断题

1. 表达式 3 > 5 and math.sin(0) 的值为 0。（　　）
2. 表达式 4 < 5 == 5 的值为 True。（　　）
3. 在 Python 3.x 中，内置函数 input() 用来接收用户的键盘输入，不管输入什么，都以字符串形式返回。（　　）
4. 在 Python 3.x 中，reduce() 是内置函数，可以直接使用。（　　）

三、编程题

1. 输入一个包含若干自然数的列表，输出这些自然数的平均值，结果保留 3 位小数。
2. 输入一个包含若干自然数的列表，输出这些自然数降序排列后的新列表。
3. 输入一个包含若干自然数的列表，输出一个新列表，新列表中每个元素为原列表中每个自然数的位数。例如，输入[1, 888, 99, 23456]，输出[1, 3, 2, 5]。
4. 输入一个包含若干数字的列表，输出其中绝对值最大的数字。例如，输入[-8, 64, 3.5, -89]，输出-89。
5. 输入一个包含若干整数的列表，输出这些整数的乘积。例如，输入[-2, 3, 4]，输出-24。
6. 输入两个包含若干整数的等长列表，把这两个列表看作两个向量，输出这两个向量的内积。

第 3 章 列表、元组、字典、集合与字符串

本章学习目标

● 熟练掌握列表对象及其常用方法；
● 熟练掌握列表推导式语法和应用；
● 熟练掌握切片操作；
● 熟练掌握序列解包的语法和应用；
● 熟练掌握生成器表达式的语法和应用；
● 理解元组和列表的不同；
● 熟练掌握字典对象及其常用操作；
● 熟练掌握集合对象及其常用操作；
● 熟练应用内置对象解决实际问题。

3.1 列表与列表推导式

列表的所有元素放在一对方括号中，相邻元素之间使用逗号分隔。在 Python 中，同一个列表中元素的数据类型可以各不相同，可以同时包含整数、浮点数、复数、字符串等基本类型的元素，也可以包含列表、元组、字典、集合、函数或其他任意对象。一对空的方括号表示空列表。

3.1.1 创建列表

除了第 2 章中介绍的使用方括号直接创建列表的形式之外，还可以使用 list()函数把元组、range 对象、字符串、字典、集合，以及 map 对象、zip 对象、enumerate 对象或其他类似对象转换为列表。另外，还有些内置函数、标准库函数或扩展库函数也会返回列表，例如内置函数 sorted()、标准库函数 random.sample()、扩展库函数 jieba.lcut()。为了方便演示和理解 list()函数的用法，建议读者在 IDLE 交互模式环境中运行下面的代码，其中 ">>> " 表示提示符，不用输入。示例如下。

3.1.1&3.1.2

```
>>> list((3, 5, 7, 9, 11))        # 将元组转换为列表
[3, 5, 7, 9, 11]
```

```
>>> list(range(1, 10, 2))                # 将 range 对象转换为列表
[1, 3, 5, 7, 9]
>>> list(map(str, range(10)))            # 将 map 对象转换为列表
['0', '1', '2', '3', '4', '5', '6', '7', '8', '9']
>>> list(zip('abcd', [1,2,3,4]))         # 将 zip 对象转换为列表
[('a', 1), ('b', 2), ('c', 3), ('d', 4)]
>>> list(enumerate('Python'))            # 将 enumerate 对象转换为列表
[(0, 'P'), (1, 'y'), (2, 't'), (3, 'h'), (4, 'o'), (5, 'n')]
>>> list(filter(str.isdigit, 'a1b2c3d456'))
                                         # 将 filter 对象转换为列表
['1', '2', '3', '4', '5', '6']
>>> list('hello world')                  # 将字符串转换为列表
                                         # 每个字符转换为列表中的一个元素
['h', 'e', 'l', 'l', 'o', ' ', 'w', 'o', 'r', 'l', 'd']
>>> list({3, 7, 5})                      # 将集合转换为列表
                                         # 集合中的元素是无序的
[3, 5, 7]
>>> x = list()                           # 创建空列表
>>> x = [1, 2, 3]
>>> del x                                # 删除列表对象
>>> x                                    # 对象删除后无法再访问，抛出异常
NameError: name 'x' is not defined
```

3.1.2　使用下标访问列表中的元素

列表、元组和字符串属于有序序列，其中的元素有严格的先后顺序，用户可以使用整数作为下标来随机访问其中任意位置上的元素。

列表、元组和字符串都支持双向索引，有效索引范围为[-L, L-1]，其中 L 表示列表、元组或字符串的长度。正向索引时，0 表示第 1 个元素，1 表示第 2 个元素，2 表示第 3 个元素，以此类推；反向索引时，-1 表示最后 1 个元素，-2 表示倒数第 2 个元素，-3 表示倒数第 3 个元素，以此类推。如果指定的下标不在有效范围内，代码会抛出异常提示下标越界。

下面的代码演示了使用下标访问列表中元素的用法。

```
data = list(range(10))
print(data)
print(data[0])          # 第一个元素的下标为 0
print(data[1])          # 第二个元素的下标为 1
print(data[-1])         # -1 表示最后一个元素的下标
print(data[15])         # 15 不是有效下标，代码抛出异常
```

运行结果为：

```
[0, 1, 2, 3, 4, 5, 6, 7, 8, 9]
0
1
9

--------------------------------------------------------
IndexError                     Traceback (most recent call last)
<ipython-input-2-5ca224cff6aa> in <module>()
      4 print(data[1])
      5 print(data[-1])
----> 6 print(data[15])
IndexError: list index out of range
```

3.1.3　列表常用方法

3.1.3

本节重点介绍列表对象自身提供的方法，关于运算符和内置函数对列表的操作请参考本书第 2 章。列表对象常用的方法如表 3-1 所示，其中 lst 表示列表对象。

表 3-1　　　　　　　　　　　　　　　列表对象常用的方法

方　　法	功　　能
lst.append(x)	将 x 追加至列表 lst 的尾部，不影响列表中已有元素的位置，也不影响列表在内存中的起始地址
lst.insert(index, x)	在列表 lst 的 index 位置处插入 x，该位置之后的所有元素自动向后移动，索引加 1
lst.extend(L)	将列表 L 中所有元素追加至列表 lst 的尾部，不影响 1st 列表中已有元素的位置，也不影响 1st 列表在内存中的起始地址
lst.pop([index])	删除并返回列表 lst 中下标为 index 的元素，该位置后面的所有元素自动向前移动，索引减 1。index 默认为-1，表示删除并返回列表中最后一个元素
lst.remove(x)	在列表 lst 中删除第一个值为 x 的元素，被删除元素位置之后的所有元素自动向前移动，索引减 1；如果列表中不存在 x 则抛出异常
lst.count(x)	返回 x 在列表 lst 中的出现次数
lst.index(x)	返回列表 lst 中第一个值为 x 的元素的索引，若不存在值为 x 的元素则抛出异常
lst.sort(key=None, reverse=False)	对列表 lst 中的元素进行原地排序，key 用来指定排序规则，reverse 为 False 表示升序，为 True 表示降序
lst.reverse()	对列表 lst 的所有元素进行原地逆序，首尾交换

1．append()、insert()、extend()

append()用于向列表尾部追加一个元素；insert()用于向列表任意指定位置插入一个元素，该位置之后的所有元素自动向后移动，下标加 1；extend()用于将另一个列表中的所有元素追加至当前列表的尾部。这 3 个函数都没有返回值，或者说返回空值 None。示例如下。

```
lst = [1, 2, 3, 4]
lst.append(5)
lst.insert(0, 0)
lst.insert(2, 1.5)
lst.extend([6, 7])
print(lst)
```

运行结果为：

```
[0, 1, 1.5, 2, 3, 4, 5, 6, 7]
```

2．pop()、remove()

pop()用于删除并返回列表中指定位置上的元素，不指定位置时默认是列表中最后一个元素，如果列表为空或指定位置不存在会抛出异常；remove()用于删除列表中第一个值与指定值相等的元素，如果列表中不存在该指定值则抛出异常。示例如下。

```
lst = [1, 2, 3, 4, 5, 6]
print(lst.pop())            # 删除并返回最后一个元素
print(lst.pop(0))           # 删除并返回下标为 0 的元素，后面的元素向前移动
```

```
print(lst.pop(2))              # 删除并返回下标为 2 的元素，后面的元素向前移动
print(lst)
lst = [1, 2, 3, 2, 4, 2]
lst.remove(2)                  # 删除第一个 2，该方法没有返回值
print(lst)
```

运行结果为：

```
6
1
4
[2, 3, 5]
[1, 3, 2, 4, 2]
```

3. count()、index()

count()用于返回列表中指定元素出现的次数；index()用于返回指定元素在列表中首次出现的位置，如果列表中不存在该指定元素，则抛出异常。示例如下。

```
lst = [1, 2, 2, 3, 3, 3, 4, 4, 4, 4]
print(lst.count(2))            # 输出 2
print(lst.index(4))            # 输出 6
print(lst.index(5))            # 代码抛出异常，提示 5 is not in list
```

4. sort()、reverse()

sort()用于按照指定的规则对列表中所有元素进行排序，与内置函数 sorted()一样支持 key 参数和 reverse 参数。reverse()用于翻转列表中的所有元素，首尾交换。下面的代码演示了 sort()和 reverse()的用法，因为使用随机模块 random 生成测试数据，所以允许每次结果不相同。示例如下。

```
from random import sample

# 在 range(10000) 中任选 10 个不重复的随机数
data = sample(range(10000), 10)
print(data)
data.reverse()                 # 原地翻转，首尾交换，该方法没有返回值
print(data)
data.sort()                    # 按元素大小进行原地排序，该方法没有返回值
print(data)
data.sort(key=str)             # 按所有元素转换为字符串后的大小进行排序
print(data)
```

某次运行结果为：

```
[4340, 9632, 2225, 2050, 8180, 706, 1144, 2787, 8991, 7780]
[7780, 8991, 2787, 1144, 706, 8180, 2050, 2225, 9632, 4340]
[706, 1144, 2050, 2225, 2787, 4340, 7780, 8180, 8991, 9632]
[1144, 2050, 2225, 2787, 4340, 706, 7780, 8180, 8991, 9632]
```

3.1.4 列表推导式

3.1.4&3.1.5

列表推导式，是用非常简洁的方式对列表或其他可迭代对象的元素进行遍历、过滤或再次计算，快速生成满足特定需求的新列表。列表推导式的语法格式如下。

```
[expression  for expr1 in sequence1 if condition1
```

```
    for expr2 in sequence2 if condition2
    for expr3 in sequence3 if condition3
    ...
    for exprN in sequenceN if conditionN]
```

列表推导式在逻辑上等价于一个循环语句（循环结构将在本书第 4 章介绍），只是形式上更加简洁。例如下面的代码。

```
data = [num for num in range(20) if num%2==1]
```

等价于

```
data = []
for num in range(20):
    if num%2 == 1:
        data.append(num)
```

如果在列表推导式中包含多层循环，情况稍微复杂一些。例如下面的代码。

```
data = [(x,y) for x in range(3) for y in range(2)]
```

等价于

```
data = []
for x in range(3):
    for y in range(2):
        data.append((x,y))
```

而下面的代码：

```
from random import random

data = [[random() for j in range(5)] for i in range(3)]
```

等价于

```
from random import random

data = []
for i in range(3):
    temp = []
    for j in range(5):
        temp.append(random())
    data.append(temp)
```

3.1.5 切片操作

切片是用来获取列表、元组、字符串等有序序列中部分元素的一种语法。切片使用 2 个冒号分隔的 3 个数字来完成，其语法格式如下。

```
[start:end:step]
```

其中，第一个数字 start 表示切片开始位置（默认为 0）；第二个数字 end 表示切片截止（但不包含）位置（默认为列表长度）；第三个数字 step 表示切片的步长（默认为 1），省略步长时还可以同时省略第二个冒号。另外，当 step 为负整数时，表示反向切片，这时 start 应该在 end 的右侧。

切片操作适用于列表、元组、字符串和 range 对象，但作用于列表时具有最强大的功能：使用者不仅可以使用切片来截取列表中的任何部分，并返回得到一个新列表，也可以通过切片来修改和删除列表中部分元素，甚至可以通过切片操作为列表对象增加元素。虽然切片作用于列表时具有强大的功能，但并不建议初学者过多使用这种语法上的技巧。因此，本书只介绍使用切片获取列表中部分元素的用法，本节内容同样适用于元组和字符串。示例如下。

```python
data = list(range(20))
print(data[:])          # 获取所有元素的副本
print(data[:3])         # 前 3 个元素
print(data[3:])         # 下标 3 之后的所有元素
print(data[::3])        # 每 3 个元素选取 1 个
print(data[-3:])        # 最后 3 个元素
print(data[:-5])        # 除最后 5 个元素之外的所有元素
```

运行结果为：

```
[0, 1, 2, 3, 4, 5, 6, 7, 8, 9, 10, 11, 12, 13, 14, 15, 16, 17, 18, 19]
[0, 1, 2]
[3, 4, 5, 6, 7, 8, 9, 10, 11, 12, 13, 14, 15, 16, 17, 18, 19]
[0, 3, 6, 9, 12, 15, 18]
[17, 18, 19]
[0, 1, 2, 3, 4, 5, 6, 7, 8, 9, 10, 11, 12, 13, 14]
```

3.2 元组与生成器表达式

我们可以通过把若干元素放在一对圆括号中创建元组，如果元组中只有一个元素，则需要多加一个逗号，例如(3,)；也可以使用 tuple()函数把列表、字典、集合、字符串以及 range 对象、map 对象、zip 对象或其他类似对象转换为元组。

3.2.1 元组与列表的区别

元组可以看作是轻量级列表，二者有很多相似之处，都属于有序序列，支持双向索引和切片操作，支持运算符+、*和 in，对于内置函数的支持也是大同小异。

二者之间的根本区别在于，元组是不可变的，而列表是可变的。

● 元组是不可变的，不能直接修改元组中元素的值，也不能为元组增加或删除元素。因此，元组没有提供 append()、extend()和 insert()等方法，也没有 remove()和 pop()方法。

● 元组的访问速度比列表更快，开销更小。如果定义了一系列常量值，主要用途只是对它们进行遍历或其他类似操作，那么一般建议使用元组而不用列表。

● 元组可以使得代码更加安全。例如，调用函数时使用元组传递参数可以防止在函数中修改元组，而使用列表则无法保证这一点。

● 元组可用作字典的键，也可以作为集合的元素，但列表不可以，包含列表的元组也不可以。

3.2.2 生成器表达式

生成器表达式的语法与列表推导式非常相似，但又有本质的不同。在形式上，生成器表达式使用圆括号作为定界符，生成器表达式的计算结果是一个生成器对象。

生成器对象具有惰性求值的特点，只在需要时生成新元素，相比列表推导式具有更高的效率，空间占用非常少，尤其适合大数据处理的场合。

用户在使用生成器对象的元素时，可以根据需要将其转化为列表或元组，也可以使用内置函数 next() 从前向后逐个访问其中的元素，或者直接使用 for 循环来遍历其中的元素。但是不管使用哪种方法，其中的每个元素只能访问一次，访问过的元素都不可再次访问。当所有元素访问结束以后，如果需要重新访问其中的元素，必须重新创建生成器对象。另外，生成器对象也不支持使用下标和切片访问其中的元素。内置函数 enumerate()、filter()、map()、zip()、reversed() 返回的对象也具有同样的特点。示例如下。

```
gen = (2**i for i in range(8))        # 创建生成器对象
print(gen)
print(list(gen))                      # 转换为列表，用完了生成器对象中的所有元素
print(tuple(gen))                     # 转换为元组，得到空元组
gen = (2**i for i in range(8))        # 重新创建生成器对象
print(next(gen))                      # 使用 next() 函数访问下一个元素
print(next(gen))
for item in gen:                      # 使用 for 循环访问剩余的所有元素
    print(item, end=' ')
```

运行结果为：

```
<generator object <genexpr> at 0x00D5B5A0>
[1, 2, 4, 8, 16, 32, 64, 128]
()
1
2
4 8 16 32 64 128
```

3.2.3　序列解包

序列解包的本质是对多个变量同时进行赋值，也就是把一个序列或可迭代对象中的多个元素的值同时赋值给多个变量，要求等号左侧变量的数量和等号右侧值的数量必须一致。

序列解包也可以用于列表、元组、字典、集合、字符串以及 enumerate 对象、filter 对象、zip 对象、map 对象等，但是用于字典时，默认是对字典的"键"进行操作，如果需要对字典的"键:值"元素进行操作，需要使用字典的 items() 方法明确说明；如果需要对字典的"值"进行操作，需要使用字典的 values() 方法明确指定。示例如下。

```
x, y, z = 1, 2, 3                     # 多个变量同时赋值
x, y, z = (False, 3.5, 'exp')         # 元组支持序列解包
x, y, z = [1, 2, 3]                   # 列表支持序列解包
x, y = y, x                           # 交换两个变量的值
x, y, z = map(int, '123')             # map 对象支持序列解包
data = {'a': 97, 'b': 98}
x, y = data.values()                  # 对字典的"值"进行序列解包
```

3.3　字典

字典属于容器对象，其中包含若干元素，每个元素包含"键"和"值"

3.3

两部分，这两部分之间使用冒号分隔，表示一种对应关系。不同元素之间用逗号分隔，所有元素放在一对大括号中。字典中元素的"键"，可以是 Python 中任意不可变数据，例如整数、浮点数、

复数、字符串、元组等类型，但不可以是列表、集合、字典或其他可变类型，包含列表等可变数据的元组也不能作为字典的"键"。另外，字典中的"键"不允许重复，"值"是可以重复的。

字典中的元素是无序的，虽然在 Python 3.6 之后的版本中，字典中的元素看上去是有序的，但用户在使用字典时一般不需要关心元素的顺序。

创建字典的方法，可以像 2.1.2 节介绍的那样把若干"键:值"元素放在一对大括号中，也可以使用 dict 类的不同形式或字典推导式。示例如下。

```python
data = dict(name='张三', age=18, sex='M')
print(data)
data = dict.fromkeys([1, 2, 3, 4])      # 以指定的数据为"键"，"值"为空
print(data)
data = dict(zip('abcd', [97,98,99,100]))
print(data)
data = {ch:ord(ch) for ch in 'abcd'}   # 字典推导式
print(data)
```

运行结果为：

```
{'name': '张三', 'age': 18, 'sex': 'M'}
{1: None, 2: None, 3: None, 4: None}
{'a': 97, 'b': 98, 'c': 99, 'd': 100}
{'a': 97, 'b': 98, 'c': 99, 'd': 100}
```

3.3.1　字典元素的访问

字典支持下标运算，把"键"作为下标可以返回对应的"值"，如果字典中不存在这个"键"，会抛出异常。

字典的 get()方法用于获取指定"键"对应的"值"，如果指定的"键"不存在，get()方法会返回空值或指定的值。

字典对象支持元素迭代，可以将其转换为列表或元组，也可以使用 for 循环遍历其中的元素，默认情况下是遍历字典的"键"，如果需要遍历字典的元素，则必须使用字典对象的 items()方法明确说明；如果需要遍历字典的"值"，则必须使用字典对象的 values()方法明确说明。当用户使用 len()、max()、min()、sum()、sorted()、enumerate()、map()、filter()等内置函数以及成员测试运算符 in 对字典对象进行操作时，也遵循同样的约定。示例如下。

```python
data = dict(name='张三', age=18, sex='M')
print(data['name'])                          # 使用"键"作为下标，访问"值"
print(data.get('age'))
print(data.get('address', '不存在这个键'))      # "键"不存在，返回默认值
print(list(data))                            # 把所有的"键"转换为列表
print(list(data.values()))                   # 把所有的"值"转换为列表
print(list(data.items()))                    # 把所有的元素转换为列表
for key, value in data.items():              # 遍历字典的"键:值"元素
    print(key, value, sep='\t')
```

运行结果为：

```
张三
18
不存在这个键
['name', 'age', 'sex']
```

```
['张三', 18, 'M']
[('name', '张三'), ('age', 18), ('sex', 'M')]
name   张三
age    18
sex    M
```

3.3.2　字典元素的修改、添加与删除

1. 当以指定"键"为下标为字典元素赋值时，有两种含义：若该"键"存在，表示修改该"键"对应的值；若该"键"不存在，表示添加一个新元素。示例如下。

```
sock = {'IP': '127.0.0.1', 'port': 80}
sock['port'] = 8080                    # 修改已有元素的"值"
sock['protocol'] = 'TCP'               # 增加新元素
print(sock)
```

运行结果为：

```
{'IP': '127.0.0.1', 'port': 8080, 'protocol': 'TCP'}
```

2. 使用字典对象的 update()方法可以将另一个字典的元素一次性全部添加到当前字典中，如果两个字典中存在相同的"键"，则以另一个字典中的"值"为准对当前字典进行更新。示例如下。

```
sock = {'IP': '127.0.0.1', 'port': 80}
# 更新了一个元素的"值"，增加了一个新元素
sock.update({'IP':'192.168.9.62', 'protocol':'TCP'})
print(sock)
```

运行结果为：

```
{'IP': '192.168.9.62', 'port': 80, 'protocol': 'TCP'}
```

3. 使用字典对象的 pop()方法可以删除指定"键"对应的元素，同时返回对应的"值"。字典对象的 popitem()方法用于删除并返回一个包含两个元素的元组，其中的两个元素分别是字典元素的"键"和"值"。另外，也可以使用 del 删除指定的"键"对应的元素。示例如下。

```
sock = {'IP': '192.168.9.62', 'port': 80, 'protocol': 'TCP'}
print(sock.pop('IP'))                  # 删除并返回指定"键"的元素
print(sock.popitem())                  # 删除并返回一个元素
del sock['port']                       # 删除指定"键"的元素
print(sock)
```

运行结果为：

```
192.168.9.62
('protocol', 'TCP')
{}
```

3.4　集合

3.4.1　集合概述

Python 的集合是无序、可变的容器对象，所有元素放在一对大括号中，元素之间使用逗

号分隔，同一个集合内的每个元素都是唯一的，不允许重复。

集合中只能包含数字、字符串、元组等不可变类型的数据，不能包含列表、字典、集合等可变类型的数据，包含列表等可变类型数据的元组也不能作为集合的元素。

集合中的元素是无序的，元素存储顺序和添加顺序并不一致。集合不支持使用下标直接访问特定位置上的元素，也不支持使用 random 中的 choice()函数从集合中随机选取元素，但支持使用 random 模块中的 sample()函数随机选取部分元素。

除了把元素放在一对大括号中创建集合，用户也可以使用 set()函数将列表、元组、字符串、range 对象等其他可迭代对象转换为集合，还可以使用集合推导式生成特定的集合。如果原来的数据中存在重复元素，在转换为集合的时候重复的元素只保留一个，自动去除重复元素。如果原序列或迭代对象中有可变类型的数据，则无法转换成为集合，抛出异常。当不再使用某个集合时，可以使用 del 语句删除整个集合。

3.4.2　集合常用方法

关于集合对运算符的支持请参考本书 2.2.2 节和 2.2.4 节，对内置函数的支持请参考本书 2.3 节，本节重点介绍集合对象自身提供的常用方法。

1．add()、update()

集合的 add()方法用来增加新元素，如果该元素已存在则忽略该操作，不会抛出异常；update()方法用于合并另外一个集合中的元素到当前集合中，并自动去除重复元素。示例如下。

```
data = {30, 40, 50}
data.add(20)             # 增加新元素 20
data.add(50)             # 集合中已包含 50，忽略本次操作
data.update({40, 60})    # 忽略 40，增加新元素 60
print(data)
```

运行结果为：

```
{50, 20, 40, 60, 30}
```

2．pop()、remove()、discard()

集合对象的 pop()方法用来随机删除并返回集合中的一个元素，如果集合为空则抛出异常；remove()方法用于删除集合中的指定元素，如果指定元素不存在则抛出异常；discard()用于从集合中删除一个指定元素，若指定的元素不在集合中则直接忽略该操作。示例如下。

```
data = {30, 40, 50}
data.remove(30)          # 删除元素 30
data.discard(30)         # 集合中没有 30，忽略本次操作
print(data.pop())        # 删除并返回集合中的一个元素
print(data)
```

运行结果为：

```
40
{50}
```

3.5　字符串常用方法

3.5

关于字符串的基本概念、对运算符和内置函数的支持，请参考本书第 2 章。本节重点介

绍字符串对象自身提供的常用方法。读者在使用这些方法时应注意，字符串属于不可变对象。本节介绍的所有方法都是返回处理后的字符串或字节串，均不对原字符串进行任何修改。

3.5.1 encode()

字符串有很多种编码规范，在我国比较常用的有 GB2312、GBK、CP936、UTF8。其中，GB2312、GBK 和 CP936 都规定使用 2 个字节表示汉字，一般不对这 3 种编码格式进行区分。UTF8 对全世界所有国家的文字符进行了编码，使用 1 个字节兼容 ASCII 码，使用 3 个字节表示常用汉字。

GB2312、GBK、CP936、UTF8 对标准的 ASCII 码字符的处理方式是一样的，同一串 ASCII 码字符使用不同编码方式编码得到的字节串是一样的。

对于中文字符，不同编码格式之间的实现细节相差很大，同一个中文字符串使用不同编码格式得到的字节串是完全不一样的。在理解字节串内容时必须清楚使用的编码规则并进行正确的解码，如果解码方法不正确就无法还原信息。同样的中文字符串存入使用不同编码格式的文本文件时，实际写入的二进制串可能会不同，但这并不影响我们使用，文本编辑器会自动识别和处理。

字符串方法 encode() 使用指定的编码格式把字符串编码为字节串，默认使用 UTF8 编码格式。与之对应，字节串方法 decode() 使用指定的编码格式把字节串解码为字符串，默认使用 UTF8 编码格式。由于不同编码格式的规则不一样，使用一种编码格式编码得到的字节串一般无法使用另一种编码格式进行正确解码。示例如下。

```
bookName = '《Python 可以这样学》'
print(bookName.encode())
print(bookName.encode('gbk'))
print(bookName.encode('gbk').decode('gbk'))
```

运行结果为：

```
b'\xe3\x80\x8aPython\xe5\x8f\xaf\xe4\xbb\xa5\xe8\xbf\x99\xe6\xa0\xb7\xe5\xad\xa6\xe3\x80\x8b'
b'\xa1\xb6Python\xbf\xc9\xd2\xd4\xd5\xe2\xd1\xf9\xd1\xa7\xa1\xb7'
《Python 可以这样学》
```

3.5.2 format()

字符串方法 format() 用于把数据格式化为特定格式的字符串，该方法通过格式字符串进行调用，在格式字符串中使用 {index/name:fmt} 作为占位符，其中 index 表示 format() 方法的参数序号，或者使用 name 表示参数名称，fmt 表示格式和相应的修饰。常用的格式主要有 b（二进制格式）、c（把整数转换成 Unicode 字符）、d（十进制格式）、o（八进制格式）、x（小写十六进制格式）、X（大写十六进制格式）、e/E（科学计数法格式）、f/F（固定长度的浮点数格式）、%（使用固定长度浮点数显示百分数）。

Python 3.6.*x* 之后的版本支持在数字常量的中间位置使用单个下画线作为分隔符来提高可读性，相应地，字符串格式化方法 format() 也提供了对下画线的支持。示例如下。

```
# 0 表示 format() 方法的参数下标，对应于第一个参数
# .4f 表示格式化为浮点数，保留 4 位小数
print('{0:.4f}'.format(10/3))
print('{0:.2%}'.format(1/3))
```

```
# 格式化为百分数字符串，总宽度为 10，保留 2 位小数，>表示右对齐
print('{0:>10.2%}'.format(1/3))
# 逗号表示在数字字符串中插入逗号作为千分符，#x表示格式化为十六进制数
print("{0:,} in hex is: {0:#x}, in oct is {0:#o}".format(5555555))
# 可以先格式化下标为 1 的参数，再格式化下标为 0 的参数
# o 表示八进制数，但不带前面的引导符 0o
print("{1} in hex is: {1:#x}, {0} in oct is {0:o}".format(6666,
                                                           66666))

# _表示在数字中插入下画线来作为千分符
print('{0:_},{0:#_x}'.format(10000000))
```

运行结果为：

```
3.3333
33.33%
    33.33%
5,555,555 in hex is: 0x54c563, in oct is 0o25142543
66666 in hex is: 0x1046a, 6666 in oct is 15012
10_000_000,0x98_9680
```

Python 3.6.*x* 之后的版本支持一种新的字符串格式化方式，官方叫作 Formatted String Literals，其含义与字符串对象的 format()方法类似，但形式更加简洁。在下面的代码中，大括号里面的变量名表示占位符，在进行格式化时，使用前面定义的同名变量的值对格式化字符串中的占位符进行替换。如果当前作用域中没有该变量的定义，代码会抛出异常。

```
width = 8
height = 6
print(f'Rectangle of {width}*{height}\nArea:{width*height}')
```

运行结果为：

```
Rectangle of 8*6
Area:48
```

3.5.3 index()、rindex()、count()

字符串方法 index()返回一个字符串在当前字符串中首次出现的位置，如果当前字符串中不存在此字符串，则抛出异常；rindex()用来返回一个字符串在当前字符串中最后一次出现的位置，如果当前字符串中不存在此字符串，则抛出异常；count()方法用来返回一个字符串在当前字符串中出现的次数，如果当前字符串中不存在此字符串，则返回 0。示例如下。

```
text = '处处飞花飞处处；声声笑语笑声声。'
print(text.rindex('处'))
print(text.index('声'))
print(text.count('处'))
```

运行结果为：
```
6
8
4
```

3.5.4 replace()、maketrans()、translate()

1. 字符串方法 replace()用来替换字符串中指定字符或子字符串的所有重复出现，每次只

能替换一个字符或一个字符串，把指定的字符串参数作为一个整体对待，类似于 Word、WPS、记事本、写字板等文本编辑器的"全部替换"功能。该方法返回一个新字符串，并不修改原字符串。示例如下。

```
text = "Python 是一门非常棒的编程语言。"
# replace()方法返回替换后的新字符串，可以直接再次调用 replace()方法
print(text.replace('棒','优雅').replace('编程', '程序设计'))
print(text)
```

运行结果为：

```
Python 是一门非常优雅的程序设计语言。
Python 是一门非常棒的编程语言。
```

2．字符串对象的 maketrans()方法用来生成字符映射表；translate()方法用来根据映射表中定义的对应关系转换字符串并替换其中的字符，使用这两个方法的组合可以同时处理多个不同的字符。示例如下。

```
table = ''.maketrans('0123456789', '零一二三四伍陆柒捌玖')
print('Tel:30647359'.translate(table))
```

运行结果为：

```
Tel:三零陆四柒三伍玖
```

3.5.5　ljust()、rjust()、center()

字符串方法 ljust()、rjust()和 center()用于对字符串进行排版，返回指定宽度的新字符串，原字符串分别居左、居右或居中出现在新字符串中，如果指定的宽度大于原字符串长度，使用指定的字符（默认是空格）进行填充。示例如下。

```
print('居左'.ljust(20)+'结束')
print('居右'.rjust(20, '#'))          # 左侧使用#号填充
print('居中'.center(20, '='))         # 两侧使用等号填充
```

运行结果为：

```
居左                  结束
##################居右
=========居中=========
```

3.5.6　split()、rsplit()、join()

字符串方法 split()使用指定的字符串（如果不指定则默认为空格、换行符和制表符等空白字符）作为分隔符对原字符串从左向右进行分隔；rsplit()从右向左进行分隔，这两个方法都返回分隔后的字符串列表。字符串方法 join()使用指定的字符串作为连接符对可迭代对象中的若干字符串进行连接。示例如下。

```
text = 'Beautiful is better than ugly.'
print(text.split())                  # 使用空白字符进行分隔
print(text.split(maxsplit=1))        # 最多分隔一次
print(text.rsplit(maxsplit=2))       # 最多分隔两次
print('1,2,3,4'.split(','))          # 使用逗号作为分隔符
print(','.join(['1', '2', '3', '4'])) # 使用逗号作为连接符
```

```
print(':'.join(map(str, range(1, 5))))      # 使用冒号作为连接符
print(''.join(map(str, range(1, 5))))       # 直接连接，不插入任何连接符
```

运行结果为：

```
['Beautiful', 'is', 'better', 'than', 'ugly.']
['Beautiful', 'is better than ugly.']
['Beautiful is better', 'than', 'ugly.']
['1', '2', '3', '4']
1,2,3,4
1:2:3:4
1234
```

3.5.7　lower()、upper()、capitalize()、title()、swapcase()

字符串方法 lower()把字符串中的英文字母全部转换为小写字母；upper()把字符串中的英文字母全部转换为大写字母；capitalize()把每个句子的第一个字母转换为大写字母；title()把每个单词的第一个字母转换为大写字母；swapcase()把小写字母转换为大写字母并把大写字母转换为小写字母。示例如下。

```
text = 'Explicit is better than implicit.'
print(text.lower())
print(text.upper())
print(text.capitalize())
print(text.title())
print(text.swapcase())
```

运行结果为：

```
explicit is better than implicit.
EXPLICIT IS BETTER THAN IMPLICIT.
Explicit is better than implicit.
Explicit Is Better Than Implicit.
eXPLICIT IS BETTER THAN IMPLICIT.
```

3.5.8　startswith()、endswith()

字符串方法 startswith()和 endswith()分别用来测试字符串是否以指定的一个或几个字符串（放在元组中）开始和结束。示例如下。

```
text = 'Simple is better than complex.'
print(text.startswith('simple'))
print(text.startswith('Simple'))
print(text.endswith(('.', '!', '?')))
```

运行结果为：

```
False
True
True
```

3.5.9　strip()、rstrip()、lstrip()

字符串方法 strip()、rstrip()和 lstrip()方法分别用来删除字符串两侧、右侧或左侧的空白字

符或指定的字符。示例如下。

```
text = '    ======test===#####   '
print(text.strip())              # 删除两侧的空白字符
print(text.strip('=# '))         # 删除两侧的=、#和空格
```

运行结果为：

```
======test===#####
test
```

3.6（1）

3.6 综合应用与例题解析

例 3-1 阿凡提与国王比赛下棋，国王说要是自己输了的话阿凡提想要什么他都可以拿得出来。阿凡提说那就要点米吧，棋盘一共 64 个小格子，在第一个格子里放 1 粒米，第二个格子里放 2 粒米，第三个格子里放 4 粒米，第四个格子里放 8 粒米，以此类推，后面每个格子里的米都是前一个格子里的 2 倍，一直把 64 个格子都放满。编写程序，生成一个列表，其中元素为每个棋盘格子里米的粒数，并输出这些数字的和，也就是一共需要多少粒米。要求使用列表推导式。

```
data = [2**i for i in range(64)]
print(sum(data))
```

例 3-2 编写程序，输入一个包含若干整数的列表，输出由其中的奇数组成的新列表。例如，输入[1,2,3,4,5,6,7,8]，输出[1, 3, 5, 7]。要求使用列表推导式。

```
data = eval(input('请输入一个包含若干整数的列表：'))
print([num for num in data if num%2==1])
```

例 3-3 编写程序，输入两个包含若干整数的等长列表表示两个向量，输出这两个向量的内积。例如，输入[1,2,3]和[4,5,6]，内积计算方法为 1*4 + 2*5 + 3*6 = 32，输出 32。要求使用列表推导式。

```
vector1 = eval(input('请输入一个包含若干整数的向量：'))
vector2 = eval(input('请再输入一个包含若干整数的等长向量：'))
print(sum([num1*num2 for num1, num2 in zip(vector1, vector2)]))
```

例 3-4 编写程序，输入一个包含若干整数的列表，输出其中的最大值，以及所有最大值的下标组成的列表。例如，输入[1,2,3,1,2,3,3]，输出 3 和[2, 5, 6]。要求使用列表推导式。

```
data = eval(input('请输入一个包含若干整数的列表：'))
m = max(data)
print(m)
print([index for index, value in enumerate(data) if value==m])
```

例 3-5 编写程序，首先生成包含 1000 个随机数字字符的字符串，然后统计每个数字的出现次数。循环结构的内容可以提前翻阅本书第 4 章进行快速了解。

```
from string import digits
from random import choice

z = ''.join(choice(digits) for i in range(1000))
result = {}
for ch in z:
```

```
        result[ch] = result.get(ch,0) + 1
for digit, fre in sorted(result.items()):
    print(digit, fre, sep=':')
```

3.6（2）

例 3-6　编写程序，输入一个字符串，输出其中唯一字符组成的新字符串，要求新字符串中的字符顺序与其在原字符串中的相对顺序一样。例如，输入'1122a3344'，输出'12a34'。关于 lambda 表达式的用法可以提前翻阅本书第 4 章进行快速了解。

```
text = input('请输入一个字符串: ')
result = ''.join(sorted(set(text), key=lambda ch: text.index(ch)))
print(result)
```

例 3-7　编写程序，输入两个集合 A 和 B，输出它们的并集、交集、对称差集以及差集 A-B 和 B-A。要求使用集合运算符。

```
A = eval(input('请输入一个集合: '))
B = eval(input('再输入一个集合: '))
print('并集: ', A|B)
print('交集: ', A&B)
print('对称差集: ', A^B)
print('差集 A-B: ', A-B)
print('差集 B-A: ', B-A)
```

例 3-8　编写程序，输入一个字符串，删除其中的重复空格，也就是如果有连续的多个空格的话就只保留一个，然后输出处理后的字符串。

```
text = input('请输入一个包含空格的字符串: ')
print(' '.join(text.split()))
```

例 3-9　编写程序，输入一个字符串，把其中的元音字母 a、e、o、i 和 u 替换成对应的大写字母，然后输出新字符串。

```
text = input('请输入一个字符串: ')
table = ''.maketrans('aeoiu', 'AEOIU')
print(text.translate(table))
```

例 3-10　编写程序，测试列表中的若干整数之间是否有重复。

```
import random

# 生成一个包含 5 个相同随机数的列表
data1 = [random.randint(1,10)] * 5
# 标准库 random 中 choices() 函数用于从指定分布中随机选择 k 个元素，允许重复
data2 = random.choices(range(10), k=5)
# 标准库 random 中 sample() 函数用于从指定分布中随机选择 k 个元素，不允许重复
data3 = random.sample(range(10), k=5)

for data in (data1, data2, data3):
    print('='*20)
    print(data)
    k1 = len(set(data))
    k2 = len(data)
    if k1 == k2:
        print('无重复')
```

```
elif k1 == 1:
    print('完全重复')
else:
    print('部分重复')
```

本章知识要点

● 同一个列表中元素的数据类型可以各不相同，可以同时包含整数、浮点数、复数、字符串等基本类型的元素，也可以包含列表、元组、字典、集合、函数或其他任意对象。

● 列表、元组和字符串属于有序序列，其中的元素有严格的先后顺序，用户可以使用整数作为下标来随机访问其中任意位置上的元素。

● 列表、元组和字符串都支持双向索引，有效索引范围为[−L, L−1]，其中 L 表示列表、元组或字符串的长度。

● 列表推导式在逻辑上等价于一个循环语句，只是形式上更加简洁。

● 切片是用来获取列表、元组、字符串等有序序列中部分元素的一种语法。

● 用户可以通过把若干元素放在一对圆括号中创建元组，如果元组中只有一个元素，则需要多加一个逗号。

● 元组是不可变的，不能直接修改元组中元素的值，也不能为元组增加或删除元素。

● 使用生成器对象的元素时，可以根据需要将其转化为列表或元组，也可以使用内置函数 next()从前向后逐个访问其中的元素，或者直接使用 for 循环来遍历其中的元素。但是不管用哪种方法访问其元素，访问过的元素不可再次访问。当所有元素访问结束以后，如果需要重新访问其中的元素，必须重新创建该生成器对象。另外，生成器对象也不支持使用下标访问其中的元素。

● 序列解包的本质是对多个变量同时进行赋值，也就是把一个序列或可迭代对象中的多个元素的值同时赋值给多个变量，要求等号左侧变量的数量和等号右侧值的数量必须一致。

● 字典中元素的"键"可以是 Python 中任意不可变数据，例如整数、浮点数、复数、字符串、元组等类型，但不可以是列表、集合、字典或其他可变类型，包含列表等可变数据的元组也不能作为字典的"键"。

● Python 的集合是无序的、可变的容器类对象，所有元素放在一对大括号中，元素之间使用逗号分隔，同一个集合内的每个元素都是唯一的，不允许重复。

● 字符串属于不可变对象，字符串方法都是返回处理后的字符串或字节串，不对原字符串进行任何修改。

本章习题

一、填空题

1. 列表的 sort()方法没有返回值，或者说返回值为_____。

2. 已知列表 data = [1, 2, 3, 4]，那么 data[2:100]的值为_____。

3. 已知 $x = 3$ 和 $y = 5$，那么执行语句 $x, y = y, x$ 之后，y 的值为_____。

4. 已知字典 data = {'a':97, 'A':65}，那么 data.get('a', None)的值为_____。

二、判断题

1. 生成器表达式的计算结果是一个元组。（　　　）
2. 包含列表的元组可以作为字典的"键"。（　　　）
3. 包含列表的元组不可以作为集合的元素。（　　　）
4. 列表的 rindex()方法返回指定元素在列表中最后一次出现的位置。（　　　）

三、编程题

1. 输入一个字符串，输出其中每个字符的出现次数。要求使用标准库 collotections 中的 Counter 类，请自行查阅相关用法。

2. 输入一个字符串，输出其中只出现了一次的字符及其下标。

3. 输入一个字符串，输出其中每个唯一字符最后一次出现的下标。

4. 输入包含若干集合的列表，输出这些集合的并集。提示：使用 reduce()函数和 operator 模块中的运算实现多个集合的并集。

5. 输入一个字符串，输出加密后的结果字符串。加密规则为：每个字符的 Unicode 编码和下一个字符的 Unicode 编码相减，用这个差的绝对值作为 Unicode 编码，对应的字符作为当前位置上字符的加密结果，最后一个字符是和第一个字符进行运算。

6. 输入一个字符串，检查该字符串是否为回文（正着读和反着读都一样的字符串），如果是就输出 Yes，否则输出 No。要求使用切片实现。

四、操作题

查阅资料，然后编写程序重做本章例 3-5，要求使用标准库 collections 中的 Counter 类。

第4章　选择结构、循环结构、函数定义与使用

本章学习目标

- 理解条件表达式的值与 True 或 False 的等价关系；
- 熟练掌握选择结构；
- 熟练掌握循环结构；
- 理解带 else 的循环结构的执行过程；
- 熟练掌握函数的定义与使用；
- 熟练掌握 lambda 表达式的语法与应用；
- 理解递归函数的执行过程；
- 理解嵌套定义函数的语法。

4.1　选择结构

4.1.1　条件表达式

在选择结构和循环结构中，Python 解释器会根据条件表达式的值来确定下一步的执行流程。选择结构是根据不同的条件来决定是否执行特定的代码，循环结构则是根据不同的条件来决定是否重复执行特定的代码。

在 Python 中，所有的合法表达式都可以作为条件表达式。条件表达式的值等价于 True 时表示条件成立，等价于 False 时表示条件不成立。条件表达式的值只要不是 False、0（或 0.0、0j 等）、空值 None、空列表、空元组、空集合、空字典、空字符串、空 range 对象或其他空迭代对象，Python 解释器均认为其与 True 等价（注意，等价和相等是有区别的）。

例如，数字可以作为条件表达式，但只有 0、0.0、0j 等价于 False，其他任意数字都等价于 True。列表、元组、字典、集合、字符串以及 range 对象、map 对象、zip 对象、filter 对象、enumerate 对象、reversed 对象等容器类对象也可以作为条件表达式，不包含任何元素的容器类对象等价于 False，包含任意元素的容器类对象都等价于 True。以字符串为例，只有不包含任何字符的空字符串是等价于 False 的；包含任意字符的字符串都等价于 True，哪怕只包含一个空格。

4.1.2 单分支选择结构

单分支选择结构的语法格式如下。

```
if 条件表达式：
    语句块
```

其中表达式后面的冒号 "：" 是不可缺少的，表示一个语句块的开始，并且语句块必须做相应地缩进，一般是以 4 个空格为缩进单位。

当条件表达式值为 True 或其他与 True 等价的值时，表示条件满足，语句块被执行，否则该语句块不被执行，而是继续执行后面的代码（如果有的话）。

例 4-1 生成包含两个或三个汉字的人名。

```
from random import choice, random

name = choice('董孙李周赵钱王')
if random()>0.5:                # random()函数返回[0,1)区间上的随机数
    name += choice('付玉延邵子凯')
name += choice('国楠栋涵雪玲瑞')
print(name)
```

4.1.3 双分支选择结构

双分支选择结构的语法格式如下。

```
if 条件表达式：
    语句块 1
else:
    语句块 2
```

当条件表达式值为 True 或其他等价值时，执行语句块 1，否则执行语句块 2。语句块 1 或语句块 2 总有一个会被执行，然后再执行后面的代码（如果有的话）。

例 4-2 首先生成[1,100]区间上的一个随机数，然后根据随机数的范围生成变量 sex 的值，当随机数大于 51 时把 sex 设置为男，否则设置为女。

```
from random import randint

if randint(1, 100)>51:
    sex = '男'
else:
    sex = '女'
print(sex)
```

4.1.4 嵌套的分支结构

嵌套的分支结构有两种形式，第一种语法格式如下。

```
if 条件表达式 1：
    语句块 1
elif 条件表达式 2：
    语句块 2
elif 条件表达式 3：
    语句块 3
```

```
......
else:
    语句块 n
```

其中，关键字 elif 是 else if 的缩写。

在这种语法格式中，如果条件表达式 1 成立就执行语句块 1；如果条件表达式 1 不成立但是条件表达式 2 成立，就执行语句块 2；如果条件表达式 1 和条件表达式 2 都不成立但是条件表达式 3 成立，就执行语句块 3，以此类推；如果所有条件都不成立就执行语句块 n。

另一种嵌套分支结构的语法格式如下。

```
if 条件表达式 1:
    语句块 1
    if 条件表达式 2:
        语句块 2
    else:
        语句块 3
else:
    if 条件表达式 4:
        语句块 4
```

在这种语法格式中，如果条件表达式 1 成立，先执行语句块 1，执行完后如果条件表达式 2 成立就执行语句块 2，否则执行语句块 3；如果条件表达式 1 不成立但是条件表达式 4 成立就执行语句块 4。

注意，用户在使用嵌套选择结构时，一定要严格控制好不同级别代码块的缩进量，这决定了不同代码块的从属关系和业务逻辑能否被正确地实现，以及代码是否能够被解释器正确地理解和执行。

4.2　循环结构

4.2

Python 有 for 和 while 两种形式的循环结构。

4.2.1　for 循环

for 循环非常适合用来遍历容器类对象（列表、元组、字典、集合、字符串以及 map、zip 等类似对象）中的元素，语法格式如下。

```
for 循环变量 in 容器类对象:
    循环体
[else:
    else 子句代码块]
```

其中，方括号内的 else 子句可以没有，也可以有，根据要解决的问题来确定。

如果 for 循环结构带有 else 子句，其执行过程为：当循环因为遍历完容器类对象中的全部元素而自然结束时，则继续执行 else 结构中的代码块，如果是因为执行了 break 语句（见本书 4.2.3 节）提前结束循环，则不会执行 else 中的代码块。

4.2.2　while 循环

Python 的 while 循环结构语法格式如下。

```
while 条件表达式：
    循环体
[else:
    else 子句代码块]
```

其中，方括号内的 else 子句可以没有，也可以有。当条件表达式的值等价于 True 时就一直执行循环体，直到条件表达式的值等价于 False 或者循环体中执行了 break 语句则结束循环。如果是因为条件表达式不成立而结束循环，就继续执行 else 中的代码块。如果是因为循环体内执行了 break 语句使得循环提前结束，则不再执行 else 中的代码块。

4.2.3 break 与 continue 语句

break 语句和 continue 语句在 while 循环和 for 循环中都可以使用，并且一般常与选择结构或异常处理结构结合使用。一旦 break 语句被执行，将使得 break 语句所属层次的循环提前结束。continue 语句的作用是提前结束本次循环，忽略 continue 之后的所有语句，提前进入下一次循环。

例 4-3 编写程序，输出 200 以内最大的素数。

```
for n in range(200, 1, -1):      # 从大到小遍历
    for i in range(2, n):        # 遍历[2, n-1]区间的自然数
        if n%i == 0:             # 如果n有因子，就不是素数
            break                # 提前结束内循环
    else:                        # 如果内循环自然结束，继续执行这里的代码
        print(n)                 # 输出素数
        break                    # 结束外循环
```

4.3 函数定义与使用

4.3

4.3.1 函数定义基本语法

函数是对前面学习过的内容的一种封装，是代码复用的重要方式。把用来解决特定问题的代码封装成函数，可以在不同的程序中重复利用这些函数，使得代码更加精练，更加容易维护。

在 Python 中，函数定义的语法格式如下。

```
def 函数名([参数列表]):
    函数体
```

其中，def 是用来定义函数的关键字。

定义函数时需要注意以下主要问题。

（1）不需要说明形参类型，Python 解释器会根据实参的值自动推断出形参类型；

（2）不需要指定函数返回值类型，这由函数中 return 语句返回的值的类型来确定。如果函数没有明确的返回值，Python 认为返回空值 None；

（3）即使该函数不需要接收任何参数，也必须保留一对空的英文半角圆括号；

（4）函数头部括号后面的冒号必不可少；

（5）函数体相对于 def 关键字必须保持一定的空格缩进。

4.3.2 lambda 表达式

在功能上，lambda 表达式等价于一个函数，常用在临时需要一个函数的功能但又不想定

义函数的场合，例如内置函数 sorted()、max()、min()、map()、filter()，列表方法 sort()的 key 参数以及标准库 functools 中 reduce()函数的第一个参数。

lambda 表达式只能包含一个表达式，不允许包含选择、循环等语法结构，语法格式如下。

```
lambda [参数列表]: 表达式
```

其中，参数列表如果包含多个参数的话应使用逗号分隔，如果没有参数列表则 lambda 表达式相当于一个不接收参数的函数，表达式的值等价于函数的返回值。下面的代码演示了 lambda 表达式的部分用法。

```
# 也可以给 lambda 表达式起名字, 定义具名函数
func = lambda x, y: x+y
# 像调用函数一样调用 lambda 表达式
print(func(3, 5))
data = [9, 88, 444]
# 按各位数字之和的大小升序排序
print(sorted(data, key=lambda num: sum(map(int, str(num)))))
# 输出转换成字符串之后的长度最大的数字
print(max(data, key=lambda num: len(str(num))))
```

运行结果为：

```
8
[9, 444, 88]
444
```

4.3.3　递归函数

如果一个函数在执行过程中又调用了该函数本身，叫作递归调用。函数递归通常用来把一个大型的复杂问题层层转化为一个与原来问题本质相同但规模很小、很容易解决或描述的问题，从而只需要很少的代码就可以描述解决问题过程中需要的大量重复计算。在编写递归函数时，应注意：

（1）每次递归应保持问题性质不变；
（2）每次递归应使得问题规模变小或使用更简单的输入；
（3）必须有一个能够直接处理而不需要再次进行递归的特殊情况来保证递归过程可以结束；
（4）函数递归的深度不能太大，否则会引起内存崩溃。

例 4-4　编写递归函数，计算组合数 c(*n*,*i*)，也就是从 *n* 个物品中任选 *i* 个的选法。根据帕斯卡公式可知，c(*n*,*i*) = c(*n*−1, *i*) + c(*n*−1, *i*−1)，在下面的代码中使用标准库 functools 中的修饰器 lru_cache 避免重复计算，从而提高计算速度。

```
from functools import lru_cache

# 使用修饰器, 增加用来记忆中间结果的缓存
@lru_cache(maxsize=64)
def cni(n,i):
    if n==i or i==0:
        return 1
    return cni(n-1,i) + cni(n-1,i-1)
```

4.3.4　生成器函数

如果函数中包含 yield 语句，那么这个函数的返回值不是单个值，而是一个生成器对象，

53

这样的函数称为生成器函数。代码每次执行到 yield 语句时，返回一个值，然后暂停执行，当通过内置函数 next()、for 循环遍历生成器对象元素或其他方式显式"索要"数据时再恢复执行。生成器对象具有惰性求值的特点，适合大数据处理的场合。

例 4-5　编写生成器函数，模拟内置函数 map()。

```
def myMap(func, iterable):
    for item in iterable:
        yield func(item)

result = myMap(str, range(5))
print(result)
print(list(result))
```

4.3.5　位置参数、默认值参数、关键参数、可变长度参数

1. 位置参数

位置参数是指，调用函数传递参数时没有任何多余的说明，多个实参依次按顺序传递给对应的形参，要求实参和形参的数量与顺序必须一一对应，否则会抛出异常。例如，下面的代码中，实参 3 传递给形参 a，实参 5 传递给形参 b。

```
def add(a, b):
    print('In function:a={},b={}'.format(a,b))
    return a+b

print(add(3, 5))
```

运行结果为：

```
In function:a=3,b=5
8
```

2. 默认值参数

默认值参数是指，在定义函数时为部分形参设置了默认值，在调用函数时如果不为已经设置了默认值的形参传递实参则使用设置的默认值，如果传递了实参则使用传递的实参。在语法上，任何带默认值的形参右侧都不能再有不带默认值的普通位置参数。示例如下。

```
def add(a, b=5):
    print('In function:a={},b={}'.format(a,b))
    return a+b

print(add(3))
print(add(3, 8))
```

运行结果为：

```
In function:a=3,b=5
8
In function:a=3,b=8
11
```

3. 关键参数

关键参数是指，在调用函数时明确指定给哪个形参传递什么实参，这时实参的顺序可以和形参不对应，但不影响传递的最终结果。示例如下。

```
def add(a, b):
    print('In function:a={},b={}'.format(a,b))
    return a+b

print(add(b=8, a=3))
```

运行结果为：

```
In function:a=3,b=8
11
```

4．可变长度参数

可变长度参数是指，一个形参能够接收的实参数量是可变的。可变长度参数主要有两种形式：（1）在形参前面加一个星号*，表示可以接收多个位置参数并把它们放到一个元组中；（2）在形参前面加两个星号**，表示可以接收多个关键参数并把它们放到一个字典中。示例如下。

```
def add(a, b, *args, **kwargs):
    print('In function:\na={}\nb={}\nargs={}\nkwargs={}'.format(a, b, args, kwargs))
    return a+b+sum(args)+sum(kwargs.values())

print(add(3, 8, 1, 2, 3, 4, x=5, y=6, z=7))
print('='*20)
print(add(1, 2, 3, 4, 5, 6, 7, 8, 9, x=10, y=11))
```

运行结果为：

```
In function:
a=3
b=8
args=(1, 2, 3, 4)
kwargs={'x': 5, 'y': 6, 'z': 7}
39
====================
In function:
a=1
b=2
args=(3, 4, 5, 6, 7, 8, 9)
kwargs={'x': 10, 'y': 11}
66
```

4.3.6 变量作用域

变量作用域是指能够访问该变量的代码范围。不同作用域内变量名字可以相同，互不影响。从变量作用域或者搜索顺序的角度来看，Python 有局部变量、nonlocal 变量、全局变量和内置对象，本书重点介绍局部变量和全局变量。

如果在函数内只有引用某个变量值而没有为其赋值的操作，该变量应为全局变量。如果在函数内有为变量赋值的操作，该变量就被认为是局部变量，除非在函数内赋值操作之前用关键字 global 进行了声明。如果局部变量与全局变量具有相同的名字，那么该局部变量会在自己的作用域内暂时隐藏同名的全局变量。示例如下。

```
def func():
    global x
```

```
    x = 666
    y = 888
    print(x, y, z, sep=',')

x, y, z = [3, 5, 7]
func()
```

运行结果为：

```
666,888,7
```

4.4

4.4 综合应用与例题解析

例 4-6 使用递归法计算自然数各位数字之和。

```
def digitSum(n):
    if n == 0:
        return 0
    # 先计算除最后一位的其他位之和
    # 再加上最后一位
    return digitSum(n//10) + n%10
```

例 4-7 编写函数模拟猜数游戏。通过参数可以指定一个整数范围和猜测的最大次数，系统在指定范围内随机产生一个整数，然后让用户猜测该数的值，系统根据玩家的猜测进行提示（例如，猜大了，猜小了，猜对了），玩家则可以根据系统的提示对下一次的猜测进行适当调整，直到猜对或次数用完。

```
from random import randint

def guess(start, end, maxTimes):
    value = randint(start, end)          # 随机生成一个整数
    for i in range(maxTimes):
        if i==0:
            prompt = 'Start to GUESS:'
        else:
            prompt = 'Guess again:'
        try:                             # 使用异常处理结构防止输入的不是数字
            x = int(input(prompt))
        except:
            print('Must input an integer between 1 and ', maxValue)
        else:
            if x == value:               # 猜对了
                print('Congratulations!')
                break
            elif x > value:
                print('Too big')
            else:
                print('Too little')
    else:                                # 次数用完还没猜对
        print('Game over. FAIL.')
        print('The value is ', value)

guess(1, 10, 3)
```

本章知识要点

● 在 Python 中，几乎所有的合法表达式都可以作为条件表达式。条件表达式的值等价于 True 时表示条件成立，等价于 False 时表示条件不成立。条件表达式的值只要不是 False、0（或 0.0、0j 等）、空值 None、空列表、空元组、空集合、空字典、空字符串、空 range 对象或其他空迭代对象，Python 解释器均认为其与 True 等价。

● 使用嵌套选择结构时，一定要严格控制好不同级别代码块的缩进量，这决定了不同代码块的从属关系和业务逻辑能否被正确地实现，以及代码是否能够被解释器正确地理解和执行。

● 如果 for 循环结构带有 else 子句，其执行过程为：当循环因为遍历完容器类对象中的全部元素而自然结束时，则继续执行 else 结构中的代码块，如果是因为执行了 break 语句提前结束循环，则不会执行 else 中的代码块。

● break 语句和 continue 语句在 while 循环和 for 循环中都可以使用，并且一般常与选择结构或异常处理结构结合使用。一旦 break 语句被执行，将使得 break 语句所属层次的循环提前结束。continue 语句的作用是提前结束本次循环，忽略 continue 之后的所有语句，提前进入下一次循环。

● 把用来解决特定问题的代码封装成函数，可以在不同的程序中重复利用这些函数，使得代码更加精炼，更加容易维护。

● 在功能上，lambda 表达式等价于一个函数，常用在临时需要一个函数的功能但又不想定义函数的场合，例如内置函数 sorted()、max()、min()、map()、filter()、列表方法 sort() 的 key 参数以及标准库 functools 中 reduce()函数的第一个参数。

● 在 Python 中，允许嵌套定义函数，也就是在一个函数的定义中再定义另一个函数。在内部定义的函数中，可以直接访问外部函数的参数和外部函数定义的变量。

● 函数递归通常用来把一个大型的复杂问题层层转化为一个与原来问题本质相同但规模很小、很容易解决或描述的问题，从而只需要很少的代码就可以描述解决问题过程中需要的大量重复计算。

● 如果函数中包含 yield 语句，那么这个函数的返回值不是单个值，而是一个生成器对象，这样的函数称为生成器函数。代码每次执行到 yield 语句时，返回一个值，然后暂停执行，当通过内置函数 next()、for 循环遍历生成器对象元素或其他方式显式"索要"数据时再恢复执行。

● 位置参数是指，调用函数传递参数时没有任何多余的说明，多个实参依次按顺序传递给对应的形参，要求实参和形参的数量与顺序必须一一对应，否则会抛出异常。

● 默认值参数是指，在定义函数时为部分形参设置了默认值，在调用函数时如果不为已经设置了默认值的形参传递实参则使用设置的默认值，如果传递了实参则使用传递的实参。

● 关键参数是指，在调用函数时明确指定给哪个形参传递什么实参，这时实参的顺序可以和形参不对应，但不影响传递的最终结果。

● 可变长度参数是指，一个形参能够接收的实参数量是可变的。可变长度参数主要有两种形式：（1）在形参前面加一个星号*，表示可以接收多个位置参数并把它们放到一个元组中；（2）在形参前面加两个星号**，表示可以接收多个关键参数并把它们放到一个字典中。

● 如果在函数内只有引用某个变量值而没有为其赋值的操作，该变量应为全局变量。

如果在函数内有为变量赋值的操作，该变量就被认为是局部变量，除非在函数内赋值操作之前用关键字 global 进行了声明。如果局部变量与全局变量具有相同的名字，那么该局部变量会在自己的作用域内暂时隐藏同名的全局变量。

本章习题

一、填空题

1. 表达式 3 and 5 的值为＿＿＿＿。

2. 表达式 not {} 的值为＿＿＿＿。

3. 下面的代码用来计算半径为 r 的圆的面积，要求参数 r 必须为整数或浮点数并且必须大于 0。根据题意进行填空。

```
from math import pi as ____

def CircleArea(r):
    if isinstance(r, (int,float)) and ____:
        return PI*r*r
    else:
        return'半径必须为大于 0 的整数或浮点数'
```

4. 下面的函数用来计算任意多个数字的平均数，根据题意进行填空。

```
def demo(____):
    return sum(para)/len(para)
```

5. 在下面的代码中，已知参数 origin 和 userInput 是两个字符串，并且 origin 的长度大于 userInput 的长度。代码功能是统计并返回字符串 origin 和 userInput 中对应位置上相同字符的数量，根据题意进行填空。

```
def rate(origin, userInput):
    right = sum(map(lambda oc, uc:_____, origin, userInput))
    return right
```

二、编程题

1. 接收一个正整数作为参数，返回对其进行因数分解后的结果列表。例如，接收参数 50，返回[2, 5, 5]。

2. 接收两个正整数参数 n 和 a（要求 a 为小于 10 的自然数），计算形式如 $a + aa + aaa + aaaa + ... + aaa...aaa$ 的表达式前 n 项的值。

3. 模拟报数游戏。有 n 个人围成一圈，从 0 到 $n-1$ 按顺序编号，从第一个人开始从 1 到 k 报数，报到 k 的人退出圈子，然后圈子缩小，从下一个人继续游戏，问最后留下的是原来的第几号。

4. 接收一个字符串作为参数，判断该字符串是否为回文（正读和反读都一样的字符串），如果是则返回 True，否则返回 False。不允许使用切片。

三、操作题

查阅资料，了解标准库 itertools 中的 cycle()函数的功能与用法，然后编写生成器函数模拟该函数。

第 **5** 章　**文件操作**

本章学习目标
- 熟练掌握内置函数 open()的应用；
- 理解字符串编码格式对文本文件操作的影响；
- 熟练掌握上下文管理语句 with 的用法；
- 了解标准库 json 对 JSON 文件的读写方法；
- 了解扩展库 python-docx、openpyxl、python-pptx 对 Office 文档的操作。

5.1　文件操作基础

5.1

5.1.1　内置函数 open()

Python 的内置函数 open()使用指定的模式打开指定文件并创建文件对象，该函数的语法格式如下。

```
open(file, mode='r', buffering=-1, encoding=None,
     errors=None, newline=None, closefd=True, opener=None)
```

该函数的主要参数含义如下。

（1）参数 file 指定要操作的文件名称，如果该文件不在当前文件夹或子文件夹中，建议使用绝对路径，确保从当前工作文件夹出发可以访问到该文件。为了减少路径中分隔符"\"的输入，可以使用原始字符串；

（2）参数 mode 指定打开文件后的处理方式，取值范围如表 5-1 所示。例如'r'（文本文件只读模式）、'w'（文本文件只写模式）、'a'（文本文件追加模式）、'rb'（二进制文件只读模式）、'wb'（二进制文件只写模式）等，默认为'r'（文本只读模式）。使用'r'、'w'、'x'以及这几个模式衍生的模式打开文件时文件指针位于文件头；而使用'a'、'ab'、'a+'这样的模式打开文件时文件指针位于文件尾。另外，'w'和'x'都是写模式，在目标文件不存在时处理结果是一样的，但如果目标文件已存在的话'w'模式会清空原有内容，而'x'模式会抛出异常。如果需要同时进行读写，不是使用'rw'模式，而是使用'r+'、'w+'或'a+'的组合方式（或对应的'rb+'、'wb+'、'ab+'）打开，其中'r+'模式要求文件已存在；

（3）参数 encoding 指定对文本进行编码和解码的方式，只适用于文本模式，可以使用 Python 支持的任何格式，如 GBK、UTF8、CP936 等。

如果执行正常，open()函数返回 1 个文件对象，通过该文件对象可以对文件进行读写操作。如果指定文件不存在、访问权限不够、磁盘空间不够或其他原因导致创建文件对象失败，则抛出 IOError 异常。

注意，我们在对文件内容操作完以后，一定要关闭文件。然而，即使我们写了关闭文件的代码，也无法保证文件一定能够正常关闭。例如，如果在打开文件之后、关闭文件之前的代码发生了错误导致程序崩溃，这时文件就无法正常关闭。在管理文件对象时推荐使用 with 关键字，可以避免这个问题（参见本书 5.1.3 节）。

表 5-1 　　　　　　　　　　　　　　　　　　文件打开模式

模式	说　　明
r	读模式（默认模式，可省略）。如果文件不存在，抛出异常
w	写模式。如果文件已存在，先清空原有内容；如果文件不存在，创建新文件
x	写模式。创建新文件，如果文件已存在，则抛出异常
a	追加模式。不覆盖文件中原有内容
b	二进制模式（可与 r、w、x 或 a 模式组合使用）。使用二进制模式打开文件时不允许指定参数 encoding
t	文本模式（默认模式，可省略）
+	读、写模式（可与其他模式组合使用）

5.1.2　文件对象常用方法

如果执行正常，open()函数返回 1 个文件对象，通过该文件对象可以对文件进行读写操作，文件对象的常用方法如表 5-2 所示。

表 5-2 　　　　　　　　　　　　　　　　　　文件对象的常用方法

方　　法	功　　能
close()	把缓冲区的内容写入文件，同时关闭文件，释放文件对象
read([size])	从文本文件中读取并返回 size 个字符，或从二进制文件中读取并返回 size 个字节，省略 size 参数表示读取文件中全部内容
readline()	从文本文件中读取并返回一行内容
readlines()	返回包含文本文件中每行内容的列表
seek(cookie, whence=0, /)	定位文件指针，把文件指针移动到相对于 whence 的偏移量为 cookie 的位置。其中 whence 为 0 表示文件头，1 表示当前位置，2 表示文件尾。对于文本文件，whence=2 时 cookie 必须为 0；对于二进制文件，whence=2 时 cookie 可以为负数；不指定时，默认为 0
write(s)	把 s 的内容写入文件，如果写入文本文件则 s 应为字符串；如果写入二进制文件则 s 应为字节串
writelines(s)	把列表 s 中的所有字符串写入文本文件，但并不在 s 中每个字符串后面自动增加换行符。也就是说，如果想让 s 中的每个字符串写入文本文件时各占一行，应由程序员保证每个字符串以换行符结束

使用 read()、readline()和 write()方法读写文件内容时，表示当前位置的文件指针会自动向后移动，并且每次都是从当前位置开始读写。例如，使用'r'模式打开文件之后文件指针位于文件头，调用方法 read(5)读取 5 个字符，此时文件指针指向第 6 个字符，当再次使用 read()方法读取内容时，从第 6 个字符开始读取。

5.1.3　上下文管理语句 with

在实际开发中，读写文件应优先考虑使用上下文管理语句 with。关键字 with 可以自动管理资源，不论因为什么原因跳出 with 块，其总能保证文件被正确关闭。除了用于文件操作，with 关键字还可以用于数据库连接、网络连接或类似场合。用于文件内容读写时，with 语句的语法格式如下。

```
with open(filename, mode, encoding) as fp:
    # 这里写通过文件对象 fp 读写文件内容的语句块
```

例 5-1　合并两个.txt 文件的内容，两个文件的多行内容交替写入结果文件，如果一个文件内容较少，则把另一个文件的剩余内容写入结果文件尾部。

```
def mergeTxt(txtFiles):
    with open('result.txt', 'w') as fp:
        with open(txtFiles[0]) as fp1, open(txtFiles[1]) as fp2:
            while True:
                # 交替读取文件 1 和文件 2 中的行，写入结果文件
                line1 = fp1.readline()
                if line1:
                    fp.write(line1)
                else:
                    # 如果文件 1 结束，结束循环
                    flag = False
                    break
                line2 = fp2.readline()
                if line2:
                    fp.write(line2)
                else:
                    # 如果文件 2 结束，结束循环
                    flag = True
                    break
        # 获取尚未结束的文件对象
        fp3 = fp1 if flag else fp2
        # 把剩余内容写入结果文件
        for line in fp3:
            fp.write(line)

txtFiles = ['1.txt', '2.txt']
mergeTxt(txtFiles)
```

5.2&5.3

5.2　JSON 文件操作

JSON（JavaScript Object Notation）是一种轻量级的数据交换格式，Python 标准库 json 中的函数完美实现了对该格式的支持。dumps()函数用来把对象序列化为字符串，loads()函数

用来把 JSON 格式字符串还原为 Python 对象，dump()函数用来把数据序列化并直接写入文件，load()函数用来读取 JSON 格式文件并直接还原为 Python 对象。

例 5-2　把包含若干房屋信息的列表写入 JSON 文件，然后再读取并输出这些信息。

```
import json

information = [
    {'小区名称': '小区 A', '均价': 8000, '月交易量': 20},
    {'小区名称': '小区 B', '均价': 8500, '月交易量': 35},
    {'小区名称': '小区 C', '均价': 7800, '月交易量': 50},
    {'小区名称': '小区 D', '均价': 12000, '月交易量': 18}]

with open('房屋信息.json', 'w') as fp:
    json.dump(information, fp, indent=4, separators=[',', ':'])

with open('房屋信息.json') as fp:
    information = json.load(fp)
    for info in information:
        print(info)
```

5.3　CSV 文件操作

CSV（Comma Separated Values）是一种纯文本形式的文件格式，一般由若干字段数量相同的行组成，常用于在不同程序之间进行数据交换，也是一种常用的数据存储格式。CSV 文件中每行存储一个样本或记录，一行内多个数据之间使用逗号分隔，表示样本特征或字段。

Python 标准库 csv 提供了对 CSV 文件的读写操作，常用函数有：用来创建读对象的函数 reader()和用来创建写对象的函数 writer()，其中 reader()函数的语法格式如下。

```
csv_reader = reader(iterable [, dialect='excel'][,optional keyword args])
```

该函数根据文本文件对象或其他类似对象创建并返回可迭代的读对象，每次迭代时返回文件中的一行数据。

writer()函数的语法格式如下。

```
csv_writer = csv.writer(fileobj [, dialect='excel'][,optional keyword args])
```

该函数根据文本文件对象或其他类似对象创建并返回写对象，写对象支持使用 writerow()和 writerows()方法把数据写入目标文件。

例 5-3　编写程序，模拟生成某饭店自 2020 年 1 月 1 日开始，连续 100 天试营业期间的营业额数据，并写入 CSV 文件。文件中共两列，第一列为日期，第二列为营业额，文件第一行为表头或字段名称。假设该饭店第一天营业额基数为 500 元，每天增加 5 元，除此之外每天还会随机增加 5 到 50 元不等。

```
from csv import reader, writer
from random import randrange
from datetime import date, timedelta

fn = 'data.csv'
```

```
with open(fn, 'w') as fp:
    # 创建 csv 文件写对象
    wr = writer(fp)
    # 写入表头
    wr.writerow(['日期', '销量'])

    # 第一天的日期，2020 年 1 月 1 日
    startDate = date(2020, 1, 1)
    # 生成 100 个模拟数据
    for i in range(100):
        # 生成一个模拟数据，写入 csv 文件
        amount = 500 + i*5 + randrange(5,50)
        wr.writerow([str(startDate), amount])
        # 下一天
        startDate = startDate + timedelta(days=1)

# 读取并显示上面代码生成的 csv 文件内容
with open(fn) as fp:
    for line in reader(fp):
        if line:
            print(*line)
```

5.4

5.4 Word、Excel、PowerPoint 文件操作实战

Python 扩展库 python-docx 提供了操作.docx 格式的 Word 文件的功能，扩展库 openpyxl 提供了操作.xlsx 格式的 Excel 文件的功能，扩展库 python-pptx 提供了操作.pptx 格式的 PowerPoint 文件的功能。本节通过一个例子演示这几个扩展库的用法，更加详细的介绍可以参考扩展库的官方文档，或关注微信公众号"Python 小屋"阅读更多相关案例。

例 5-4 编写程序，检查并输出当前文件夹及其子文件夹中包含指定字符串的.docx、.xlsx 和.pptx 文档的名称。代码中使用 sys.argv 接收命令行参数，用 os.listdir()列出指定文件夹中所有文件和文件夹的名称，用 os.path.join()把多个路径连接成一个更长的路径并自动插入正确的路径分隔符，os.path.isfile()和 os.path.isdir()分别用来测试指定的路径是否为文件和是否为文件夹。另外，该程序需要在命令提示符环境中运行。

```
from sys import argv
from os import listdir
from os.path import join, isfile, isdir
from docx import Document
from openpyxl import load_workbook
from pptx import Presentation

def checkdocx(dstStr, fn):
    # 打开.docx 文档
    document = Document(fn)
    # 遍历所有段落文本
    for p in document.paragraphs:
        if dstStr in p.text:
            return True
```

63

```python
            # 遍历所有表格中的单元格文本
            for table in document.tables:
                for row in table.rows:
                    for cell in row.cells:
                        if dstStr in cell.text:
                            return True
            return False

def checkxlsx(dstStr, fn):
    # 打开 .xlsx 文件
    wb = load_workbook(fn)
    # 遍历所有工作表的单元格
    for ws in wb.worksheets:
        for row in ws.rows:
            for cell in row:
                try:
                    if dstStr in cell.value:
                        return True
                except:
                    pass
    return False

def checkpptx(dstStr, fn):
    # 打开 .pptx 文档
    presentation = Presentation(fn)
    # 遍历所有幻灯片
    for slide in presentation.slides:
        for shape in slide.shapes:
            # 表格中的单元格文本
            if shape.shape_type == 19:
                for row in shape.table.rows:
                    for cell in row.cells:
                        if dstStr in cell.text_frame.text:
                            return True
            # 文本框
            elif shape.shape_type == 14:
                try:
                    if dstStr in shape.text:
                        return True
                except:
                    pass
    return False

def main(dstStr, flag):
    # 使用广度优先的方式遍历当前文件夹及其所有子文件夹
    # 一个圆点表示当前文件夹
    dirs = ['.']
    while dirs:
        # 获取第一个尚未遍历的文件夹名称
        currentDir = dirs.pop(0)
        for fn in listdir(currentDir):
            path = join(currentDir, fn)
            if isfile(path):
```

```
            if path.endswith('.docx') and\
                checkdocx(dstStr, path):
                print(path)
            elif path.endswith('.xlsx') and\
                checkxlsx(dstStr, path):
                print(path)
            elif path.endswith('.pptx') and\
                checkpptx(dstStr, path):
                print(path)
        # 广度优先遍历目录树
        elif flag and isdir(path):
            dirs.append(path)


# argv[0]为程序文件名
# argv[1]表示是否要检查所有子文件夹中的文件
if argv[1] != '/s':
    dstStr = argv[1]
    flag = False
else:
    dstStr = argv[2]
    flag = True

main(dstStr, flag)
```

本章知识要点

● 我们操作完文件内容以后，一定要关闭文件。然而，即使我们写了关闭文件的代码，也无法保证文件一定能够正常关闭。例如，如果在打开文件之后、关闭文件之前的代码发生了错误导致程序崩溃，这时文件就无法正常关闭。在管理文件对象时推荐使用 with 关键字，可以避免这个问题。

● 关键字 with 可以自动管理资源，不论因为什么原因跳出 with 块，其总能保证文件被正确关闭。除了用于文件操作，with 关键字还可以用于数据库连接、网络连接或类似场合。

● 使用 read()和 write()方法读写文件内容时，表示当前位置的文件指针会自动向后移动，并且每次都是从当前位置开始读写。

● Python 标准库 json 完美实现了对.json 格式的支持，dumps()函数可以把对象序列化为字符串，loads()函数可以把 JSON 格式字符串还原为 Python 对象，dump()函数可以把数据序列化并直接写入文件，load()函数可以读取 JSON 格式文件并直接还原为 Python 对象。

● Python 扩展库 python-docx 提供了操作.docx 文件的功能，扩展库 openpyxl 提供了操作.xlsx 文件的功能，扩展库 python-pptx 提供了操作.pptx 文件的功能。

本章习题

一、判断题

1. 书写文件路径时，为了减少路径中分隔符"\"符号的输入，同时也为了避免不正确

的转义导致代码错误，建议使用原始字符串。（　　　）

2．使用 UTF8 编码格式的中文文本文件可以直接使用 GBK 编码格式进行解码。（　　）

3．在对文件进行读写时，文件指针的位置会自动变化，始终表示读写的当前位置。（　　）

4．使用上下文管理语句 with 管理文件对象时，即使 with 块中的代码发生错误引发异常，也能保证文件被正确关闭。（　　　）

二、操作题

1．查阅资料了解.docx 文档结构，然后编写程序，输出"test.docx"文档正文中所有红色的文字。

2．查阅资料了解.docx 文档结构，然后查阅资料，编写程序，输出"测试.docx"文档中所有的超链接地址和文本。

3．已知有文件 infomation.txt，编码格式为 UTF8，文件中只包含中文且内容长度超过 1000个字符。编写程序，读取并输出其中第 100 到第 150 个字符和第 300 到 350 个字符。

4．已知文件"超市营业额 1.xlsx"中记录了某超市 2019 年 3 月 1 日至 5 日各员工在不同时段、不同柜台的销售额。部分数据如图 5-1 所示。

	A	B	C	D	E	F
1	工号	姓名	日期	时段	交易额	柜台
2	1001	张三	20190301	9：00-14：00	2000	化妆品
3	1002	李四	20190301	14：00-21：00	1800	化妆品
4	1003	王五	20190301	9：00-14：00	800	食品
5	1004	赵六	20190301	14：00-21：00	1100	食品
6	1005	周七	20190301	9：00-14：00	600	日用品
7	1006	钱八	20190301	14：00-21：00	700	日用品
8	1006	钱八	20190301	9：00-14：00	850	蔬菜水果
9	1001	张三	20190301	14：00-21：00	600	蔬菜水果
10	1001	张三	20190302	9：00-14：00	1300	化妆品
11	1002	李四	20190302	14：00-21：00	1500	化妆品
12	1003	王五	20190302	9：00-14：00	1000	食品
13	1004	赵六	20190302	14：00-21：00	1050	食品
14	1005	周七	20190302	9：00-14：00	580	日用品
15	1006	钱八	20190302	14：00-21：00	720	日用品
16	1002	李四	20190302	9：00-14：00	680	蔬菜水果
17	1003	王五	20190302	14：00-21：00	830	蔬菜水果

图 5-1　超市营业额 1

要求编写程序，读取该文件中的数据，并统计每个员工的销售总额、每个时段的销售总额、每个柜台的销售总额。

5．查阅资料，编写程序操作 Excel 文件。已知当前文件夹中文件"每个人的爱好.xlsx"的内容如图 5-2 中 A 到 H 列所示，要求追加一列，并如图中方框所示按行进行汇总。

	A	B	C	D	E	F	G	H	I
1	姓名	抽烟	喝酒	写代码	打扑克	打麻将	吃零食	喝茶	所有爱好
2	张三	是		是				是	抽烟，写代码，喝茶
3	李四	是	是		是				抽烟，喝酒，打扑克
4	王五		是	是	是		是	是	喝酒，写代码，打扑克，吃零食
5	赵六	是			是			是	抽烟，打扑克，喝茶
6	周七		是	是		是			喝茶，写代码，打麻将
7	吴八	是					是		抽烟，吃零食
8									
9									
10									

图 5-2　按行汇总

第 6 章 numpy 数组与矩阵运算

本章学习目标

- 熟练掌握 numpy 数组相关运算；
- 熟练使用 numpy 创建矩阵；
- 理解矩阵转置和乘法；
- 熟练计算数据的相关系数、方差、协方差、标准差；
- 理解并能够计算特征值与特征向量；
- 理解可逆矩阵并能够计算矩阵的逆；
- 熟练求解线性方程组；
- 熟练计算向量和矩阵的范数；
- 理解并计算奇异值分解。

6.1 numpy 数组及其运算

扩展库 numpy 是 Python 支持科学计算的重要扩展库，是数据分析和科学计算领域如 scipy、pandas、sklearn 等众多扩展库中的必备扩展库之一，提供了强大的 N 维数组及其相关运算、复杂的广播函数、C/C++和 Fortran 代码集成工具以及线性代数、傅里叶变换和随机数生成等功能。本章重点介绍数组与矩阵及其相关运算，为学习和理解后面章节中的数据分析、机器学习打下良好的基础。

6.1.1 创建数组

数组是用来存储若干数据的连续内存空间，其中的元素一般是相同类型的，例如都是浮点数。数组运算是学习数据分析和机器学习相关算法的重要基础。

6.1.1&6.1.2&
6.1.3

在我们处理实际数据时，会用到大量的数组运算或矩阵运算，这些数据有些是通过文件直接读取的，有些则是根据实际需要生成的，当然还有些数据是实时采集的。为便于实时观察、理解并输出结果，下面的代码在 IDLE 中进行演示。

```
>>> import numpy as np
>>> np.array([1, 2, 3, 4, 5])          # 把列表转换为数组
```

```
array([1, 2, 3, 4, 5])
>>> np.array((1, 2, 3, 4, 5))              # 把元组转换成数组
array([1, 2, 3, 4, 5])
>>> np.array(range(5))                      # 把 range 对象转换成数组
array([0, 1, 2, 3, 4])
>>> np.array([[1, 2, 3], [4, 5, 6]])       # 二维数组
array([[1, 2, 3],
       [4, 5, 6]])
>>> np.arange(8)                           # 类似于内置函数 range()
array([0, 1, 2, 3, 4, 5, 6, 7])
>>> np.arange(1, 10, 2)
array([1, 3, 5, 7, 9])
>>> np.linspace(0, 10, 11)                 # 等差数组，包含 11 个数
array([ 0.,  1.,  2.,  3.,  4.,  5.,  6.,  7.,  8.,  9.,  10.])
>>> np.linspace(0, 10, 11, endpoint=False) # 不包含终点
array([ 0.        , 0.90909091, 1.81818182, 2.72727273, 3.63636364,
        4.54545455, 5.45454545, 6.36363636, 7.27272727, 8.18181818,
        9.09090909])
>>> np.logspace(0, 100, 10)                # 相当于 10**np.linspace(0,100,10)
array([1.00000000e+000,  1.29154967e+011,  1.66810054e+022,
       2.15443469e+033,  2.78255940e+044,  3.59381366e+055,
       4.64158883e+066,  5.99484250e+077,  7.74263683e+088,
       1.00000000e+100])
>>> np.logspace(1,6,5, base=2)             # 相当于 2 ** np.linspace(1,6,5)
array([ 2.,  4.75682846,  11.3137085 ,  26.90868529,  64. ])
>>> np.zeros(3)                            # 全 0 一维数组
array([ 0.,  0.,  0.])
>>> np.ones(3)                             # 全 1 一维数组
array([ 1.,  1.,  1.])
>>> np.zeros((3,3))                        # 全 0 二维数组，3 行 3 列
array([[ 0.,  0.,  0.],
       [ 0.,  0.,  0.],
       [ 0.,  0.,  0.]])
>>> np.zeros((3,1))                        # 全 0 二维数组，3 行 1 列
array([[ 0.],
       [ 0.],
       [ 0.]])
>>> np.zeros((1,3))                        # 全 0 二维数组，1 行 3 列
array([[ 0.,  0.,  0.]])
>>> np.ones((3,3))                         # 全 1 二维数组
array([[ 1.,  1.,  1.],
       [ 1.,  1.,  1.],
       [ 1.,  1.,  1.]])
>>> np.ones((1,3))                         # 全 1 二维数组
array([[ 1.,  1.,  1.]])
>>> np.identity(3)                         # 单位矩阵
array([[ 1.,  0.,  0.],
       [ 0.,  1.,  0.],
       [ 0.,  0.,  1.]])
>>> np.identity(2)
array([[ 1.,  0.],
       [ 0.,  1.]])
>>> np.empty((3,3))                        # 空数组，只申请空间，不初始化
```

```
                                         # 其中的元素不一定是 0
array([[ 0.,   0.,   0.],
       [ 0.,   0.,   0.],
       [ 0.,   0.,   0.]])
>>> np.hamming(20)                       # Hamming 窗口
array([ 0.08      ,  0.10492407,  0.17699537,  0.28840385,  0.42707668,
        0.5779865 ,  0.7247799 ,  0.85154952,  0.94455793,  0.9937262 ,
        0.9937262 ,  0.94455793,  0.85154952,  0.7247799 ,  0.5779865 ,
        0.42707668,  0.28840385,  0.17699537,  0.10492407,  0.08      ])
>>> np.blackman(10)                      # Blackman 窗口
array([ -1.38777878e-17,   5.08696327e-02,   2.58000502e-01,
         6.30000000e-01,   9.51129866e-01,   9.51129866e-01,
         6.30000000e-01,   2.58000502e-01,   5.08696327e-02,
        -1.38777878e-17])
>>> np.kaiser(12, 5)                     # Kaiser 窗口
array([ 0.03671089,  0.16199525,  0.36683806,  0.61609304,  0.84458838,
        0.98167828,  0.98167828,  0.84458838,  0.61609304,  0.36683806,
        0.16199525,  0.03671089])
>>> np.random.randint(0, 50, 5)          # 随机数组，5 个 0 到 50 之间的数字
array([13, 47, 31, 26,  9])
>>> np.random.randint(0, 50, (3,5))      # 3 行 5 列
array([[44, 34, 35, 28, 18],
       [24, 24, 26,  4, 21],
       [30, 40,  1, 24, 17]])
>>> np.random.rand(10)                   # 10 个介于[0,1)的随机数
array([ 0.58193552,  0.11106142,  0.13848858,  0.61148304,  0.72031503,
        0.12807841,  0.49999167,  0.24124012,  0.15236595,  0.54568207])
>>> np.random.standard_normal(5)         # 从标准正态分布中随机采样 5 个数字
array([2.82669067, 0.9773194, -0.72595951, -0.11343254, 0.74813065])
>>> x = np.random.standard_normal(size=(3, 4, 2))   #3 页 4 行 2 列
>>> x
array([[[-1.01657274, -0.85060882],
        [-0.78935868, -0.29818476],
        [ 0.89601457, -1.69226497],
        [-1.3559048 ,  0.20252018]],

       [[-0.83569142,  0.95608339],
        [ 1.9291407 , -0.26740826],
        [-1.19085956, -1.73426315],
        [ 1.61165702,  0.67174114]],

       [[-1.83787046, -0.34155702],
        [ 1.45464713, -0.10771871],
        [-2.40401755, -0.1555286 ],
        [-0.08968989, -1.18995504]]])
>>> np.diag([1,2,3,4])                   # 对角矩阵
array([[1, 0, 0, 0],
       [0, 2, 0, 0],
       [0, 0, 3, 0],
       [0, 0, 0, 4]])
```

6.1.2　测试两个数组的对应元素是否足够接近

扩展库 numpy 提供了 isclose()和 allclose()函数来测试两个数组中对应位置上的元素在允

许的误差范围内是否相等，并可以接收绝对误差参数和相对误差参数。其中，isclose()函数用来测试每一对元素是否相等并返回包含若干 True/False 的列表，语法格式如下。

```
isclose(a, b, rtol=1e-05, atol=1e-08, equal_nan=False)
```

allclose()函数用来测试所有对应位置上的元素是否都相等并返回单个 True 或 False，语法格式如下。

```
allclose(a, b, rtol=1e-05, atol=1e-08, equal_nan=False)
```

下面的代码演示了这两个函数的用法。

```
import numpy as np

x = np.array([1, 2, 3, 4.001, 5])
y = np.array([1, 1.999, 3, 4.01, 5.1])
print(np.allclose(x, y))
print(np.allclose(x, y, rtol=0.2))          # 设置相对误差参数
print(np.allclose(x, y, atol=0.2))          # 设置绝对误差参数
print(np.isclose(x, y))
print(np.isclose(x, y, atol=0.2))
```

运行结果为：

```
False
True
True
[ True False  True False False]
[ True  True  True  True  True]
```

6.1.3　修改数组中的元素值

扩展库 numpy 支持多种方式修改数组中元素的值，既可以使用 append()、insert()函数在原数组的基础上追加或插入元素并返回新数组，也可以使用下标的方式直接修改数组中一个或多个元素的值。为便于观察和理解，下面的代码在 IDLE 中进行演示。

```
>>> import numpy as np
>>> x = np.arange(8)
>>> x
array([0, 1, 2, 3, 4, 5, 6, 7])
>>> np.append(x, 8)                  # 返回新数组，在尾部追加一个元素
array([0, 1, 2, 3, 4, 5, 6, 7, 8])
>>> np.append(x, [9,10])             # 返回新数组，在尾部追加多个元素
array([0, 1, 2, 3, 4, 5, 6, 7, 9, 10])
>>> np.insert(x, 1, 8)               # 返回新数组，插入元素
array([0, 8, 1, 2, 3, 4, 5, 6, 7])
>>> x                                # 不影响原来的数组
array([0, 1, 2, 3, 4, 5, 6, 7])
>>> x[3] = 8                         # 使用下标的形式原地修改元素值
>>> x                                # 原来的数组被修改了
array([0, 1, 2, 8, 4, 5, 6, 7])
>>> x = np.array([[1,2,3], [4,5,6], [7,8,9]])
>>> x[0, 2] = 4                      # 修改第 1 行第 3 列的元素值
>>> x[1:, 1:] = 1                    # 切片，把行下标大于等于 1，
                                     # 且列下标也大于等于 1 的元素值都设置 1
```

```
>>> x
array([[1, 2, 4],
       [4, 1, 1],
       [7, 1, 1]])
>>> x[1:, 1:] = [1,2]                # 同时修改多个元素值
>>> x
array([[1, 2, 4],
       [4, 1, 2],
       [7, 1, 2]])
>>> x[1:, 1:] = [[1,2],[3,4]]        # 同时修改多个元素值
>>> x
array([[1, 2, 4],
       [4, 1, 2],
       [7, 3, 4]])
```

6.1.4&6.1.5&
6.1.6&6.1.7&
6.1.8

6.1.4 数组与标量的运算

扩展库 numpy 中的数组支持与标量的加、减、乘、除、幂运算，计算结果为一个新数组，其中每个元素为标量与原数组中每个元素进行计算的结果。使用时需要注意的是，标量在前和在后时计算方法是不同的。为便于观察和理解，下面的代码在 IDLE 中进行演示。

```
>>> import numpy as np
>>> x = np.array((1, 2, 3, 4, 5))    # 创建数组对象
>>> x
array([1, 2, 3, 4, 5])
>>> x * 2                            # 数组与数值相乘，返回新数组
array([ 2, 4, 6, 8, 10])
>>> x / 2                            # 数组与数值相除
array([ 0.5, 1. , 1.5, 2. , 2.5])
>>> x // 2                           # 数组与数值整除
array([0, 1, 1, 2, 2], dtype=int32)
>>> x ** 3                           # 幂运算
array([1, 8, 27, 64, 125], dtype=int32)
>>> x + 2                            # 数组与数值相加
array([3, 4, 5, 6, 7])
>>> x % 3                            # 余数
array([1, 2, 0, 1, 2], dtype=int32)
>>> 2 ** x                           # 分别计算 2**1、2**2、2**3、2**4、2**5
array([2, 4, 8, 16, 32], dtype=int32)
>>> 2 / x
array([2. ,1. ,0.66666667, 0.5, 0.4])
>>> 63 // x
array([63, 31, 21, 15, 12], dtype=int32)
```

6.1.5 数组与数组的运算

对两个等长数组进行算术运算后，得到一个新数组，其中每个元素的值为原来的两个数组中对应位置上的元素进行算术运算的结果。当数组大小不一样时，如果符合广播要求则进行广播，否则就报错并结束运行。为便于观察和理解，下面的代码在 IDLE 中进行演示。

```
>>> import numpy as np
```

```
>>> np.array([1, 2, 3, 4]) + np.array([4, 3, 2, 1])
                                # 等长数组相加，对应元素的值相加
array([5, 5, 5, 5])
>>> np.array([1, 2, 3, 4]) + np.array([4])
                                # 数组中每个元素的值加 4
array([5, 6, 7, 8])
>>> a = np.array((1, 2, 3))
>>> a + a                       # 等长数组之间的加法运算，对应元素的值相加
array([2, 4, 6])
>>> a * a                       # 等长数组之间的乘法运算，对应元素的值相乘
array([1, 4, 9])
>>> a - a                       # 等长数组之间的减法运算，对应元素的值相减
array([0, 0, 0])
>>> a / a                       # 等长数组之间的除法运算，对应元素的值相除
array([ 1.,  1.,  1.])
>>> a ** a                      # 等长数组之间的幂运算，对应元素的值乘方
array([ 1,  4, 27], dtype=int32)
>>> b = np.array(([1, 2, 3], [4, 5, 6], [7, 8, 9]))
>>> c = a * b                   # 不同维度的数组与数组相乘，广播
>>> c                           # a 中的每个元素乘以 b 中对应列的元素
                                # a 中下标 0 的元素乘以 b 中列下标 0 的元素
                                # a 中下标 1 的元素乘以 b 中列下标 1 的元素
                                # a 中下标 2 的元素乘以 b 中列下标 2 的元素
array([[ 1,  4,  9],
       [ 4, 10, 18],
       [ 7, 16, 27]])
>>> a + b                       # a 中每个元素加 b 中的对应列元素
array([[ 2,  4,  6],
       [ 5,  7,  9],
       [ 8, 10, 12]])
```

6.1.6 数组排序

扩展库 numpy 的 argsort()函数用来返回一个数组，其中的每个元素为原数组中元素的索引，表示应该把原数组中哪个位置上的元素放在这个位置。另外，numpy 还提供了 argmax()函数和 argmin()函数，分别用来返回数组中最大元素和最小元素的下标，而数组本身也提供了原地排序方法 sort()。为便于观察和理解，下面的代码在 IDLE 中进行演示。

```
>>> import numpy as np
>>> x = np.array([3, 1, 2])
>>> np.argsort(x)               # 返回升序排序后元素的原下标
array([1, 2, 0], dtype=int64)   # 原数组中下标 1 的元素最小
                                # 下标 2 的元素次之
                                # 下标 0 的元素最大
>>> x[_]                        # 使用数组的元素值作为下标，获取原数组中对应位置的元素
array([1, 2, 3])
>>> x = np.array([3, 1, 2, 4])
>>> x.argmax(), x.argmin()      # 最大值和最小值的下标
(3, 1)
>>> np.argsort(x)
array([1, 2, 0, 3], dtype=int64)
>>> x[_]
array([1, 2, 3, 4])
```

```
>>> x.sort()                    # 原地排序
>>> x
array([1, 2, 3, 4])
>>> x = np.random.randint(1,10,(2,5))
>>> x
array([[5, 1, 2, 6, 5],
       [3, 8, 6, 4, 6]])
>>> x.sort(axis=1)              # 横向排序，注意纵向的元素对应关系变化了
>>> x
array([[1, 2, 5, 5, 6],
       [3, 4, 6, 6, 8]])
```

6.1.7 数组的内积运算

对于两个等长数组 $x(x_1, x_2, x_3, \cdots, x_n)$ 和 $y(y_1, y_2, y_3, \cdots, y_n)$，其内积为两个数组中对应位置的元素乘积之和，计算公式如下。

$$x \cdot y = \sum_{i=1}^{n} x_i y_i$$

扩展库 numpy 提供了 dot() 函数用来计算两个数组的内积，扩展库 numpy 中的数组也提供了 dot() 方法用来计算和另一个数组的内积，也可以借助于内置 sum() 函数来计算两个数组的内积，下面的代码演示了这 3 种用法。

```
import numpy as np

x = np.array((1, 2, 3))
y = np.array((4, 5, 6))
print(np.dot(x, y))            # 输出结果都是 32
print(x.dot(y))
print(sum(x*y))
```

6.1.8 访问数组中的元素

用户可以使用下标和切片的形式来访问数组中的某个或多个元素，形式非常灵活，下面的 IDLE 代码演示了其中的部分用法。

```
>>> import numpy as np
>>> b = np.array(([1,2,3],[4,5,6],[7,8,9]))
>>> b
array([[1, 2, 3],
       [4, 5, 6],
       [7, 8, 9]])
>>> b[0]                       # 第 1 行所有元素
array([1, 2, 3])
>>> b[0][0]                    # 第 1 行第 1 列的元素
1
>>> b[0,2]                     # 第 1 行第 3 列的元素，等价于 b[0][2] 的形式
3
>>> b[[0,1]]                   # 第 1 行和第 2 行的所有元素，只指定行下标
                              # 不指定列下标，表示所有列
array([[1, 2, 3],
       [4, 5, 6]])
```

```
>>> b[[0,2,1],[2,1,0]]        # 第 1 行第 3 列、第 3 行第 2 列、第 2 行第 1 列的元素
                              # 第一个列表表示行下标，第二个列表表示列下标
array([3, 8, 4])
>>> a = np.arange(10)
>>> a
array([0, 1, 2, 3, 4, 5, 6, 7, 8, 9])
>>> a[::-1]                   # 反向切片
array([9, 8, 7, 6, 5, 4, 3, 2, 1, 0])
>>> a[::2]                    # 隔一个取一个元素
array([0, 2, 4, 6, 8])
>>> a[:5]                     # 前 5 个元素
array([0, 1, 2, 3, 4])
>>> c = np.arange(25)         # 创建数组
>>> c.shape = 5,5            # 修改数组形状
>>> c
array([[ 0,  1,  2,  3,  4],
       [ 5,  6,  7,  8,  9],
       [10, 11, 12, 13, 14],
       [15, 16, 17, 18, 19],
       [20, 21, 22, 23, 24]])
>>> c[0, 2:5]                 # 行下标为 0 且列下标介于[2,5)之间的元素值
array([2, 3, 4])
>>> c[1]                      # 行下标为 1 的所有元素
                             # 不指定列下标，表示所有列
array([5, 6, 7, 8, 9])
>>> c[2:5, 2:5]              # 行下标和列下标都介于[2,5)之间的元素值
array([[12, 13, 14],
       [17, 18, 19],
       [22, 23, 24]])
>>> c[[1,3], [2,4]]          # 第 2 行第 3 列的元素和第 4 行第 5 列的元素
array([ 7, 19])
>>> c[[1,3], 2:4]            # 第 2 行和第 4 行的第 3、4 列
array([[ 7,  8],
       [17, 18]])
>>> c[:, [2,4]]             # 第 3 列和第 5 列所有元素
                           # 对行下标进行切片，冒号表示所有行
array([[ 2,  4],
       [ 7,  9],
       [12, 14],
       [17, 19],
       [22, 24]])
>>> c[:, 3]                 # 第 4 列所有元素
array([ 3,  8, 13, 18, 23])
>>> c[[1,3]]                # 第 2 行和第 4 行所有元素
array([[ 5,  6,  7,  8,  9],
       [15, 16, 17, 18, 19]])
>>> c[[1,3]][:, [2,4]]     # 第 2、4 行的 3、5 列元素
array([[ 7,  9],
       [17, 19]])
```

6.1.9　数组对函数运算的支持

扩展库 numpy 提供了大量用于对数组进行计算的函数，可以用于对数组

6.1.9&6.1.10&
6.1.11&6.1.12

中所有元素进行同样的计算并返回新数组，处理速度比使用循环要快得多。示例如下。

```python
import numpy as np

x = np.arange(0, 100, 10, dtype=np.floating)
print(x)
print(np.sin(x))                # 一维数组中所有元素的值求正弦值
x = np.array(([1, 2, 3], [4, 5, 6], [7, 8, 9]))
print(x)
print(np.cos(x))                # 二维数组中所有元素的值求余弦值
print(np.round(np.cos(x)))      # 四舍五入
print(np.ceil(x/2))             # 向上取整
```

运行结果为：

```
[  0.  10.  20.  30.  40.  50.  60.  70.  80.  90.]
[ 0.         -0.54402111  0.91294525 -0.98803162  0.74511316 -0.26237485
 -0.30481062  0.77389068 -0.99388865  0.89399666]
[[1 2 3]
 [4 5 6]
 [7 8 9]]
[[ 0.54030231 -0.41614684 -0.9899925 ]
 [-0.65364362  0.28366219  0.96017029]
 [ 0.75390225 -0.14550003 -0.91113026]]
[[ 1. -0. -1.]
 [-1.  0.  1.]
 [ 1. -0. -1.]]
[[ 1.  1.  2.]
 [ 2.  3.  3.]
 [ 4.  4.  5.]]
```

6.1.10　改变数组形状

扩展库 numpy 中的数组提供了 reshape() 和 resize() 两个方法，用来修改数组的形状，其中 reshape() 返回新数组但不能改变数组中元素的总数量，而 resize() 对数组进行原地修改并且会根据需要进行补 0 或丢弃部分元素。另外，还可以通过数组的 shape 属性直接原地修改数组的大小。除了数组的 resize() 和 reshape() 方法，numpy 还提供了同名的函数实现类似的功能并返回新数组。为便于观察和理解，下面的代码在 IDLE 中进行演示。

```python
>>> import numpy as np
>>> x = np.arange(1, 11, 1)
>>> x
array([1, 2, 3, 4, 5, 6, 7, 8, 9, 10])
>>> x.shape                          # 查看数组的形状
(10,)
>>> x.size                           # 数组中元素的数量
10
>>> x.shape = 2, 5                   # 改为 2 行 5 列
>>> x
array([[ 1,  2,  3,  4,  5],
       [ 6,  7,  8,  9, 10]])
>>> x.shape
(2, 5)
```

```
>>> x.shape = 5, -1                        # -1 表示自动计算
>>> x
array([[ 1,  2],
       [ 3,  4],
       [ 5,  6],
       [ 7,  8],
       [ 9, 10]])
>>> x = x.reshape(2,5)                      # reshape()方法返回新数组
>>> x
array([[ 1,  2,  3,  4,  5],
       [ 6,  7,  8,  9, 10]])
>>> x = np.array(range(5))
>>> x.reshape((1,  10))                     # reshape()不能修改数组元素个数，出错
Traceback (most recent call last):
  File "<pyshell#100>", line 1, in <module>
    x.reshape((1,  10))
ValueError: total size of new array must be unchanged
>>> x.resize((1,10))                        # resize()可以修改数组元素个数
>>> x
array([[0, 1, 2, 3, 4, 0, 0, 0, 0, 0]])
>>> np.resize(x, (1,3))                     # 使用 numpy 的 resize()返回新数组
array([[0, 1, 2]])
>>> x                                       # 不对原数组进行任何修改
array([[0, 1, 2, 3, 4, 0, 0, 0, 0, 0]])
```

6.1.11　数组布尔运算

数组可以和标量或等长数组进行关系运算，返回包含若干 True/False 的数组，其中每个元素是原数组中元素与标量或另一个数组中对应位置上元素运算的结果。数组也支持使用包含 True/False 的等长数组作为下标来访问其中的元素，返回 True 对应位置上元素组成的数组。为便于观察和理解，下面的代码在 IDLE 中进行演示。

```
>>> import numpy as np
>>> x = np.random.rand(10)      # 包含 10 个随机数的数组
>>> x
array([0.56707504, 0.07527513, 0.0149213, 0.49157657, 0.75404095,
       0.40330683, 0.90158037, 0.36465894, 0.37620859, 0.62250594])
>>> x > 0.5                     # 比较数组中每个元素值是否大于 0.5
array([ True, False, False, False,  True, False,  True, False, False,  True],
dtype=bool)
>>> x[x>0.5]                    # 获取数组中大于 0.5 的元素
array([ 0.56707504, 0.75404095, 0.90158037, 0.62250594])
>>> x < 0.5                     # 数组中的每个元素是否小于 0.5
array([False, True, True, True, False, True, False, True, True, False],
dtype=bool)
>>> sum((x>0.4) & (x<0.6))      # 值大于 0.4 且小于 0.6 的元素的数量
                                # 在 Python 内部，True 表示为 1，False 表示为 0
3
>>> np.all(x<1)                 # 测试是否全部元素都小于 1
True
>>> np.any(x>0.8)               # 测试是否存在大于 0.8 的元素
True
>>> a = np.array([1, 2, 3])
```

```
>>> b = np.array([3, 2, 1])
>>> a > b                       # 两个数组中对应位置上的元素的值进行比较
array([False, False,  True], dtype=bool)
>>> a[a>b]                      # 数组 a 中大于数组 b 中对应位置上元素的值
array([3])
>>> a == b
array([False,  True, False], dtype=bool)
>>> a[a==b]
array([2])
>>> x = np.arange(1, 10)
>>> x
array([1, 2, 3, 4, 5, 6, 7, 8, 9])
>>> x[(x%2==0)&(x>5)]           # 大于 5 的偶数，两个数组进行布尔与运算
array([6, 8])
>>> x[(x%2==0)|(x>5)]           # 大于 5 的元素或者偶数元素，布尔或运算
array([2, 4, 6, 7, 8, 9])
```

6.1.12　分段函数

扩展库 numpy 提供了 where()和 piecewise()两个函数支持分段函数对数组的处理，其中 where()函数适合对原数组中的元素进行"二值化"，根据数组中的元素是否满足指定的条件来决定返回 x 还是 y，where()函数的语法格式如下。

```
where(condition, [x, y])
```

函数 piecewise()可以实现更复杂的处理，函数语法格式如下。

```
piecewise(x, condlist, funclist, *args, **kw)
```

下面的代码在 IDLE 环境中演示了这 2 个函数的用法。

```
>>> import numpy as np
>>> x = np.random.randint(0, 10, size=(1,10))
>>> x
array([[0, 4, 3, 3, 8, 4, 7, 3, 1, 7]])
>>> np.where(x<5, 0, 1)        # 小于 5 的元素值对应 0，其他对应 1
array([[0, 0, 0, 0, 1, 0, 1, 0, 0, 1]])
>>> x.resize((2, 5))
>>> x
array([[0, 4, 3, 3, 8],
       [4, 7, 3, 1, 7]])
>>> np.piecewise(x, [x<4, x>7], [lambda x:x*2, lambda x:x*3])
                               # 小于 4 的元素乘以 2
                               # 大于 7 的元素乘以 3
                               # 其他元素变为 0
array([[ 0,  0,  6,  6, 24],
       [ 0,  0,  6,  2,  0]])
>>> np.piecewise(x, [x<3, (3<x)&(x<5), x>7], [-1, 1, lambda x:x*4])
                               # 小于 3 的元素变为-1
                               # 大于 3 小于 5 的元素变为 1
                               # 大于 7 的元素乘以 4
                               # 条件没有覆盖到的其他元素变为 0
array([[-1,  1,  0,  0, 32],
       [ 1,  0,  0, -1,  0]])
```

6.1.13　数组堆叠与合并

堆叠数组是指沿着特定的方向把多个数组合并到一起，numpy 的 hstack()和 vstack()函数分别用于实现多个数组的水平堆叠和垂直堆叠。下面的代码演示了这 2 个函数的简单用法。

```
>>> import numpy as np
>>> arr1 = np.array([1, 2, 3])
>>> arr2 = np.array([4, 5, 6])
>>> np.hstack((arr1, arr2))          # 水平堆叠
array([1, 2, 3, 4, 5, 6])
>>> np.vstack((arr1, arr2))          # 垂直堆叠
array([[1, 2, 3],
       [4, 5, 6]])
>>> arr3 = np.array([[1], [2], [3]])
>>> arr4 = np.array([[4], [5], [6]])
>>> arr3
array([[1],
       [2],
       [3]])
>>> arr4
array([[4],
       [5],
       [6]])
>>> np.hstack((arr3, arr4))
array([[1, 4],
       [2, 5],
       [3, 6]])
>>> np.vstack((arr3, arr4))
array([[1],
       [2],
       [3],
       [4],
       [5],
       [6]])
```

另外，numpy 的 concatenate()函数也提供了类似的数组合并功能，其参数 axis 用来指定沿哪个方向或维度进行合并，默认为 0，也就是按行进行合并。下面的代码简单演示了该函数的用法。

```
>>> np.concatenate((arr1, arr2))
array([1, 2, 3, 4, 5, 6])
>>> np.concatenate((arr3, arr4))
array([[1],
       [2],
       [3],
       [4],
       [5],
       [6]])
>>> np.concatenate((arr3, arr4), axis=1)
array([[1, 4],
       [2, 5],
       [3, 6]])
```

6.2　矩阵生成与常用操作

6.2.1　矩阵生成

6.2.1&6.2.2&
6.2.3

矩阵和数组虽然在形式上很像，但矩阵是数学上的概念，而数组只是一种数据存储方式，二者还是有本质区别的。例如，矩阵只能包含数字，而数组可以包含任意类型的数据；矩阵必须是二维的，数组可以是任意维的；乘法、幂运算等很多运算的规则在矩阵与数组中也不一样。

扩展库 numpy 中提供的 matrix() 函数可以用来把列表、元组、range 对象等 Python 可迭代对象转换为矩阵，下面的代码演示了该函数的用法。

```
import numpy as np

x = np.matrix([[1,2,3], [4,5,6]])
y = np.matrix([1,2,3,4,5,6])
# x[1,1]返回行下标和列下标都为 1 的元素
# 注意，对于矩阵 x 来说，x[1,1]和 x[1][1]的含义不一样
print(x, y, x[1,1], sep='\n\n')
```

运行结果为：

```
[[1 2 3]
 [4 5 6]]

[[1 2 3 4 5 6]]

5
```

6.2.2　矩阵转置

矩阵转置是指对矩阵的行和列互换得到新矩阵的操作，原矩阵的第 i 行变为新矩阵的第 i 列，原矩阵中的第 j 列变为新矩阵的第 j 行，一个 $m \times n$ 的矩阵转置之后得到 $n \times m$ 的矩阵。在 numpy 中，矩阵对象的属性 T 实现了转置的功能，下面的代码演示了这个用法。

```
import numpy as np

x = np.matrix([[1,2,3], [4,5,6]])
y = np.matrix([1,2,3,4,5,6])
print(x.T, y.T, sep='\n\n')
```

运行结果为：

```
[[1 4]
 [2 5]
 [3 6]]

[[1]
 [2]
 [3]
 [4]
```

```
    [5]
    [6]]
```

6.2.3　查看矩阵特征

这里的矩阵特征主要指矩阵的最大值、最小值、元素求和、平均值等，扩展库 numpy 中的矩阵提供了相应的 max()、min()、sum()、mean()等方法。在大部分的矩阵方法中，都支持用参数 axis 来指定计算方向，axis=1 表示横向计算，axis=0 表示纵向计算。以 max()方法为例，语法格式如下。

```
max(axis=None, out=None)
```

该方法返回矩阵中沿 axis 方向的最大元素，如果不指定 axis 参数，则对矩阵平铺后的所有元素进行操作，也就是返回矩阵中所有元素的最大值；axis=0 表示沿矩阵的第一个维度（也就是行）进行计算，axis=1 表示沿矩阵的第二个维度（也就是列）进行计算。这一点和使用下标访问矩阵元素一样，x[3,0]表示访问行下标为 3、列下标为 0 的元素，其中 3 为第一个维度的坐标而 0 为第二个维度的坐标。

容易得知，对于 $m \times n$ 的矩阵，沿 axis=0 的方向计算相当于对矩阵从上往下"压扁"，最终得到 $1 \times n$ 的矩阵；沿 axis=1 的方向计算相当于对矩阵从左向右"压扁"，最终得到 $m \times 1$ 的矩阵。下面的代码演示了矩阵方法和 axis 参数的用法。

```
import numpy as np

x = np.matrix([[1,2,3], [4,5,6]])
print(x.mean(), end='\n====\n')              # 所有元素平均值
print(x.mean(axis=0), end='\n====\n')        # 纵向平均值
print(x.mean(axis=0).shape, end='\n====\n')  # 数组形状
print(x.mean(axis=1), end='\n====\n')        # 横向平均值
print(x.sum(), end='\n====\n')               # 所有元素之和
print(x.max(axis=1), end='\n====\n')         # 横向最大值
print(x.argmax(axis=1), end='\n====\n')      # 横向最大值的下标
print(x.diagonal(), end='\n====\n')          # 对角线元素
print(x.nonzero())                           # 非 0 元素下标，分别返回行下标和列下标
```

运行结果为：

```
3.5
====
[[ 2.5  3.5  4.5]]
====
(1, 3)
====
[[ 2.]
 [ 5.]]
====
21
====
[[3]
 [6]]
====
[[2]
 [2]]
```

```
====
[[1 5]]
====
(array([0, 0, 0, 1, 1, 1], dtype=int64), array([0, 1, 2, 0, 1, 2], dtype=int64))
```

6.2.4　矩阵乘法

对于一个 $m \times p$ 的矩阵

6.2.4&6.2.5&
6.2.6

$$A = \left(a_{ij} \right)_{i,j=1}^{m,p}$$

和一个 $p \times n$ 的矩阵

$$B = \left(b_{ij} \right)_{i,j=1}^{p,n}$$

它们的乘积为一个 $m \times n$ 的矩阵

$$C = \left(c_{ij} \right)_{i,j=1}^{m,n}$$

其中，每个元素 c_{ij} 为 A 矩阵中第 i 行与 B 矩阵中第 j 列的内积，即

$$c_{ij} = \sum_{k=1}^{p} a_{ik} b_{kj}$$

在扩展库 numpy 中，支持矩阵乘法运算，直接计算即可，例如下面的代码。

```
import numpy as np

x = np.matrix([[1,2,3], [4,5,6]])
y = np.matrix([[1,2], [3,4], [5,6]])
print(x*y)
```

运行结果为：

```
[[22 28]
 [49 64]]
```

6.2.5　计算相关系数矩阵

相关系数矩阵是一个对称矩阵，其中对角线上的元素都是 1，表示自相关系数。非对角线上的元素表示互相关系数，每个元素的绝对值都小于等于 1，反映变量变化趋势的相似程度。例如，如果 2×2 的相关系数矩阵中非对角线元素的值大于 0，表示两个信号正相关，其中一个信号变大时另一个信号也变大，变化方向一致，或者说一个信号的变化对另一个信号的影响是"正面"的、积极的。相关系数的绝对值越大，表示两个信号互相影响的程度越大。

扩展库 numpy 提供了 corrcoef()函数用来计算相关系数矩阵，下面的代码演示了该函数的用法。

```
import numpy as np

print(np.corrcoef([1,2,3,4], [4,3,2,1]))    #负相关，变化方向相反
print(np.corrcoef([1,2,3,4], [8,3,2,1]))    #负相关，变化方向相反
```

```
print(np.corrcoef([1,2,3,4], [1,2,3,4]))    #正相关，变化方向一致
print(np.corrcoef([1,2,3,4], [1,2,3,40]))   #正相关，变化趋势接近
```

运行结果为：

```
[[ 1. -1.]
 [-1.  1.]]
[[ 1.          -0.91350028]
 [-0.91350028  1.          ]]
[[ 1.  1.]
 [ 1.  1.]]
[[ 1.          0.8010362]
 [ 0.8010362  1.          ]]
```

6.2.6　计算方差、协方差、标准差

关于方差与协方差的计算公式和含义，请参考本书 7.2.13 节的介绍。扩展库 numpy 提供了用来计算协方差的 cov()函数和用来计算标准差的 std()函数，下面的代码演示了这 2 种函数的简单用法。

```
import numpy as np

print(np.cov([1,1,1,1,1]))              # 方差
print(np.std([1,1,1,1,1]))              # 标准差
x = [-2.1, -1,  4.3]
y = [3,  1.1,  0.12]
X = np.vstack((x,y))                    # 垂直堆叠矩阵
print(X)
print(np.cov(X))                        # 协方差
print(np.cov(x, y))
print(np.std(X))                        # 标准差
print(np.std(X, axis=1))
print(np.cov(x))                        # 方差
```

运行结果为：

```
0.0
0.0
[[-2.1  -1.    4.3 ]
 [ 3.    1.1   0.12]]
[[ 11.71        -4.286      ]
 [ -4.286        2.14413333]]
[[ 11.71        -4.286      ]
 [ -4.286        2.14413333]]
2.20712230945
[ 2.79404128  1.19558447]
11.709999999999999
```

6.3　计算特征值与特征向量

对于 $n \times n$ 方阵 A，如果存在标量 λ 和 n 维非 0 向量 $\bar{x}$，使得 $A \cdot \bar{x} = \lambda \bar{x}$ 成立，那么称 λ 是方阵 A 的一个特征值，$\bar{x}$ 为对应于 λ 的特征向量。

从几何意义来讲，矩阵乘以一个向量，是对这个向量进行了一个变换，从一个坐标系变

6.3&6.4&6.5

换到另一个坐标系。在变换过程中，向量主要进行旋转和缩放这两种变化。如果矩阵乘以一个向量之后，向量只发生了缩放变化而没有进行旋转，那么这个向量本身就是该矩阵的一个特征向量，缩放的比例就是特征值。或者说，特征向量是对向量进行旋转之后理想的坐标轴之一，而特征值则是原向量在该坐标轴上的投影或者该坐标轴对原向量的贡献。特征值越大，表示这个坐标轴对原向量的表达越重要，原向量在这个坐标轴上的投影越大。一个矩阵的所有特征向量组成了该矩阵的一组基，也就是新坐标系中的轴。有了特征值和特征向量之后，向量就可以在另一个坐标系中进行表示。

扩展库 numpy 的线性代数子模块 linalg 中提供了用来计算特征值与特征向量的 eig()函数，参数可以是 Python 列表、扩展库 numpy 中的数组或扩展库 numpy 中的矩阵。下面的代码演示了该函数的用法。

```
import numpy as np

A = np.array([[1,-3,3],[3,-5,3], [6,-6,4]])
e, v = np.linalg.eig(A)                    # 特征值与特征向量
print(e, v, sep='\n')
print(np.dot(A,v))                         # 矩阵与特征向量的乘积
print(e*v)                                 # 特征值与特征向量的乘积
print(np.isclose(np.dot(A,v), e*v))        # 验证二者是否相等
# 行列式|A-λE|的值应为 0，det()是计算行列式的函数
print(np.linalg.det(A-np.eye(3,3)*e))
```

运行结果为：

```
[ 4. -2. -2.]
[[-0.40824829 -0.81034214  0.1932607 ]
 [-0.40824829 -0.31851537 -0.59038328]
 [-0.81649658  0.49182677 -0.78364398]]
[[-1.63299316  1.62068428 -0.38652141]
 [-1.63299316  0.63703074  1.18076655]
 [-3.26598632 -0.98365355  1.56728796]]
[[-1.63299316  1.62068428 -0.38652141]
 [-1.63299316  0.63703074  1.18076655]
 [-3.26598632 -0.98365355  1.56728796]]
[[ True  True  True]
 [ True  True  True]
 [ True  True  True]]
3.19744231092e-14
```

6.4 计算逆矩阵

对于 $n \times n$ 的方阵

$$A = \left(a_{ij}\right)_{i,j=1}^{n,n}$$

如果存在另一个方阵

$$B = \left(b_{ij}\right)_{i,j=1}^{n,n}$$

使得二者乘积为单位矩阵，即

$$A \cdot B = B \cdot A = I$$

那么称矩阵 A 是可逆矩阵或者非奇异矩阵，称矩阵 B 为矩阵 A 的逆矩阵，即 $B = A^{-1}$。可逆矩阵的行列式不为 0。

扩展库 numpy 的线性代数子模块 linalg 中提供了用来计算逆矩阵的函数 inv()，要求参数为可逆矩阵，形式可以是 Python 列表、扩展库 numpy 中的数组或扩展库 numpy 中的矩阵。下面的代码演示了该函数的用法。

```
import numpy as np

x = np.matrix([[1,2,3], [4,5,6], [7,8,0]])
y = np.linalg.inv(x)
print(y)
print(x*y)              # 对角线元素为 1，其他元素为 0 或近似为 0
print(y*x)
```

运行结果为：

```
[[-1.77777778  0.88888889 -0.11111111]
 [ 1.55555556 -0.77777778  0.22222222]
 [-0.11111111  0.22222222 -0.11111111]]
[[ 1.00000000e+00   1.66533454e-16   1.38777878e-17]
 [-1.05471187e-15   1.00000000e+00   2.77555756e-17]
 [ 0.00000000e+00   0.00000000e+00   1.00000000e+00]]
[[ 1.00000000e+00  -4.44089210e-16   0.00000000e+00]
 [ 2.77555756e-16   1.00000000e+00   0.00000000e+00]
 [ 6.93889390e-17   1.11022302e-16   1.00000000e+00]]
```

6.5 求解线性方程组

线性方程组

$$\begin{cases} a_{11}x_1 + a_{12}x_2 + ... + a_{1n}x_n = b_1 \\ a_{21}x_1 + a_{22}x_2 + ... + a_{2n}x_n = b_2 \\ \quad\quad\quad\quad\vdots \\ a_{n1}x_1 + a_{n2}x_2 + ... + a_{nn}x_n = b_n \end{cases}$$

可以写作矩阵相乘的形式

$$ax = b$$

其中，a 为 $n \times n$ 的矩阵，x 和 b 为 $n \times 1$ 的矩阵。

扩展库 numpy 的线性代数子模块 linalg 中提供了求解线性方程组的 solve() 函数和求解线性方程组最小二乘解的 lstsq() 函数，参数可以是 Python 列表、扩展库 numpy 中的数组或扩展库 numpy 中的矩阵。下面的代码演示了这 2 种函数的用法。

```
import numpy as np

a = np.array([[3,1], [1,2]])      # 系数矩阵
b = np.array([9,8])               # 系数矩阵
x = np.linalg.solve(a, b)         # 求解
print(x)
```

```
print(np.dot(a, x))                # 验证
print(np.linalg.lstsq(a, b))       # 最小二乘解
                                   # 返回解、余项、a 的秩、a 的奇异值
```

运行结果为：

```
[ 2.  3.]
[ 9.  8.]
(array([ 2.,  3.]), array([], dtype=float64), 2, array([ 3.61803399,  1.38196601]))
```

6.6　计算向量和矩阵的范数

6.6&6.7

在线性代数中，一个 n 维向量表示 n 维空间中的一个点，向量的长度称为模或 2-范数。对于向量 $\vec{x}(x_1, x_2, x_3, ..., x_n)$，其模长也就是向量与自己的内积的平方根，计算公式如下。

$$\|\vec{x}\|_2 = (\vec{x} \cdot \vec{x})^{1/2}$$
$$= \sqrt{x_1 \times x_1 + x_2 \times x_2 + x_3 \times x_3 + ... + x_n \times x_n}$$
$$= \left(\sum_{i=1}^{n} |x_i|^2\right)^{1/2}$$

向量的 p-范数计算公式如下（其中 p 为不等于 0 的整数）。

$$\|\vec{x}\|_p = \left(\sum_{i=1}^{n} |x_i|^p\right)^{1/p}$$

对于 $m \times n$ 的矩阵 A，常用的范数有 Frobenius 范数（也称 F-范数），其计算公式如下。

$$\|A\|_F = \sqrt{\sum_{i=1}^{m} \sum_{j=1}^{n} |a_{ij}|^2}$$

矩阵 A 的 2-范数是矩阵 A 的共轭转置矩阵与 A 的乘积的最大特征值的平方根，其计算公式如下。

$$\|A\|_2 = \sqrt{\lambda_{A^H A}}$$

扩展库 numpy 的线性代数子模块 linalg 中提供了用来计算不同范数的函数 norm()，其语法格式如下。

```
norm(x, ord=None, axis=None, keepdims=False)
```

其中，第一个参数 x 可以是 Python 列表、扩展库 numpy 中的数组或扩展库 numpy 中的矩阵，第二个参数 ord 用来指定范数类型，默认为 2-范数，ord 的更多取值和含义如表 6-1 所示。

表 6-1　　　　　　　　　　　　参数 ord 取值和含义

ord 取值	矩 阵 范 数	向 量 范 数
None	Frobenius 范数，所有元素平方和的平方根	2-范数
'fro'	Frobenius 范数	不支持
'nuc'	核范数，矩阵奇异值之和	不支持

ord 取值	矩 阵 范 数	向 量 范 数
inf	max(sum(abs(x), axis=1))	max(abs(x))
-inf	min(sum(abs(x), axis=1))	min(abs(x))
0	不支持	sum(x != 0)，向量中非 0 元素的个数
1	max(sum(abs(x), axis=0))	sum(abs(x)**ord)**(1./ord)
-1	min(sum(abs(x), axis=0))	sum(abs(x)**ord)**(1./ord)
2	2-范数	sum(abs(x)**ord)**(1./ord)
-2	最小奇异值	sum(abs(x)**ord)**(1./ord)
其他整数	不支持	sum(abs(x)**ord)**(1./ord)

下面的代码演示了 norm() 函数的部分用法。

```
import numpy as np

x = np.matrix([[1,2],[3,-4]])
print(np.linalg.norm(x))
print(np.linalg.norm(x, -2))
print(np.linalg.norm(x, -1))
print(np.linalg.norm(x, 1))
print(np.linalg.norm([1,2,0,3,4,0], 0))
print(np.linalg.norm([1,2,0,3,4,0], 2))
```

运行结果为：

```
5.47722557505
1.95439507585
4.0
6.0
4.0
5.47722557505
```

6.7 奇异值分解

对于方阵

$$A = \left(a_{ij} \right)_{i,j=1}^{n,n}$$

存在矩阵 P 和 Q，使得

$$P^H A Q = \begin{bmatrix} D & 0 \\ 0 & 0 \end{bmatrix}$$

其中，对角矩阵 $D = \mathrm{diag}(d_1, d_2, \cdots, d_r)$，且 $d_1 \geqslant d_2 \geqslant \ldots \geqslant d_r > 0$。

那么 $d_i (i = 1, 2, \cdots, r)$ 称作矩阵 A 的奇异值，并且有

$$A = P \begin{bmatrix} D & 0 \\ 0 & 0 \end{bmatrix} Q^H$$

这个式子称作矩阵 A 的奇异值分解式。

可以看出，奇异值分解（Singular Value Decomposition，SVD）可以把大矩阵分解为几个更小的矩阵的乘积。利用这一点，可以实现降维和去噪，这也是机器学习算法中主成分分析算法的理论基础。

扩展库 numpy 的线性代码数子模块 linalg 中提供了计算奇异值分解的 svd()函数，其语法格式如下。

```
svd(a, full_matrices=1, compute_uv=1)
```

该函数把参数矩阵 *a* 分解为 *u**np.diag(*s*)*v 的形式并返回 *u*、*s* 和 *v*，其中数组 *s* 中的元素是矩阵 *a* 的奇异值。

下面的代码在 IDLE 环境中演示了 svd()函数的用法。

```
>>> a = np.matrix([[1,2,3], [4,5,6], [7,8,9]])
>>> u, s, v = np.linalg.svd(a)                      # 奇异值分解
>>> u
matrix([[-0.21483724,  0.88723069,  0.40824829],
        [-0.52058739,  0.24964395, -0.81649658],
        [-0.82633754, -0.38794278,  0.40824829]])
>>> s
array([  1.68481034e+01,   1.06836951e+00,   3.33475287e-16])
>>> v
matrix([[-0.47967118, -0.57236779, -0.66506441],
        [-0.77669099, -0.07568647,  0.62531805],
        [-0.40824829,  0.81649658, -0.40824829]])
>>> u*np.diag(s)*v                                  # 验证
matrix([[ 1.,  2.,  3.],
        [ 4.,  5.,  6.],
        [ 7.,  8.,  9.]])
```

6.8 函数向量化

Python 扩展库 numpy 本身提供的大量函数都具有向量化的特点，并且可以把普通的 Python 函数向量化，从而使得 Python 操作向量更方便。例如，扩展库 numpy 中的矩阵不支持 math 标准库中的阶乘函数 factorial()，而扩展库 numpy 又没有直接提供这个功能的函数，这时可以使用函数向量化来解决这个问题，下面的代码简单演示了该用法。

```
>>> import numpy as np
>>> mat = np.matrix([[1,2,3], [4,5,6]])
>>> mat
matrix([[1, 2, 3],
        [4, 5, 6]])
>>> import math
>>> math.factorial(mat)                             # 不支持，出错
Traceback (most recent call last):
  File "<pyshell#36>", line 1, in <module>
    math.factorial(mat)
TypeError: only size-1 arrays can be converted to Python scalars
>>> vecFactorial = np.vectorize(math.factorial)    # 函数向量化
>>> vecFactorial(mat)
matrix([[  1,   2,   6],
```

```
[ 24, 120, 720]])
```

本章知识要点

● 扩展库 numpy 提供了 isclose()和 allclose()函数来测试两个数组中对应位置上的元素在允许的误差范围内是否相等，其中 isclose()函数用来测试每一对元素是否相等并返回包含若干 True/False 的列表，allclose()函数用来测试是否所有对应位置上的元素都相等并返回单个 True 或 False。

● 扩展库 numpy 中的数组支持与标量的加、减、乘、除、幂运算，计算结果为一个新数组，其中每个元素为标量与数组中每个元素进行计算的结果。使用时需要注意的是，标量在前和在后时计算方法是不同的。

● 两个等长数组进行算术运算后，得到一个新数组，其中每个元素的值为原来的两个数组中对应位置上元素进行算术运算的结果。当数组大小不一样时，如果符合广播要求则进行广播，否则就报错并结束运行。

● 扩展库 numpy 的 argsort()函数用来返回一个数组，其中的每个元素为原数组中的索引，表示应该把原数组中哪个位置上的元素放在这个位置。

● 扩展库 numpy 提供了大量用于对数组进行计算的函数，可以用于对数组中所有元素进行同样的计算，处理速度比使用循环要快得多。

● 扩展库 numpy 中的数组提供了 reshape()和 resize()两个方法，用来修改数组的形状，其中 reshape()不能改变数组中元素的数量，而 resize()会根据需要进行补 0 或丢弃部分元素。

● 数组可以和标量或等长数组进行关系运算，返回包含若干 True/False 的数组。数组也支持使用包含 True/False 的等长数组作为下标来访问其中的元素，返回 True 对应位置上元素组成的数组。

● 扩展库 numpy 提供了 where()和 piecewise()两个函数支持分段函数对数组的处理，其中 where()函数适合对原数组中的元素进行"二值化"，piecewise()函数可以实现更复杂的处理。

● 扩展库 numpy 提供了 corrcoef()函数用来计算相关系数矩阵。

● 扩展库 numpy 提供了用来计算协方差的 cov()函数和用来计算标准差的 std()函数。

● numpy 的线性代数子模块 linalg 中提供了用来计算矩阵特征值与特征向量的 eig()函数。

● numpy 的线性代数子模块 linalg 中提供了用来计算逆矩阵的 inv()函数。

● numpy 的线性代数子模块 linalg 中提供了求解线性方程组的 solve()函数和求解线性方程组最小二乘解的 lstsq()函数。

● numpy 的线性代数子模块 linalg 中提供了用来计算不同范数的 norm()函数。

● numpy 的线性代数子模块 linalg 中提供了计算奇异值分解的 svd()函数。

本章习题

一、填空题

1．使用 pip 命令在线安装扩展库 numpy 的完整命令是_____。

2．使用 np.arange(8)生成的数组中最后一个元素的值为_____。

3. 使用 np.zeros((3,4)) 生成的数组中元素个数为_____。

4. 表达式 np.ones((3,4)).sum() 的值为_____。

5. 表达式 len(np.random.randint(0, 50, 5)) 的值为_____。

6. 表达式 all(np.random.rand(20000)<1) 的值为_____。

7. 表达式 np.diag((1,2,3,4)).shape 的值为_____。

8. 表达式 np.diag((1,2,3,4)).size 的值为_____。

9. 表达式 np.random.randn(3).shape 的值为_____。

10. 表达式 np.random.randn(3,4).shape 的值为_____。

11. 已知 x = np.array((1, 2, 3, 4, 5))，那么表达式 $(x*2)$.sum() 的值为_____。

12. 已知 x = np.array((1, 2, 3, 4, 5))，那么表达式 $(x**2)$.max() 的值为_____。

13. 已知 x = np.array((1, 2, 3, 4, 5))，那么表达式 $(2**x)$.max() 的值为_____。

14. 已知 x = np.array((1, 2, 3, 4, 5))，那么表达式 $(x//5)$.sum() 的值为_____。

15. 已知 x = np.array((1, 2, 3, 4, 5))，那么表达式 sum$(x*x)$ 的值为_____。

16. 已知 x = np.array([1, 2, 3]) 和 y = np.array([[3], [4], [5]])，那么表达式 $(x*y)$.sum() 的值为_____。

17. 已知 x = np.array([3, 5, 1, 9, 6, 3])，那么表达式 np.argmax(x) 的值为_____。

18. 已知 x = np.random.randint(0, 100, (3,5))，那么表达式 np.ceil(abs(np.sin(x))).sum() 的值最大可能为_____。

19. 已知 x = np.array([3, 5, 1, 9, 6, 3])，那么表达式 $x[x>5]$.sum() 的值为_____。

20. 已知 x = np.array([3, 5, 1, 9, 6, 3])，那么表达式 $x[(x\%2==0)\&(x>5)][0]$ 的值为_____。

21. 已知 x = np.array([3, 5, 1, 9, 6, 3])，那么表达式 np.where($x>5$, 1, 0).sum() 的值为_____。

22. 已知 x = np.matrix([[1,2,3], [4,5,6]])，那么表达式 x.mean(axis=0) 的值为_____。

23. 已知 x = np.matrix([1, 2, 3, 4, 5])，那么表达式 $x*x$.T 的值为_____。

二、判断题

1. 扩展库 numpy 中的 arange() 函数功能和内置函数 range() 类似，只能生成包含整数的数组，无法创建包含浮点数的数组。（　　　）

2. 表达式 np.empty((3,5)).sum() 的值一定为 0。（　　　）

3. 扩展库 numpy 中的 isclose() 函数和 allclose() 函数用来测试两个数组是否严格相等。（　　　）

4. 扩展库 numpy 中的 isclose() 函数返回包含若干 True/False 值的数组，而 allclose() 函数返回 True 或 False 值。（　　　）

5. 扩展库 numpy 中的 append() 函数和 insert() 函数是在原数组的基础上追加或插入元素，没有返回值。（　　　）

6. 已知 x 是一个足够大的 numpy 二维数组，那么语句 $x[0, 2]$ = 4 的作用是把行下标为 0、列下标为 2 的元素值改为 4。（　　　）

7. 已知 x.shape 的值为 (3, 5)，那么语句 $x[:, 3]$ = 2 的作用是把数组 x 所有行中列下标为 3 的元素值都改为 2。（　　　）

8. 两个不等长的数组不能相加。（　　　）

9. 已知 x 和 y 是两个等长的一维数组，那么表达式 x.dot(y)和 sum($x*y$)的值相等。（　　）

10. 已知 x = np.arange(30).reshape(5,6)，那么语句 x[[0,3], :] = 0 的功能为把数组 x 中行下标为 0 和 3 的所有元素值都修改为 0。（　　）

11. 数组的 reshape()方法不能修改元素个数，resize()方法可以。（　　）

12. 扩展库 numpy 中的 corrcoef()函数用来计算相关系数矩阵。（　　）

13. 扩展库 numpy 中的 cov()函数可以用来计算协方差，std()函数用来计算标准差。（　　）

14. 扩展库 numpy 的线性代数子模块 linalg 中提供了用来计算特征值与特征向量的 eig()函数。（　　）

15. 扩展库 numpy 的线性代数子模块 linalg 中提供了用来计算逆矩阵的 inv()函数。（　　）

16. 扩展库 numpy 的线性代数子模块 linalg 中提供了求解线性方程组的 solve()函数和求解线性方程组最小二乘解的 lstsq()函数。（　　）

17. 扩展库 numpy 的线性代数子模块 linalg 中提供了用来计算不同范数的 norm()函数。（　　）

18. 扩展库 numpy 的线性代数子模块 linalg 中提供了计算奇异值分解的 svd()函数。（　　）

第 **7** 章　**pandas 数据分析实战**

本章学习目标

- 熟练掌握 pandas 一维数组 Series 结构；
- 熟练掌握 pandas 时间序列对象；
- 熟练掌握 pandas 二维数组 DataFrame 结构的创建方法；
- 熟练掌握 pandas 读取 Excel 文件中数据的方法；
- 熟练掌握 DataFrame 结构中数据的选择与查看方法；
- 熟练掌握 DataFrame 结构中数据特征的查看方法；
- 熟练掌握 DataFrame 结构的排序方法；
- 熟练掌握 DataFrame 结构中数据的分组和聚合方法；
- 熟练掌握 DataFrame 结构中异常值的查看与处理方法；
- 熟练掌握 DataFrame 结构中缺失值的查看与处理方法；
- 熟练掌握 DataFrame 结构中重复值的查看与处理方法；
- 熟练掌握 DataFrame 结构中数据差分的使用方法；
- 熟练掌握 pandas 提供的透视表与交叉表技术；
- 熟练掌握 DataFrame 结构中数据的重采样技术。

7.1　pandas 常用数据类型

一般而言，数据分析工作的目标非常明确，即从特定的角度对数据进行分析，提取有用信息，分析的结果可作为后期决策的参考。

扩展库 pandas 是基于扩展库 numpy 和 matplotlib 的数据分析模块，是一个开源项目，提供了大量标准数据模型，具有高效操作大型数据集所需要的功能。可以说 pandas 是使 Python 能够成为高效且强大的数据分析行业首选语言的重要因素之一。

在各领域都存在数据分析需求，我们在实际应用和开发时经常会发现，很少有数据能够直接输入到模型和算法中使用，基本上都需要进行一定的预处理，例如处理重复值、异常值、缺失值以及不规则的数据，pandas 提供了大量函数和对象方法来支持这些操作。

扩展库 pandas 可以在命令提示符环境下使用 pip install pandas 命令直接在线安装，其官方网站提供了大量演示案例和在线帮助文档。

扩展库 pandas 常用的数据结构如下。

（1）Series，带标签的一维数组；

（2）DatetimeIndex，时间序列；

（3）DataFrame，带标签且大小可变的二维表格结构；

（4）Panel，带标签且大小可变的三维数组。

本节重点介绍前 3 种结构的基本用法，7.2 节通过一个完整的实际案例重点介绍和演示 DataFrame 结构的用法。

7.1.1

7.1.1　一维数组与常用操作

Series 是 pandas 提供的一维数组，由索引和值两部分组成，是一个类似于字典的结构。其中值的类型可以不同，如果在创建时没有明确指定索引，则会自动使用从 0 开始的非负整数作为索引。

除了可以使用 Python 内置函数和运算符实现特定的功能外，Series 对象本身也提供了大量方法。下面的代码演示了一部分方法和内置函数的用法，其中用到的可视化模块 matplotlib，可以参考本书第 9 章的内容帮助理解。

```
import pandas as pd
import matplotlib.pyplot as plt

# 设置输出结果列对齐
pd.set_option('display.unicode.ambiguous_as_wide', True)
pd.set_option('display.unicode.east_asian_width', True)

# 自动创建从 0 开始的非负整数索引
s1 = pd.Series(range(1, 20, 5))
# 使用字典创建 Series，使用字典的“键”作为索引
s2 = pd.Series({'语文':90, '数学': 92, 'Python': 98, '物理':87, '化学': 92})
# 修改指定索引对应的值
s1[3] = -17
s2['语文'] = 94

print('s1 原始数据'.ljust(20, '='))
print(s1)

print('对 s1 所有数据求绝对值'.ljust(20, '='))
print(abs(s1))

print('s1 所有的值加 5'.ljust(20, '='))
print(s1+5)

print('s1 的每行索引前面加上数字 2'.ljust(20, '='))
print(s1.add_prefix(2))

print('s2 原始数据'.ljust(20, '='))
print(s2)

print('s2 数据的直方图'.ljust(20,'='))
```

```
s2.hist()
plt.show()

print('s2 的每行索引后面加上_张三'.ljust(20, '='))
print(s2.add_suffix('_张三'))

print('s2 最大值的索引'.ljust(20, '='))
print(s2.idxmax())

print('测试 s2 的值是否在指定区间内'.ljust(20, '='))
print(s2.between(90, 94, inclusive=True))

print('查看 s2 中 90 分以上的数据'.ljust(20,'='))
print(s2[s2>90])

print('查看 s2 中大于中值的数据'.ljust(20,'='))
print(s2[s2>s2.median()])

print('s2 与数字之间的运算'.ljust(20, '='))
print(round((s2**0.5)*10, 1))

print('s2 的中值'.ljust(20, '='))
print(s2.median())

print('s2 中最小的 2 个值'.ljust(20, '='))
print(s2.nsmallest(2))

# 两个等长 Series 对象之间可以进行四则运算和幂运算
# 只对两个 Series 对象中都有的索引对应的值进行计算
# 非共同索引对应的值为空值 NaN
print('两个 Series 对象相加'.ljust(20,'='))
print(pd.Series(range(5))+pd.Series(range(5,10)))

# pipe()方法可以实现函数链式调用的功能
print('每个值的平方对 5 的余数'.ljust(20,'='))
print(pd.Series(range(5)).pipe(lambda x,y,z:(x**y)%z, 2, 5))

print('每个值加 3 之后再乘以 3'.ljust(20,'='))
print(pd.Series(range(5)).pipe(lambda x:x+3).pipe(lambda x:x*3))

# apply()方法用来对 Series 对象的值进行函数运算
print('每个值加 3'.ljust(20,'='))
print(pd.Series(range(5)).apply(lambda x: x+3))

print('标准差、无偏方差、无偏标准差'.ljust(20,'='))
print(pd.Series(range(5)).std())
print(pd.Series(range(5)).var())
print(pd.Series(range(5)).sem())

print('查看是否存在等价于 True 的值'.ljust(20,'='))
print(any(pd.Series([3,0,True])))

print('查看是否所有值都等价于 True'.ljust(20,'='))
```

```
print(all(pd.Series([3,0,True])))
```

运行结果为：

```
s1 原始数据==============
0      1
1      6
2     11
3    -17
dtype: int32
对 s1 所有数据求绝对值=========
0      1
1      6
2     11
3     17
dtype: int32
s1 所有的值加 5============
0      6
1     11
2     16
3    -12
dtype: int32
s1 的每行索引前面加上数字 2======
20     1
21     6
22    11
23   -17
dtype: int32
s2 原始数据==============
Python     98
化学         92
数学         92
物理         87
语文         94
dtype: int64
s2 数据的直方图============
```

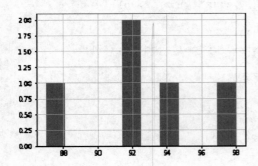

```
s2 的每行索引后面加上_张三======
Python_张三     98
化学_张三         92
数学_张三         92
物理_张三         87
语文_张三         94
```

```
dtype: int64
```
s2 最大值的索引=============
```
Python
```
测试 s2 的值是否在指定区间内======
```
Python      False
化学          True
数学          True
物理        False
语文          True
dtype: bool
```
查看 s2 中 90 分以上的数据=======
```
Python      98
化学          92
数学          92
语文          94
dtype: int64
```
查看 s2 中大于中值的数据========
```
Python      98
语文          94
dtype: int64
```
s2 与数字之间的运算==========
```
Python      99.0
化学        95.9
数学        95.9
物理        93.3
语文        97.0
dtype: float64
```
s2 的中值===============
```
92.0
```
s2 中最小的 2 个值===========
```
物理      87
化学      92
dtype: int64
```
两个 Series 对象相加========
```
0        5
1        7
2        9
3       11
4       13
dtype: int32
```
每个值的平方对 5 的余数=========
```
0       0
1       1
2       4
3       4
4       1
dtype: int32
```
每个值加 3 之后再乘以 3=========
```
0        9
1       12
2       15
3       18
4       21
```

```
dtype: int32
每个值加 3==============
0    3
1    4
2    5
3    6
4    7
dtype: int64
标准差、无偏方差、无偏标准差======
1.58113883008
2.5
0.707106781187
查看是否存在等价于 True 的值=====
True
查看是否所有值都等价于 True=====
False
```

7.1.2   时间序列与常用操作

时间序列对象一般使用 pandas 的 date_range()函数生成，可以指定日期时间的起始和结束范围、时间间隔、数据数量等参数，语法格式如下。

```
date_range(start=None, end=None, periods=None, freq='D', tz=None, normalize=
False, name=None, closed=None, **kwargs)
```

其中：

（1）参数 start 和 end 分别用来指定起止日期时间；

（2）参数 periods 用来指定要生成的数据数量；

（3）参数 freq 用来指定时间间隔，默认为'D'，表示相邻两个日期之间相差一天。

另外，pandas 的 Timestamp 类也支持很多与日期时间有关的操作。下面的代码演示了 date_range()函数和 Timestamp 类的部分用法。

```
import pandas as pd

# start 指定起始日期，end 指定结束日期，periods 指定生成的数据数量
# freq 指定时间间隔，D 表示天，W 表示周，H 表示小时
# M 表示月末最后一天，MS 表示月初第一天
# T 表示分钟，Y 表示年末最后一天，YS 表示年初第一天
print('间隔 5 天'.ljust(30, '='))
print(pd.date_range(start='20190601', end='20190630', freq='5D'))

print('间隔 1 周'.ljust(30, '='))
print(pd.date_range(start='20190601', end='20190630', freq='W'))

print('间隔 2 天，5 个数据'.ljust(30, '='))
print(pd.date_range(start='20190601', periods=5, freq='2D'))

print('间隔 3 小时，8 个数据'.ljust(30, '='))
print(pd.date_range(start='20190601', periods=8, freq='3H'))

print('3:00 开始，间隔 1 分钟，12 个数据'.ljust(30, '='))
print(pd.date_range(start='201906010300', periods=12, freq='T'))
```

```
print('间隔1月，月末最后一天'.ljust(30, '='))
print(pd.date_range(start='20190101', end='20191231', freq='M'))

print('间隔1年，6个数据，年末最后一天'.ljust(30, '='))
print(pd.date_range(start='20190101', periods=6, freq='A'))

print('间隔1年，6个数据，年初第一天'.ljust(30, '='))
print(pd.date_range(start='20190101', periods=6, freq='AS'))

# 使用日期时间做索引，创建 Series 对象
data = pd.Series(index=pd.date_range(start='20190701', periods=24,
                                     freq='H'),
                 data=range(24))
print('前5条数据'.ljust(30, '='))
print(data[:5])

print('3 小时重采样，计算均值'.ljust(30, '='))
print(data.resample('3H').mean())

print('5 小时重采样，求和'.ljust(30, '='))
print(data.resample('5H').sum())

# OHLC 分别表示 OPEN、HIGH、LOW、CLOSE
print('5 小时重采样，统计 OHLC 值'.ljust(30, '='))
print(data.resample('5H').ohlc())

print('所有日期替换为第二天'.ljust(20,'='))
data.index = data.index + pd.Timedelta('1D')
print(data[:5])

print('查看指定日期是周几'.ljust(20,'='))
print(pd.Timestamp('20190323').day_name())

print('查看指定日期时间所在年是否为闰年'.ljust(20,'='))
print(pd.Timestamp('201909300800').is_leap_year)

print('查看指定日期所在的季度和月份'.ljust(20,'='))
day = pd.Timestamp('20191025')
print(day.quarter, day.month)

print('转换为 Python 的日期时间对象'.ljust(20,'='))
print(day.to_pydatetime())
```

运行结果为：

```
间隔5天=========================
DatetimeIndex(['2019-06-01', '2019-06-06', '2019-06-11', '2019-06-16',
               '2019-06-21', '2019-06-26'],
              dtype='datetime64[ns]', freq='5D')
间隔1周=========================
DatetimeIndex(['2019-06-02', '2019-06-09', '2019-06-16', '2019-06-23',
               '2019-06-30'],
              dtype='datetime64[ns]', freq='W-SUN')
```

```
间隔 2 天，5 个数据=====================
DatetimeIndex(['2019-06-01', '2019-06-03', '2019-06-05', '2019-06-07',
               '2019-06-09'],
              dtype='datetime64[ns]', freq='2D')
间隔 3 小时，8 个数据=====================
DatetimeIndex(['2019-06-01 00:00:00', '2019-06-01 03:00:00',
               '2019-06-01 06:00:00', '2019-06-01 09:00:00',
               '2019-06-01 12:00:00', '2019-06-01 15:00:00',
               '2019-06-01 18:00:00', '2019-06-01 21:00:00'],
              dtype='datetime64[ns]', freq='3H')
3:00 开始，间隔 1 分钟，12 个数据=============
DatetimeIndex(['2019-06-01 03:00:00', '2019-06-01 03:01:00',
               '2019-06-01 03:02:00', '2019-06-01 03:03:00',
               '2019-06-01 03:04:00', '2019-06-01 03:05:00',
               '2019-06-01 03:06:00', '2019-06-01 03:07:00',
               '2019-06-01 03:08:00', '2019-06-01 03:09:00',
               '2019-06-01 03:10:00', '2019-06-01 03:11:00'],
              dtype='datetime64[ns]', freq='T')
间隔 1 月，月末最后一天====================
DatetimeIndex(['2019-01-31', '2019-02-28', '2019-03-31', '2019-04-30',
               '2019-05-31', '2019-06-30', '2019-07-31', '2019-08-31',
               '2019-09-30', '2019-10-31', '2019-11-30', '2019-12-31'],
              dtype='datetime64[ns]', freq='M')
间隔 1 年，6 个数据，年末最后一天===============
DatetimeIndex(['2019-12-31', '2020-12-31', '2021-12-31', '2022-12-31',
               '2023-12-31', '2024-12-31'],
              dtype='datetime64[ns]', freq='A-DEC')
间隔 1 年，6 个数据，年初第一天===============
DatetimeIndex(['2019-01-01', '2020-01-01', '2021-01-01', '2022-01-01',
               '2023-01-01', '2024-01-01'],
              dtype='datetime64[ns]', freq='AS-JAN')
前 5 条数据=======================
2019-07-01 00:00:00    0
2019-07-01 01:00:00    1
2019-07-01 02:00:00    2
2019-07-01 03:00:00    3
2019-07-01 04:00:00    4
Freq: H, dtype: int32
3 小时重采样，计算均值====================
2019-07-01 00:00:00     1
2019-07-01 03:00:00     4
2019-07-01 06:00:00     7
2019-07-01 09:00:00    10
2019-07-01 12:00:00    13
2019-07-01 15:00:00    16
2019-07-01 18:00:00    19
2019-07-01 21:00:00    22
Freq: 3H, dtype: int32
5 小时重采样，求和====================
2019-07-01 00:00:00    10
2019-07-01 05:00:00    35
2019-07-01 10:00:00    60
2019-07-01 15:00:00    85
```

```
2019-07-01 20:00:00    86
Freq: 5H, dtype: int32
5 小时重采样，统计 OHLC 值================
                     open  high  low  close
2019-07-01 00:00:00     0     4    0      4
2019-07-01 05:00:00     5     9    5      9
2019-07-01 10:00:00    10    14   10     14
2019-07-01 15:00:00    15    19   15     19
2019-07-01 20:00:00    20    23   20     23
所有日期替换为第二天==========
2019-07-02 00:00:00     0
2019-07-02 01:00:00     1
2019-07-02 02:00:00     2
2019-07-02 03:00:00     3
2019-07-02 04:00:00     4
Freq: H, dtype: int32
查看指定日期是周几===========
Saturday
查看指定日期时间所在年是否为闰年=====
False
查看指定日期所在的季度和月份======
4 10
转换为 Python 的日期时间对象====
2019-10-25 00:00:00
```

7.1.3

7.1.3 二维数组 DataFrame

DataFrame 是 pandas 最常用的数据结构之一，每个 DataFrame 对象可以看作一个二维表格，由索引（index）、列名（columns）和值（values）三部分组成，如图 7-1 所示。

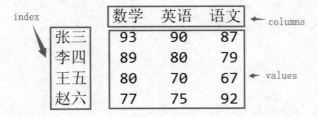

图 7-1 DataFrame 结构的组成部分

扩展库 pandas 支持使用多种形式创建 DataFrame 结构，也支持使用 read_csv()、read_excel()、read_json()、read_hdf()、read_html()、read_gbq()、read_pickle()、read_sql_table()、read_sql_query()等函数从不同的数据源读取数据创建 DataFrame 结构，同时也提供对应的 to_excel()、to_csv()等系列方法将数据写入不同类型的文件。本节重点演示使用代码直接创建 DataFrame 结构的用法，读取 Excel 文件数据的方法参考本书 7.2.1 节的内容。

```
import numpy as np
import pandas as pd

# 设置输出结果列对齐
pd.set_option('display.unicode.ambiguous_as_wide', True)
pd.set_option('display.unicode.east_asian_width', True)
```

```
# 在[1,20]区间上生成5行3列15个随机数
# 使用 index 参数指定索引，columns 参数指定每列标题
df = pd.DataFrame(np.random.randint(1, 20, (5,3)),
                  index=range(5),
                  columns=['A', 'B', 'C'])
print(df)

print('='*20)
# 模拟 2019 年 7 月 15 日某超市熟食、化妆品、日用品每小时的销量
# 使用时间序列作为索引
df = pd.DataFrame(np.random.randint(5, 15, (13, 3)),
                  index=pd.date_range(start='201907150900',
                                      end='201907152100',
                                      freq='H'),
                  columns=['熟食', '化妆品', '日用品'])
print(df)

print('='*20)
# 模拟考试成绩，使用人名字符串作为索引
df = pd.DataFrame({'语文':[87,79,67,92],
                   '数学':[93,89,80,77],
                   '英语':[90,80,70,75]},
                  index=['张三', '李四', '王五', '赵六'])
print(df)

print('='*20)
# 自动对 B 列数据进行扩充，使其与 A 列数据一样多
df = pd.DataFrame({'A':range(5,10), 'B':3})
print(df)
```

运行结果为：

```
    A   B   C
0   7  10  17
1  13  19   8
2  13   3  18
3   3  14  13
4  15   8   7
====================
                     熟食   化妆品   日用品
2019-07-15 09:00:00    8    10    10
2019-07-15 10:00:00   11    10     8
2019-07-15 11:00:00   13     5    12
2019-07-15 12:00:00    9    13    11
2019-07-15 13:00:00   12    14    11
2019-07-15 14:00:00   14    14    12
2019-07-15 15:00:00   10    10     8
2019-07-15 16:00:00   12     8     5
2019-07-15 17:00:00   12    12     7
2019-07-15 18:00:00   10     5     9
2019-07-15 19:00:00    7    11     6
2019-07-15 20:00:00    7    14    14
2019-07-15 21:00:00   13    14     9
```

```
====================
        数学    英语    语文
张三      93      90      87
李四      89      80      79
王五      80      70      67
赵六      77      75      92
====================
   A  B
0  5  3
1  6  3
2  7  3
3  8  3
4  9  3
```

7.2　DataFrame 数据处理与分析实战

本节通过处理 Excel 文件中包含的某超市销售数据来演示 pandas 读取 Excel 文件创建 DataFrame 类型的对象和 DataFrame 结构的常用操作。存储数据的文件名为"超市营业额 2.xlsx",存放于 C:\Python36 文件夹中,Excel 文件中有工号、姓名、日期、时段、交易额、柜台 5 列数据,日期范围从 2019 年 3 月 1 日至 2019 年 3 月 31 日,部分数据如图 7-2 所示。

	A	B	C	D	E	F
1	工号	姓名	日期	时段	交易额	柜台
2	1001	张三	20190301	9:00-14:00	1664	化妆品
3	1002	李四	20190301	14:00-21:00	954	化妆品
4	1003	王五	20190301	9:00-14:00	1407	食品
5	1004	赵六	20190301	14:00-21:00	1320	食品
6	1005	周七	20190301	9:00-14:00	994	日用品
7	1006	钱八	20190301	14:00-21:00	1421	日用品
8	1006	钱八	20190301	9:00-14:00	1226	蔬菜水果
9	1001	张三	20190301	14:00-21:00	1442	蔬菜水果
10	1001	张三	20190302	9:00-14:00	1530	化妆品
11	1002	李四	20190302	14:00-21:00	1395	化妆品
12	1003	王五	20190302	9:00-14:00	936	食品
13	1004	赵六	20190302	14:00-21:00	906	食品
14	1005	周七	20190302	9:00-14:00	1444	日用品
15	1006	钱八	20190302	14:00-21:00	1141	日用品
16	1002	李四	20190302	9:00-14:00	1649	蔬菜水果

图 7-2　"超市营业额 2.xlsx"部分数据

7.2.1　读取 Excel 文件中的数据

扩展库 pandas 提供了用来读取 Excel 文件内容的 read_excel()函数,要求使用者此时已安装扩展库 xlrd 和 openpyxl,函数语法格式如下。

7.2.1&7.2.2

```
read_excel(io, sheet_name=0, header=0, skiprows=None, skip_footer=0, index_col
=None, names=None, parse_cols=None, parse_dates=False, date_parser=None, na_values
=None, thousands=None, convert_float=True, has_index_names=None, converters=None,
true_values=None, false_values=None, engine=None, squeeze=False, **kwds)
```

其中:

(1) 参数 io 用来指定要读取的 Excel 文件,可以是字符串形式的文件路径、url 或文件对象;

(2) 参数 sheet_name 用来指定要读取的 worksheet,可以是表示 worksheet 序号的整数或表示 worksheet 名字的字符串，如果要同时读取多个 worksheet，可以使用形如[0, 1, 'sheet3']的列表，如果指定该参数为 None，则表示读取所有 worksheet 并返回包含多个 DataFrame 结构的字典，该参数默认为 0（表示读取第一个 worksheet 中的数据）；

（3）参数 headers 用来指定 worksheet 中表示表头或列名的行索引，默认为 0，如果没有作为表头的行，必须显式指定 headers=None；

（4）参数 skiprows 用来指定要跳过的行索引组成的列表；

（5）参数 index_col 用来指定作为 DataFrame 索引的列下标，可以是包含若干列下标的列表；

（6）参数 names 用来指定读取数据后使用的列名；

（7）参数 thousands 用来指定文本转换为数字时的千分符，如果 Excel 中有以文本形式存储的数字，可以使用该参数；

（8）参数 usecols 用来指定要读取的列的索引或名字；

（9）参数 na_values 用来指定哪些值被解释为缺失值。

由于篇幅限制，本节内容尽量减少输出结果，完整的数据文件请参考配套资源。

```python
import pandas as pd

# 设置列对齐
pd.set_option('display.unicode.ambiguous_as_wide', True)
pd.set_option('display.unicode.east_asian_width', True)

# 读取工号、姓名、时段、交易额这 4 列数据，使用默认索引
df = pd.read_excel(r'C:\Python36\超市营业额 2.xlsx',
                   usecols=['工号','姓名','时段','交易额'])

# 输出前 10 行数据
print(df[:10], end='\n\n')

# 读取第一个 worksheet 中所有列
# 跳过第 1、3、5 行，指定下标为 1 的列中数据为 DataFrame 的行索引标签
df = pd.read_excel(r'C:\Python36\超市营业额 2.xlsx',
                   skiprows=[1,3,5], index_col=1)
print(df[:10])
```

运行结果为：

```
    工号  姓名          时段      交易额
0  1001  张三    9：00-14：00   1664.0
1  1002  李四   14：00-21：00    954.0
2  1003  王五    9：00-14：00   1407.0
3  1004  赵六   14：00-21：00   1320.0
4  1005  周七    9：00-14：00    994.0
5  1006  钱八   14：00-21：00   1421.0
6  1006  钱八    9：00-14：00   1226.0
7  1001  张三   14：00-21：00   1442.0
8  1001  张三    9：00-14：00   1530.0
9  1002  李四   14：00-21：00   1395.0

        工号        日期          时段     交易额      柜台
姓名
李四    1002  2019-03-01  14：00-21：00   954.0    化妆品
```

赵六	1004	2019-03-01	14：00-21：00	1320.0	食品
钱八	1006	2019-03-01	14：00-21：00	1421.0	日用品
钱八	1006	2019-03-01	9：00-14：00	1226.0	蔬菜水果
张三	1001	2019-03-01	14：00-21：00	1442.0	蔬菜水果
张三	1001	2019-03-02	9：00-14：00	1530.0	化妆品
李四	1002	2019-03-02	14：00-21：00	1395.0	化妆品
王五	1003	2019-03-02	9：00-14：00	936.0	食品
赵六	1004	2019-03-02	14：00-21：00	906.0	食品
周七	1005	2019-03-02	9：00-14：00	1444.0	日用品

7.2.2　筛选符合特定条件的数据

DataFrame 结构支持对行和列进行切片，也支持访问特定的行、列对应的数据，或者访问符合特定条件的数据。

除了使用下标和切片访问指定行与列的数据，用户还可以使用布尔数组作为下标访问符合特定条件的数据。另外，DataFrame 结构还提供了 loc、iloc、at、iat 等访问器来访问指定的数据。其中，iloc 和 iat 使用整数来指定行、列的下标，而 loc 和 at 使用标签来指定要访问的行和列。

```
import pandas as pd

# 设置列对齐
pd.set_option('display.unicode.ambiguous_as_wide', True)
pd.set_option('display.unicode.east_asian_width', True)

# 读取全部数据，使用默认索引
df = pd.read_excel(r'C:\Python36\超市营业额 2.xlsx')

print('下标在[5,10]区间的行'.ljust(20, '='))
# 对行进行切片，注意切片限定的是左闭右开区间
print(df[5:11])

# iloc 使用整数做索引
print('索引为 5 的行'.ljust(20,'='))
print(df.iloc[5])

print('下标为[3,5,10]的行'.ljust(20, '='))
print(df.iloc[[3,5,10],:])

print('行下标为[3,5,10]，列下标为[0,1,4]'.ljust(30, '='))
print(df.iloc[[3,5,10],[0,1,4]])

print('查看指定的列前 5 行数据'.ljust(20,'='))
print(df[['姓名', '时段', '交易额']][:5])

print('只查看前 10 行指定的列'.ljust(20, '='))
print(df[:10][['姓名', '日期', '柜台']])

print('下标为[3,5,10]的行的指定列'.ljust(20, '='))
# loc 和 at 使用标签文本做索引
print(df.loc[[3,5,10], ['姓名','交易额']])
```

```
print('行下标为 3,姓名列的值'.ljust(20,'='))
print(df.at[3, '姓名'])

print('交易额高于 1700 元的数据'.ljust(20, '='))
print(df[df['交易额']>1700])

print('交易总额'.ljust(20, '='))
print(df['交易额'].sum())

print('下午班的交易总额'.ljust(20, '='))
print(df[df['时段']=='14: 00-21: 00']['交易额'].sum())

print('张三下午班的交易情况'.ljust(20,'='))
print(df[(df.姓名=='张三')&(df.时段=='14: 00-21: 00')][:10])

print('日用品柜台销售总额'.ljust(20, '='))
print(df[df['柜台']=='日用品']['交易额'].sum())

print('张三和李四 2 人销售总额'.ljust(20, '='))
print(df[df['姓名'].isin(['张三','李四'])]['交易额'].sum())

print('交易额在指定范围内的记录'.ljust(20, '='))
print(df[df['交易额'].between(800,850)])
```

运行结果为：

```
下标在[5,10]区间的行======
     工号   姓名        日期             时段      交易额       柜台
5    1006  钱八  2019-03-01  14: 00-21: 00  1421.0     日用品
6    1006  钱八  2019-03-01   9: 00-14: 00  1226.0   蔬菜水果
7    1001  张三  2019-03-01  14: 00-21: 00  1442.0   蔬菜水果
8    1001  张三  2019-03-02   9: 00-14: 00  1530.0     化妆品
9    1002  李四  2019-03-02  14: 00-21: 00  1395.0     化妆品
10   1003  王五  2019-03-02   9: 00-14: 00   936.0      食品
索引为 5 的行===============
工号                  1006
姓名                  钱八
日期            2019-03-01
时段        14: 00-21: 00
交易额                1421
柜台                日用品
Name: 5, dtype: object
下标为[3,5,10]的行======
     工号   姓名        日期             时段      交易额       柜台
3    1004  赵六  2019-03-01  14: 00-21: 00  1320.0      食品
5    1006  钱八  2019-03-01  14: 00-21: 00  1421.0     日用品
10   1003  王五  2019-03-02   9: 00-14: 00   936.0      食品
行下标为[3,5,10]，列下标为[0,1,4]======
     工号   姓名     交易额
3    1004  赵六  1320.0
5    1006  钱八  1421.0
10   1003  王五   936.0
查看指定的列前 5 行数据=========
```

```
       姓名              时段       交易额
0  张三    9：00-14：00   1664.0
1  李四   14：00-21：00    954.0
2  王五    9：00-14：00   1407.0
3  赵六   14：00-21：00   1320.0
4  周七    9：00-14：00    994.0
只查看前 10 行指定的列==========
       姓名         日期          柜台
0  张三   2019-03-01     化妆品
1  李四   2019-03-01     化妆品
2  王五   2019-03-01      食品
3  赵六   2019-03-01      食品
4  周七   2019-03-01     日用品
5  钱八   2019-03-01     日用品
6  钱八   2019-03-01   蔬菜水果
7  张三   2019-03-01   蔬菜水果
8  张三   2019-03-02     化妆品
9  李四   2019-03-02     化妆品
下标为 [3,5,10] 的行的指定列===
        姓名      交易额
3   赵六    1320.0
5   钱八    1421.0
10  王五     936.0
行下标为 3,姓名列的值==========
赵六
交易额高于 1700 元的数据=======
         工号   姓名         日期            时段       交易额       柜台
18   1003  王五   2019-03-03    9：00-14：00    1713.0      食品
47   1005  周七   2019-03-06   14：00-21：00    1778.0   蔬菜水果
48   1003  王五   2019-03-07    9：00-14：00    1713.0     化妆品
82   1006  钱八   2019-03-11    9：00-14：00    1737.0      食品
105  1001  张三   2019-03-14    9：00-14：00   12100.0     日用品
113  1002  李四   2019-03-15    9：00-14：00    1798.0     日用品
121  1002  李四   2019-03-16    9：00-14：00    1788.0     日用品
136  1001  张三   2019-03-17   14：00-21：00    1791.0      食品
185  1004  赵六   2019-03-24    9：00-14：00    1775.0     化妆品
188  1002  李四   2019-03-24   14：00-21：00    1793.0   蔬菜水果
205  1001  张三   2019-03-26    9：00-14：00    1746.0     日用品
223  1003  王五   2019-03-28    9：00-14：00    9031.0      食品
227  1005  周七   2019-03-29    9：00-14：00    1737.0   蔬菜水果
246  1004  赵六   2019-03-31   14：00-21：00    1722.0     日用品
交易总额==================
327257.0
下午班的交易总额===========
151228.0
张三下午班的交易情况==========
         工号   姓名         日期            时段       交易额       柜台
7    1001  张三   2019-03-01   14：00-21：00    1442.0   蔬菜水果
39   1001  张三   2019-03-05   14：00-21：00     856.0   蔬菜水果
73   1001  张三   2019-03-10   14：00-21：00    1040.0     化妆品
91   1001  张三   2019-03-12   14：00-21：00    1435.0      食品
99   1001  张三   2019-03-13   14：00-21：00    1333.0      食品
112  1001  张三   2019-03-14   14：00-21：00    1261.0   蔬菜水果
```

```
120   1001   张三   2019-03-15   14: 00-21: 00   1035.0   蔬菜水果
128   1001   张三   2019-03-16   14: 00-21: 00   1408.0   蔬菜水果
136   1001   张三   2019-03-17   14: 00-21: 00   1791.0       食品
144   1001   张三   2019-03-18   14: 00-21: 00   1378.0       食品
日用品柜台销售总额==========
88162.0
张三和李四 2 人销售总额=========
116860.0
交易额在指定范围内的记录========
        工号   姓名       日期                 时段      交易额       柜台
41    1002   李四   2019-03-06   14: 00-21: 00    822.0     化妆品
55    1002   李四   2019-03-07   14: 00-21: 00    831.0   蔬菜水果
59    1004   赵六   2019-03-08   14: 00-21: 00    825.0       食品
86    1003   王五   2019-03-11    9: 00-14: 00    801.0   蔬菜水果
94    1003   王五   2019-03-12    9: 00-14: 00    831.0   蔬菜水果
106   1002   李四   2019-03-14   14: 00-21: 00    822.0     日用品
129   1002   李四   2019-03-17    9: 00-14: 00    828.0     日用品
132   1006   钱八   2019-03-17   14: 00-21: 00    840.0   蔬菜水果
137   1002   李四   2019-03-18    9: 00-14: 00    824.0     化妆品
147   1003   王五   2019-03-19    9: 00-14: 00    846.0   蔬菜水果
152   1001   张三   2019-03-19   14: 00-21: 00    844.0       食品
160   1001   张三   2019-03-20   14: 00-21: 00    829.0       食品
163   1006   钱八   2019-03-21    9: 00-14: 00    807.0   蔬菜水果
233   1001   张三   2019-03-30   14: 00-21: 00    850.0     化妆品
248   1006   钱八   2019-03-31   14: 00-21: 00    812.0       食品
```

7.2.3   查看数据特征和统计信息

7.2.3&7.2.4

在分析数据时，有时需要查看数据的数量、平均值、标准差、最大值、最小值、四分位数等特征，DataFrame 结构对于这些操作都提供了良好的支持。

```python
import pandas as pd

# 读取全部数据，使用默认索引
df = pd.read_excel(r'C:\Python36\超市营业额 2.xlsx')

print('查看交易额统计信息'.ljust(20, '='))
print(df['交易额'].describe())

print('交易额四分位数'.ljust(20, '='))
print(df['交易额'].quantile([0, 0.25, 0.5, 0.75, 1.0]))

print('交易额中值'.ljust(20, '='))
print(df['交易额'].median())

print('交易额最小的 3 条记录'.ljust(20, '='))
print(df.nsmallest(3, '交易额'))

print('交易额最大的 5 条记录'.ljust(20, '='))
print(df.nlargest(5, '交易额'))

print('最后一个日期'.ljust(20, '='))
print(df['日期'].max())
```

```
print('最小的工号'.ljust(20, '='))
print(df['工号'].min())

print('第一个最小交易额的行下标'.ljust(20,'='))
index = df['交易额'].idxmin()
print(index)
print('第一个最小交易额'.ljust(20,'='))
print(df.loc[index,'交易额'])

print('第一个最大交易额的行下标'.ljust(20,'='))
index = df['交易额'].idxmax()
print(index)
print('第一个最大交易额'.ljust(20,'='))
print(df.loc[index,'交易额'])
```

运行结果为：

```
查看交易额统计信息============
count        246.000000
mean        1330.313008
std          904.300720
min           53.000000
25%         1031.250000
50%         1259.000000
75%         1523.000000
max        12100.000000
Name: 交易额, dtype: float64
交易额四分位数===============
0.00          53.00
0.25        1031.25
0.50        1259.00
0.75        1523.00
1.00       12100.00
Name: 交易额, dtype: float64
交易额中值================
1259.0
交易额最小的 3 条记录==========
      工号  姓名         日期          时段       交易额     柜台
76   1005  周七  2019-03-10    9: 00-14: 00     53.0   日用品
97   1002  李四  2019-03-13   14: 00-21: 00     98.0   日用品
194  1001  张三  2019-03-25   14: 00-21: 00    114.0   化妆品
交易额最大的 5 条记录==========
      工号  姓名         日期          时段       交易额      柜台
105  1001  张三  2019-03-14    9: 00-14: 00  12100.0   日用品
223  1003  王五  2019-03-28    9: 00-14: 00   9031.0    食品
113  1002  李四  2019-03-15    9: 00-14: 00   1798.0   日用品
188  1002  李四  2019-03-24   14: 00-21: 00   1793.0   蔬菜水果
136  1001  张三  2019-03-17   14: 00-21: 00   1791.0    食品
最后一个日期===============
2019-03-31
最小的工号===============
1001
第一个最小交易额的行下标========
```

```
76
第一个最小交易额============
53.0
第一个最大交易额的行下标========
105
第一个最大交易额===========
12100.0
```

7.2.4　按不同标准对数据排序

DataFrame 结构支持 sort_index()方法沿某个方向按标签进行排序并返回一个新的 DataFrame 对象，其语法格式如下。

```
sort_index(axis=0, level=None, ascending=True, inplace=False, kind='quicksort',
na_position='last', sort_remaining=True)
```

其中：

（1）参数 axis=0 时表示根据行索引标签进行排序，axis=1 时表示根据列名进行排序；

（2）参数 ascending=True 表示升序排序，ascending=False 表示降序排序；

（3）参数 inplace=True 时表示原地排序，inplace=False 表示返回一个新的 DataFrame。

另外，DataFrame 结构还支持 sort_values()方法根据值进行排序，其语法格式如下。

```
sort_values(by, axis=0, ascending=True, inplace=False, kind='quicksort', na_
position='last')
```

其中：

（1）参数 by 用来指定依据哪个或哪些列名进行排序，如果只有一列则直接写出列名，多列的话需要放到列表中；

（2）参数 ascending=True 表示升序排序，ascending=False 表示降序排序，如果 ascending 设置为包含若干 True/False 的列表（必须与 by 指定的列表长度相等），可以为不同的列指定不同的顺序；

（3）参数 na_position 用来指定把缺失值放在最前面（na_position='first'）还是最后面（na_position='last'）。

```
import pandas as pd

# 设置列对齐
pd.set_option('display.unicode.ambiguous_as_wide', True)
pd.set_option('display.unicode.east_asian_width', True)

# 读取全部数据，使用默认索引
df = pd.read_excel(r'C:\Python36\超市营业额2.xlsx')

print('按交易额和工号降序排序'.ljust(20, '='))
print(df.sort_values(by=['交易额','工号'], ascending=False)[:12])

print('按交易额降序、工号升序排序'.ljust(20, '='))
print(df.sort_values(by=['交易额','工号'],
                     ascending=[False,True])[:12])
```

```
print('按工号升序排序'.ljust(20, '='))
print(df.sort_values(by='工号', na_position='last')[:10])

print('按列名升序排序'.ljust(20, '='))
# 注意，这里是按汉字的 Unicode 编码排序
print(df.sort_index(axis=1, ascending=True)[:10])
```

运行结果为：

按交易额和工号降序排序=========
	工号	姓名	日期	时段	交易额	柜台
105	1001	张三	2019-03-14	9: 00-14: 00	12100.0	日用品
223	1003	王五	2019-03-28	9: 00-14: 00	9031.0	食品
113	1002	李四	2019-03-15	9: 00-14: 00	1798.0	日用品
188	1002	李四	2019-03-24	14: 00-21: 00	1793.0	蔬菜水果
136	1001	张三	2019-03-17	14: 00-21: 00	1791.0	食品
121	1002	李四	2019-03-16	9: 00-14: 00	1788.0	日用品
47	1005	周七	2019-03-06	14: 00-21: 00	1778.0	蔬菜水果
185	1004	赵六	2019-03-24	9: 00-14: 00	1775.0	化妆品
205	1001	张三	2019-03-26	9: 00-14: 00	1746.0	日用品
82	1006	钱八	2019-03-11	9: 00-14: 00	1737.0	食品
227	1005	周七	2019-03-29	9: 00-14: 00	1737.0	蔬菜水果
246	1004	赵六	2019-03-31	14: 00-21: 00	1722.0	日用品

按交易额降序、工号升序排序=======
	工号	姓名	日期	时段	交易额	柜台
105	1001	张三	2019-03-14	9: 00-14: 00	12100.0	日用品
223	1003	王五	2019-03-28	9: 00-14: 00	9031.0	食品
113	1002	李四	2019-03-15	9: 00-14: 00	1798.0	日用品
188	1002	李四	2019-03-24	14: 00-21: 00	1793.0	蔬菜水果
136	1001	张三	2019-03-17	14: 00-21: 00	1791.0	食品
121	1002	李四	2019-03-16	9: 00-14: 00	1788.0	日用品
47	1005	周七	2019-03-06	14: 00-21: 00	1778.0	蔬菜水果
185	1004	赵六	2019-03-24	9: 00-14: 00	1775.0	化妆品
205	1001	张三	2019-03-26	9: 00-14: 00	1746.0	日用品
227	1005	周七	2019-03-29	9: 00-14: 00	1737.0	蔬菜水果
82	1006	钱八	2019-03-11	9: 00-14: 00	1737.0	食品
246	1004	赵六	2019-03-31	14: 00-21: 00	1722.0	日用品

按工号升序排序=============
	工号	姓名	日期	时段	交易额	柜台
0	1001	张三	2019-03-01	9: 00-14: 00	1664.0	化妆品
178	1001	张三	2019-03-23	14: 00-21: 00	1271.0	化妆品
39	1001	张三	2019-03-05	14: 00-21: 00	856.0	蔬菜水果
40	1001	张三	2019-03-06	9: 00-14: 00	1037.0	化妆品
177	1001	张三	2019-03-23	9: 00-14: 00	1296.0	化妆品
169	1001	张三	2019-03-22	9: 00-14: 00	946.0	化妆品
160	1001	张三	2019-03-20	14: 00-21: 00	829.0	食品
54	1001	张三	2019-03-07	9: 00-14: 00	1263.0	蔬菜水果
157	1001	张三	2019-03-20	9: 00-14: 00	1037.0	日用品
225	1001	张三	2019-03-29	14: 00-21: 00	1523.0	化妆品

按列名升序排序=============
	交易额	姓名	工号	日期	时段	柜台
0	1664.0	张三	1001	2019-03-01	9: 00-14: 00	化妆品
1	954.0	李四	1002	2019-03-01	14: 00-21: 00	化妆品
2	1407.0	王五	1003	2019-03-01	9: 00-14: 00	食品

```
3    1320.0   赵六   1004   2019-03-01   14：00-21：00           食品
4     994.0   周七   1005   2019-03-01    9：00-14：00          日用品
5    1421.0   钱八   1006   2019-03-01   14：00-21：00          日用品
6    1226.0   钱八   1006   2019-03-01    9：00-14：00        蔬菜水果
7    1442.0   张三   1001   2019-03-01   14：00-21：00        蔬菜水果
8    1530.0   张三   1001   2019-03-02    9：00-14：00          化妆品
9    1395.0   李四   1002   2019-03-02   14：00-21：00          化妆品
```

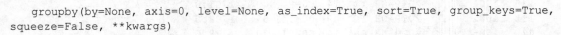

7.2.5

7.2.5 使用分组与聚合对员工业绩进行汇总

DataFrame 结构支持使用 groupby()方法根据指定的一列或多列的值进行分组，得到一个 GroupBy 对象。该 GroupBy 对象支持大量方法对列数据进行求和、求均值和其他操作，并自动忽略非数值列，是数据分析时经常使用的。其语法格式如下。

```
groupby(by=None, axis=0, level=None, as_index=True, sort=True, group_keys=True,
squeeze=False, **kwargs)
```

其中：

（1）参数 by 用来指定作用于 index 的函数、字典、Series 对象，或者指定列名作为分组依据；

（2）as_index=False 时用来分组的列中的数据不作为结果 DataFrame 对象的 index；

（3）squeeze=True 时会在可能的情况下降低结果对象的维度。

另外，DataFrame 结构还支持使用 agg()方法对指定列进行聚合，并且允许不同列使用不同的聚合函数。

```
import pandas as pd
import numpy as np

# 设置列对齐
pd.set_option('display.unicode.ambiguous_as_wide', True)
pd.set_option('display.unicode.east_asian_width', True)

# 读取全部数据，使用默认索引
df = pd.read_excel(r'C:\Python36\超市营业额 2.xlsx')

print('根据 lambda 表达式对 index 处理后的结果分组'.ljust(30,'='))
print(df.groupby(by=lambda num: num%5)['交易额'].sum())

# 根据指定字典的"键"对 index 进行分组，"值"作为 index 标签
print('指定 by 参数为字典'.ljust(30,'='))
print(df.groupby(by={7:'下标为 7 的行',
                   35:'下标为 35 的行'})['交易额'].sum())

print('不同时段的销售总额'.ljust(30,'='))
print(df.groupby(by='时段')['交易额'].sum())

print('各柜台的销售总额'.ljust(30,'='))
print(df.groupby(by='柜台')['交易额'].sum())

# 可以查看每个员工上班总时长是否均匀
print('每个员工上班的次数'.ljust(30,'='))
```

```
dff = df.groupby(by='姓名')['日期'].count()
dff.name = '上班次数'
print(dff)

print('每个员工交易额平均值'.ljust(30,'='))
print(df.groupby(by='姓名')['交易额'].mean().round(2).sort_values())

print('汇总交易额转换为整数'.ljust(30,'='))
print(df.groupby(by='姓名').sum()['交易额'].apply(int))

print('每个员工交易额的中值'.ljust(30,'='))
dff = df.groupby(by='姓名').median()
print(dff['交易额'])

dff['排名'] = dff['交易额'].rank(ascending=False)
print('每个员工交易额中值的排名'.ljust(30,'='))
print(dff[['交易额','排名']])

print('每个员工不同时段的交易额'.ljust(30,'='))
print(df.groupby(by=['姓名','时段'])['交易额'].sum())

# 对不同的列可以采用不同的函数
print('时段和交易额采用不同的聚合方式'.ljust(30,'='))
print(df.groupby(by=['姓名'])['时段',
                          '交易额'].aggregate({'交易额':np.sum,
                             '时段':lambda x:'各时段累计'}))

# 使用 DataFrame 结构的 agg()方法对指定列进行聚合
print('使用 agg()方法对交易额进行聚合'.ljust(30,'='))
print(df.agg({'交易额':['sum','mean','min','max','median'],
             '日期':['min','max']}))

print('对分组结果进行聚合'.ljust(30,'='))
print(df.groupby(by='姓名').agg(['max','min','mean','median']))

print('查看分组聚合后的部分结果'.ljust(30,'='))
print(df.groupby(by='姓名').agg(['max','min',
                       'mean','median'])['交易额'])
```

运行结果为：

```
根据 lambda 表达式对 index 处理后的结果分组=====
0    72823.0
1    64877.0
2    62382.0
3    71094.0
4    56081.0
Name: 交易额, dtype: float64
指定 by 参数为字典======================
下标为 35 的行      974.0
下标为 7 的行       1442.0
Name: 交易额, dtype: float64
不同时段的销售总额====================
时段
```

```
14: 00-21: 00     151228.0
9: 00-14: 00      176029.0
Name: 交易额, dtype: float64
各柜台的销售总额=====================
柜台
化妆品        75389.0
日用品        88162.0
蔬菜水果      78532.0
食品          85174.0
Name: 交易额, dtype: float64
每个员工上班的次数=====================
姓名
周七     42
张三     38
李四     47
王五     40
赵六     45
钱八     37
Name: 上班次数, dtype: int64
每个员工交易额平均值====================
姓名
周七     1195.45
赵六     1245.98
李四     1249.57
钱八     1322.72
王五     1472.30
张三     1529.74
Name: 交易额, dtype: float64
汇总交易额转换为整数====================
姓名
周七     47818
张三     58130
李四     58730
王五     58892
赵六     56069
钱八     47618
Name: 交易额, dtype: int64
每个员工交易额的中值====================
姓名
周七     1134.5
张三     1290.0
李四     1276.0
王五     1227.0
赵六     1224.0
钱八     1381.0
Name: 交易额, dtype: float64
每个员工交易额中值的排名===================
        交易额     排名
姓名
周七     1134.5    6.0
张三     1290.0    2.0
李四     1276.0    3.0
王五     1227.0    4.0
```

```
赵六   1224.0    5.0
钱八   1381.0    1.0
```
每个员工不同时段的交易额====================
```
姓名             时段
周七   14: 00-21: 00     15910.0
       9: 00-14: 00     31908.0
张三   14: 00-21: 00     23659.0
       9: 00-14: 00     34471.0
李四   14: 00-21: 00     32295.0
       9: 00-14: 00     26435.0
王五   14: 00-21: 00     17089.0
       9: 00-14: 00     41803.0
赵六   14: 00-21: 00     29121.0
       9: 00-14: 00     26948.0
钱八   14: 00-21: 00     33154.0
       9: 00-14: 00     14464.0
Name: 交易额, dtype: float64
```
时段和交易额采用不同的聚合方式================
```
          交易额        时段
姓名
周七   47818.0    各时段累计
张三   58130.0    各时段累计
李四   58730.0    各时段累计
王五   58892.0    各时段累计
赵六   56069.0    各时段累计
钱八   47618.0    各时段累计
```
使用agg()方法对交易额进行聚合==============
```
            交易额           日期
max     12100.000000   2019-03-31
mean     1330.313008          NaN
median   1259.000000          NaN
min        53.000000   2019-03-01
sum    327257.000000          NaN
```
对分组结果进行聚合========================

	工号				交易额			
	max	min	mean	median	max	min	mean	median
姓名								
周七	1005	1005	1005	1005	1778.0	53.0	1195.450000	1134.5
张三	1001	1001	1001	1001	12100.0	114.0	1529.736842	1290.0
李四	1002	1002	1002	1002	1798.0	98.0	1249.574468	1276.0
王五	1003	1003	1003	1003	9031.0	801.0	1472.300000	1227.0
赵六	1004	1004	1004	1004	1775.0	825.0	1245.977778	1224.0
钱八	1006	1006	1006	1006	1737.0	807.0	1322.722222	1381.0

查看分组聚合后的部分结果==================

	max	min	mean	median
姓名				
周七	1778.0	53.0	1195.450000	1134.5
张三	12100.0	114.0	1529.736842	1290.0
李四	1798.0	98.0	1249.574468	1276.0
王五	9031.0	801.0	1472.300000	1227.0
赵六	1775.0	825.0	1245.977778	1224.0
钱八	1737.0	807.0	1322.722222	1381.0

7.2.6 处理超市交易数据中的异常值

7.2.6&7.2.7&
7.2.8&7.2.9

在对数据进行实质性分析之前，首先需要清理数据中的噪声，例如异常值、缺失值、重复值和不一致的数据。

异常值是指严重超出正常范围的数值，这样的数据一般是数据采集错误或类似原因造成的。在数据分析时，需要把这些数据删除或替换为特定的值（例如人为设定的正常范围边界值），减小对最终数据分析结果的影响。异常值处理的关键是根据实际情况准确定义正常范围边界值，超出正常范围的数值认为是异常值。

使用 7.2.2 节介绍的技术可以查看数据中的异常值或者只查看正常范围内的数据，也可以通过 loc、iloc、at、iat 之类的访问器定位特定的数据然后进行修改。

```
import pandas as pd

# 设置列对齐
pd.set_option('display.unicode.ambiguous_as_wide', True)
pd.set_option('display.unicode.east_asian_width', True)

# 读取全部数据，使用默认索引
df = pd.read_excel(r'C:\Python36\超市营业额2.xlsx')

print('查看交易额低于200的数据'.ljust(20,'='))
print(df[df.交易额<200])

df.loc[df.交易额<200, '交易额'] = df[df.交易额<200]['交易额'].map(lambda num: num*1.5)
print('上浮50%之后仍低于200的数据'.ljust(20,'='))
print(df[df.交易额<200])

print('查看交易额高于3000的数据'.ljust(20,'='))
print(df[df['交易额']>3000])

print('交易额低于200或高于3000的数据'.ljust(20,'='))
print(df[(df.交易额<200) | (df.交易额>3000)])

# 把低于200的交易额都替换为固定的200
df.loc[df.交易额<200, '交易额'] = 200
print('交易额低于200或高于3000的数据'.ljust(20,'='))
print(df[(df.交易额<200) | (df.交易额>3000)])

# 把高于3000的交易额都替换为固定的3000
df.loc[df.交易额>3000, '交易额'] = 3000
print('交易额低于200或高于3000的数量'.ljust(20,'='))
print(df[(df.交易额<200) | (df.交易额>3000)]['交易额'].count())
```

运行结果为：

```
查看交易额低于200的数据=======
        工号   姓名          日期            时段     交易额    柜台
76    1005   周七   2019-03-10    9：00-14：00    53.0   日用品
97    1002   李四   2019-03-13   14：00-21：00    98.0   日用品
194   1001   张三   2019-03-25   14：00-21：00   114.0   化妆品
上浮50%之后仍低于200的数据====
```

	工号	姓名	日期	时段	交易额	柜台
76	1005	周七	2019-03-10	9：00-14：00	79.5	日用品
97	1002	李四	2019-03-13	14：00-21：00	147.0	日用品
194	1001	张三	2019-03-25	14：00-21：00	171.0	化妆品

查看交易额高于 3000 的数据======

	工号	姓名	日期	时段	交易额	柜台
105	1001	张三	2019-03-14	9：00-14：00	12100.0	日用品
223	1003	王五	2019-03-28	9：00-14：00	9031.0	食品

交易额低于 200 或高于 3000 的数据==

	工号	姓名	日期	时段	交易额	柜台
76	1005	周七	2019-03-10	9：00-14：00	79.5	日用品
97	1002	李四	2019-03-13	14：00-21：00	147.0	日用品
105	1001	张三	2019-03-14	9：00-14：00	12100.0	日用品
194	1001	张三	2019-03-25	14：00-21：00	171.0	化妆品
223	1003	王五	2019-03-28	9：00-14：00	9031.0	食品

交易额低于 200 或高于 3000 的数据==

	工号	姓名	日期	时段	交易额	柜台
105	1001	张三	2019-03-14	9：00-14：00	12100.0	日用品
223	1003	王五	2019-03-28	9：00-14：00	9031.0	食品

交易额低于 200 或高于 3000 的数量==
0

7.2.7　处理超市交易数据中的缺失值

由于人为失误或机器故障的缘故，可能会导致某些数据丢失。在数据分析时应注意检查有没有缺失的数据，如果有则将其删除或替换为特定的值，以减小对最终数据分析结果的影响。

DataFrame 结构支持使用 dropna()方法丢弃带有缺失值的数据行，或者使用 fillna()方法对缺失值进行批量替换，也可以使用 loc()、iloc()方法直接对符合条件的数据进行替换。DataFrame 结构的 loc()、iloc()用法见本书 7.2.2 节，这里不再赘述。dropna()方法的语法格式如下。

```
dropna(axis=0, how='any', thresh=None, subset=None, inplace=False)
```

其中：

（1）参数 how='any'时表示只要某行包含缺失值就 "丢弃"，how='all'时表示某行全部为缺失值才 "丢弃"；

（2）参数 thresh 用来指定保留包含几个非缺失值数据的行；

（3）参数 subset 用来指定在判断缺失值时只考虑哪些列。

用于填充缺失值的 fillna()方法的语法格式如下。

```
fillna(value=None, method=None, axis=None, inplace=False, limit=None, downcast=None, **kwargs)
```

其中：

（1）参数 value 用来指定要替换的值，该值可以是标量、字典、Series 或 DataFrame；

（2）参数 method 用来指定填充缺失值的方式，值为'pad'或'ffill'时表示使用扫描过程中遇到的最后一个有效值一直填充到下一个有效值，值为'backfill'或'bfill'时表示使用缺失值之后遇到的第一个有效值填充前面遇到的所有连续缺失值；

（3）参数 limit 用来指定设置了参数 method 时最多填充多少个连续的缺失值；

（4）参数 inplace=True 时表示原地替换，inplace=False 时返回一个新的 DataFrame 对象而不对原来的 DataFrame 做任何修改。

```python
from copy import deepcopy
import pandas as pd

# 设置列对齐
pd.set_option('display.unicode.ambiguous_as_wide', True)
pd.set_option('display.unicode.east_asian_width', True)

# 读取全部数据，使用默认索引
df = pd.read_excel(r'C:\Python36\超市营业额2.xlsx')

print('数据总行数'.ljust(20,'='))
print(len(df))

print('丢弃缺失值之后的行数'.ljust(20,'='))
print(len(df.dropna()))

print('包含缺失值的行'.ljust(20,'='))
print(df[df['交易额'].isnull()])

print('使用固定值替换缺失值'.ljust(20,'='))
# 深复制，不影响原来的df
dff = deepcopy(df)
dff.loc[dff.交易额.isnull(),'交易额'] = 1000
print(dff.iloc[[110,124,168],:])

print('使用每人交易额均值替换缺失值'.ljust(20,'='))
dff = deepcopy(df)
for i in dff[dff.交易额.isnull()].index:
    dff.loc[i, '交易额'] = round(dff.loc[dff.姓名==dff.loc[i,'姓名'],
                                        '交易额'].mean())
print(dff.iloc[[110,124,168],:])

print('使用整体均值的80%填充缺失值'.ljust(20,'='))
df.fillna({'交易额': round(df['交易额'].mean()*0.8)}, inplace=True)
print(df.iloc[[110,124,168],:])
```

运行结果为：

```
数据总行数===============
249
丢弃缺失值之后的行数==========
246
包含缺失值的行=============
        工号  姓名        日期              时段        交易额    柜台
110   1005  周七  2019-03-14  14: 00-21: 00    NaN  化妆品
124   1006  钱八  2019-03-16  14: 00-21: 00    NaN    食品
168   1005  周七  2019-03-21  14: 00-21: 00    NaN    食品
使用固定值替换缺失值==========
        工号  姓名        日期              时段        交易额    柜台
110   1005  周七  2019-03-14  14: 00-21: 00  1000.0  化妆品
124   1006  钱八  2019-03-16  14: 00-21: 00  1000.0    食品
```

```
168   1005   周七   2019-03-21   14: 00-21: 00   1000.0      食品
```

使用每人交易额均值替换缺失值======

```
        工号   姓名           日期               时段       交易额      柜台
110   1005   周七   2019-03-14   14: 00-21: 00   1195.0   化妆品
124   1006   钱八   2019-03-16   14: 00-21: 00   1323.0      食品
168   1005   周七   2019-03-21   14: 00-21: 00   1195.0      食品
```

使用整体均值的 80%填充缺失值=====

```
        工号   姓名           日期                 时段       交易额      柜台
110   1005   周七   2019-03-14   14: 00-21: 00   1064.0   化妆品
124   1006   钱八   2019-03-16   14: 00-21: 00   1064.0      食品
168   1005   周七   2019-03-21   14: 00-21: 00   1064.0      食品
```

7.2.8　处理超市交易数据中的重复值

当记录失误，可能会导致存在重复数据的时候，一般采取的处理方法是直接丢弃重复数据。DataFrame 结构的 duplicated()方法可以用来检测哪些行是重复的，其语法格式如下。

```
duplicated(subset=None, keep='first')
```

其中：

（1）参数 subset 用来指定判断不同行的数据是否重复时所依据的一列或多列，默认使用整行所有列的数据进行比较；

（2）参数 keep='first'时表示重复数据的第一次出现标记为 False，keep='last'时表示重复数据的最后一次出现标记为 False，keep=False 时表示标记所有重复数据为 True。

另外，DataFrame 结构的 drop_duplicates()方法用来删除重复的数据，其语法格式如下。

```
drop_duplicates(subset=None, keep='first', inplace=False)
```

其中：

（1）参数 subset 和 keep 的含义与 duplicated()方法类似；

（2）参数 inplace=True 时表示原地修改，此时 duplicated()方法没有返回值，inplace=False 时表示返回新的 DataFrame 结构而不对原来的 DataFrame 结构做任何修改。

```
from copy import deepcopy
import pandas as pd
import numpy as np

# 设置列对齐
pd.set_option('display.unicode.ambiguous_as_wide', True)
pd.set_option('display.unicode.east_asian_width', True)

# 读取全部数据，使用默认索引
df = pd.read_excel(r'C:\Python36\超市营业额 2.xlsx')

print('数据总行数'.ljust(20,'='))
print(len(df))

print('重复行'.ljust(20,'='))
print(df[df.duplicated()])

print('一人同时负责多个柜台的排班'.ljust(20,'='))
```

```
dff = df[['工号','姓名','日期','时段']]
dff = dff[dff.duplicated()]
for row in dff.values:
    print(df[(df.工号==row[0])&(df.日期==row[2])&(df.时段==row[3])])

# 直接丢弃重复行
df = df.drop_duplicates()
print('有效数据总行数'.ljust(20,'='))
print(len(df))

# 可以查看是否有录入错误的工号和姓名
print('所有工号与姓名的对应关系'.ljust(20,'='))
dff = df[['工号','姓名']]
print(dff.drop_duplicates())
```

运行结果为：

```
数据总行数===============
249
重复行==================
       工号   姓名        日期              时段       交易额       柜台
104  1006  钱八  2019-03-13  14:00-21:00    1609.0   蔬菜水果
一人同时负责多个柜台的排班=======
       工号   姓名        日期              时段       交易额       柜台
49   1002  李四  2019-03-07  14:00-21:00    1199.0   化妆品
55   1002  李四  2019-03-07  14:00-21:00     831.0   蔬菜水果
       工号   姓名        日期              时段       交易额       柜台
103  1006  钱八  2019-03-13  14:00-21:00    1609.0   蔬菜水果
104  1006  钱八  2019-03-13  14:00-21:00    1609.0   蔬菜水果
       工号   姓名        日期              时段       交易额       柜台
171  1006  钱八  2019-03-22   9:00-14:00    1555.0   蔬菜水果
175  1006  钱八  2019-03-22   9:00-14:00    1503.0   食品
       工号   姓名        日期              时段       交易额       柜台
201  1004  赵六  2019-03-26   9:00-14:00    1599.0   化妆品
210  1004  赵六  2019-03-26   9:00-14:00    1257.0   化妆品
有效数据总行数==============
248
所有工号与姓名的对应关系========
     工号   姓名
0  1001  张三
1  1002  李四
2  1003  王五
3  1004  赵六
4  1005  周七
5  1006  钱八
```

7.2.9　使用数据差分查看员工业绩波动情况

使用数据差分既可以纵向比较每位员工业绩的波动情况，也可以横向比较不同员工业绩之间的差距。DataFrame 结构的 diff()方法支持进行数据差分，返回新的 DataFrame 结构，其语法格式如下。

```
diff(periods=1, axis=0)
```

其中：

（1）参数 periods 用来指定差分的跨度，当 periods=1 且 axis=0 时表示每一行数据减去紧邻的上一行数据，当 periods=2 且 axis=0 时表示每一行数据减去此行上面第二行的数据；

（2）参数 axis=0 时表示按行进行纵向差分，axis=1 时表示按列进行横向差分。

```python
import pandas as pd

# 设置列对齐
pd.set_option('display.unicode.ambiguous_as_wide', True)
pd.set_option('display.unicode.east_asian_width', True)

# 读取全部数据，使用默认索引
df = pd.read_excel(r'C:\Python36\超市营业额2.xlsx')

print('每天交易总额变化情况'.ljust(20,'='))
dff = df.groupby(by='日期').sum()['交易额'].diff()
# 格式化，正数前面带加号
print(dff.map(lambda num:'%+.2f'%num)[:5])

print('张三的每天交易总额变化情况'.ljust(20,'='))
print(df[df.姓名=='张三'].groupby(by='日期').sum()['交易额'].diff()[:5])
```

运行结果为：

```
每天交易总额变化情况==========
日期
2019-03-01        +nan
2019-03-02     -248.00
2019-03-03     +924.00
2019-03-04      +56.00
2019-03-05     -277.00
Name: 交易额, dtype: object
张三的每天交易总额变化情况=======
日期
2019-03-01         NaN
2019-03-02     -1576.0
2019-03-03      -169.0
2019-03-04      -145.0
2019-03-05      1031.0
Name: 交易额, dtype: float64
```

7.2.10　使用透视表与交叉表查看业绩汇总数据

1. 透视表

透视表通过聚合一个或多个键，把数据分散到对应的行和列上，是数据分析常用的技术之一。DataFrame 结构提供了 pivot()方法和 pivot_table()方法来实现透视表所需的功能，返回新的 DataFrame，pivot()方法的语法格式如下。

```python
pivot(index=None, columns=None, values=None)
```

其中：

（1）参数 index 用来指定使用哪一列数据作为结果 DataFrame 的索引；

（2）参数 columns 用来指定哪一列数据作为结果 DataFrame 的列名；

（3）参数 values 用来指定哪一列数据作为结果 DataFrame 的值。

DataFrame 结构的 pivot_table()方法提供了更加强大的功能，其语法格式如下。

```
pivot_table(values=None, index=None, columns=None, aggfunc='mean', fill_value=
None, margins=False, dropna=True, margins_name='All')
```

其中：

（1）参数 values、index、columns 的含义与 DataFrame 结构的 pivot()方法一样；

（2）参数 aggfunc 用来指定数据的聚合方式，例如求平均值、求和、求中值等；

（3）参数 fill_value 用来指定把透视表中的缺失值替换为什么值；

（4）参数 margins 用来指定是否显示边界以及边界上的数据；

（5）参数 margins_name 用来指定边界数据的索引名称和列名；

（6）参数 dropna 用来指定是否丢弃缺失值。

```python
import pandas as pd

# 设置列对齐
pd.set_option('display.unicode.ambiguous_as_wide', True)
pd.set_option('display.unicode.east_asian_width', True)

# 读取全部数据，使用默认索引
df = pd.read_excel(r'C:\Python36\超市营业额2.xlsx')

print('查看每人每天交易总额'.ljust(20,'='))
dff = df.groupby(by=['姓名','日期'], as_index=False).sum()
# 数据量太大，为减少篇幅占用，只输出前5天的数据
dff = dff.pivot(index='姓名', columns='日期', values='交易额')
print(dff.iloc[:,:5])

print('交易总额低于5万元的员工前5天业绩'.ljust(20,'='))
print(dff[dff.sum(axis=1)<50000].iloc[:,:5])

print('交易总额低于5万元的员工姓名'.ljust(20,'='))
print(dff[dff.sum(axis=1)<50000].index.values)

print('使用pivot_table()方法实现'.ljust(20,'='))
# 如果把只显示前5列的限制去掉，会发现最后还有一个名字为ALL的列
print(df.pivot_table(values='交易额', index='姓名', columns='日期',
                     aggfunc='sum', margins=True).iloc[:,:5])

print('查看每人在各柜台的交易总额'.ljust(20,'='))
dff = df.groupby(by=['姓名','柜台'], as_index=False).sum()
print(dff.pivot(index='姓名', columns='柜台', values='交易额'))

print('查看每人每天的上班次数'.ljust(20,'='))
print(df.pivot_table(values='交易额', index='姓名',
                     columns='日期',
                     aggfunc='count', margins=True).iloc[:,:5])

print('查看每人在各柜台的上班次数'.ljust(20,'='))
```

```
print(df.pivot_table(values='交易额', index='姓名',
                     columns='柜台',
                     aggfunc='count', margins=True))
```

运行结果为：

```
查看每人每天交易总额==========
日期     2019-03-01    2019-03-02    2019-03-03    2019-03-04    2019-03-05
姓名
周七        994.0        1444.0        3230.0        2545.0        1249.0
张三       3106.0        1530.0        1361.0        1216.0        2247.0
李四        954.0        3044.0        1034.0        2734.0        3148.0
王五       1407.0        2115.0        1713.0        1590.0        1687.0
赵六       1320.0         906.0        2309.0        1673.0         974.0
钱八       2647.0        1141.0        1457.0        1402.0        1578.0
交易总额低于 5 万元的员工前 5 天业绩===
日期     2019-03-01    2019-03-02    2019-03-03    2019-03-04    2019-03-05
姓名
周七        994.0        1444.0        3230.0        2545.0        1249.0
钱八       2647.0        1141.0        1457.0        1402.0        1578.0
交易总额低于 5 万元的员工姓名======
['周七' '钱八']
使用 pivot_table()方法实现=
日期     2019-03-01    2019-03-02    2019-03-03    2019-03-04    2019-03-05
姓名
周七        994.0        1444.0        3230.0        2545.0        1249.0
张三       3106.0        1530.0        1361.0        1216.0        2247.0
李四        954.0        3044.0        1034.0        2734.0        3148.0
王五       1407.0        2115.0        1713.0        1590.0        1687.0
赵六       1320.0         906.0        2309.0        1673.0         974.0
钱八       2647.0        1141.0        1457.0        1402.0        1578.0
All      10428.0       10180.0       11104.0       11160.0       10883.0
查看每人在各柜台的交易总额======
柜台       化妆品        日用品        蔬菜水果        食品
姓名
周七       9516.0      12863.0      16443.0       8996.0
张三      22975.0      18629.0       7265.0       9261.0
李四      20467.0      10104.0      23263.0       4896.0
王五      10112.0      11357.0      10473.0      26950.0
赵六      12319.0      23286.0       2527.0      17937.0
钱八         NaN      11923.0      18561.0      17134.0
查看每人每天的上班次数=========
日期     2019-03-01    2019-03-02    2019-03-03    2019-03-04    2019-03-05
姓名
周七          1.0          1.0          2.0          2.0          1.0
张三          2.0          1.0          1.0          1.0          2.0
李四          1.0          2.0          1.0          2.0          1.0
王五          1.0          2.0          1.0          1.0          1.0
赵六          1.0          1.0          2.0          1.0          1.0
钱八          2.0          1.0          1.0          1.0          1.0
All          8.0          8.0          8.0          8.0          8.0
查看每人在各柜台的上班次数=======
柜台       化妆品        日用品        蔬菜水果        食品        All
姓名
```

```
周七      8.0      11.0      14.0      7.0      40.0
张三     19.0       6.0       6.0      7.0      38.0
李四     16.0       9.0      18.0      4.0      47.0
王五      8.0       9.0       9.0     14.0      40.0
赵六     10.0      18.0       2.0     15.0      45.0
钱八      NaN       9.0      14.0     13.0      36.0
All      61.0      62.0      63.0     60.0     246.0
```

2. 交叉表

交叉表是一种特殊的透视表，往往用来统计频次，也可以使用参数 aggfunc 指定聚合函数从而实现其他功能。扩展库 pandas 提供了 crosstab()函数，根据一个 DataFrame 对象中的数据生成交叉表，返回新的 DataFrame，其语法格式如下。

```
crosstab(index, columns, values=None, rownames=None, colnames=None, aggfunc=
None, margins=False, dropna=True, normalize=False)
```

其中：

（1）参数 values、index、columns 的含义与 DataFrame 结构的 pivot()方法一样；

（2）参数 aggfunc 用来指定聚合函数，默认为统计次数；

（3）参数 rownames 和 colnames 分别用来指定行索引和列索引的名字，如果不指定，则直接使用参数 index 和 columns 指定的列名。

```python
import pandas as pd

# 设置列对齐
pd.set_option('display.unicode.ambiguous_as_wide', True)
pd.set_option('display.unicode.east_asian_width', True)

# 读取全部数据，使用默认索引
df = pd.read_excel(r'C:\Python36\超市营业额 2.xlsx')

print('每人每天的上班次数'.ljust(20,'='))
print(pd.crosstab(df.姓名, df.日期, margins=True).iloc[:,:5])

print('每人在各柜台上班总次数'.ljust(20,'='))
print(pd.crosstab(df.姓名, df.柜台))

print('每人在各柜台交易总额'.ljust(20,'='))
print(pd.crosstab(df.姓名, df.柜台, df.交易额, aggfunc='sum'))

print('每人在各柜台交易额平均值'.ljust(20,'='))
print(pd.crosstab(df.姓名, df.柜台, df.交易额,
                aggfunc='mean').apply(lambda num: round(num,2)))
```

运行结果为：

```
每人每天的上班次数===========
日期   2019-03-01  2019-03-02  2019-03-03  2019-03-04  2019-03-05
姓名
周七            1           1           2           2           1
张三            2           1           1           1           2
李四            1           2           1           2           2
王五            1           2           1           1           1
```

122

姓名					
赵六	1	1	2	1	1
钱八	2	1	1	1	1
All	8	8	8	8	8

每人在各柜台上班总次数==========

柜台	化妆品	日用品	蔬菜水果	食品
姓名				
周七	9	11	14	8
张三	19	6	6	7
李四	16	9	18	4
王五	8	9	9	14
赵六	10	18	2	15
钱八	0	9	14	14

每人在各柜台交易总额==========

柜台	化妆品	日用品	蔬菜水果	食品
姓名				
周七	9516.0	12863.0	16443.0	8996.0
张三	22975.0	18629.0	7265.0	9261.0
李四	20467.0	10104.0	23263.0	4896.0
王五	10112.0	11357.0	10473.0	26950.0
赵六	12319.0	23286.0	2527.0	17937.0
钱八	NaN	11923.0	18561.0	17134.0

每人在各柜台交易额平均值========

柜台	化妆品	日用品	蔬菜水果	食品
姓名				
周七	1189.50	1169.36	1174.50	1285.14
张三	1209.21	3104.83	1210.83	1323.00
李四	1279.19	1122.67	1292.39	1224.00
王五	1264.00	1261.89	1163.67	1925.00
赵六	1231.90	1293.67	1263.50	1195.80
钱八	NaN	1324.78	1325.79	1318.00

7.2.11&7.2.12
&7.2.13

7.2.11　使用重采样技术按时间段查看员工业绩

如果 DataFrame 结构中索引是日期时间数据，或者包含日期时间类型数据列，可以使用 resample()方法进行重采样，实现按时间段进行统计查看员工业绩的功能。DataFrame 结构的 resample()方法语法格式如下。

```
resample(rule, how=None, axis=0, fill_method=None, closed=None, label=None,
convention='start', kind=None, loffset=None, limit=None, base=0, on=None, level=None)
```

其中：

（1）参数 rule 用来指定重采样的时间间隔，例如'7D'表示每 7 天采样一次；

（2）参数 how 用来指定如何处理两个采样时间之间的数据，不过该参数很快会被新版本丢弃不用了；

（3）参数 label = 'left'表示使用采样周期的起始时间作为结果 DataFrame 的 index，label='right'表示使用采样周期的结束时间作为结果 DataFrame 的 index；

（4）参数 on 用来指定根据哪一列进行重采样，要求该列数据为日期时间类型。

```
import numpy as np
import pandas as pd
```

```
# 设置列对齐
pd.set_option('display.unicode.ambiguous_as_wide', True)
pd.set_option('display.unicode.east_asian_width', True)

# 读取全部数据，使用默认索引
df = pd.read_excel(r'C:\Python36\超市营业额2.xlsx')
df.日期 = pd.to_datetime(df.日期)

print('每7天营业总额'.ljust(20,'='))
print(df.resample('7D', on='日期').sum()['交易额'])

print('每7天营业总额'.ljust(20,'='))
print(df.resample('7D', on='日期',
                  label='right').sum()['交易额'])

print('每7天营业额平均值'.ljust(20,'='))
func = lambda num:round(num,2)
print(df.resample('7D', on='日期',
                  label='right').mean().apply(func)['交易额'])

print('每7天营业额平均值'.ljust(20,'='))
# 注意，这里要用np.sum()，不能用内置函数sum()
# 因为内置函数sum()不能忽略缺失值
func = lambda item:round(np.sum(item)/len(item),2)
print(df.resample('7D', on='日期',
                  label='right')['交易额'].apply(func))
```

运行结果为：

```
每7天营业总额==============
日期
2019-03-01    73600.0
2019-03-08    77823.0
2019-03-15    65996.0
2019-03-22    79046.0
2019-03-29    30792.0
Freq: 7D, Name: 交易额, dtype: float64
每7天营业总额==============
日期
2019-03-08    73600.0
2019-03-15    77823.0
2019-03-22    65996.0
2019-03-29    79046.0
2019-04-05    30792.0
Freq: 7D, Name: 交易额, dtype: float64
每7天营业额平均值===========
日期
2019-03-08    1314.29
2019-03-15    1389.70
2019-03-22    1222.15
2019-03-29    1411.54
2019-04-05    1283.00
Freq: 7D, Name: 交易额, dtype: float64
每7天营业额平均值===========
```

```
日期
2019-03-08     1314.29
2019-03-15     1365.32
2019-03-22     1178.50
2019-03-29     1411.54
2019-04-05     1283.00
Freq: 7D, Name: 交易额, dtype: float64
```

7.2.12　多索引相关技术与操作

DataFrame 结构支持多个索引，既可以在读取数据时使用 index_col 指定多列作为索引，也可以通过 groupby()方法分组时指定多个索引得到新的 DataFrame 结构。对于含有多个索引的 DataFrame 结构，在使用 sort_index()方法按索引排序，使用 groupby()方法进行分组时，都可以使用参数 level 指定按哪一级索引进行排序或分组。

```
import pandas as pd

# 设置列对齐
pd.set_option('display.unicode.ambiguous_as_wide', True)
pd.set_option('display.unicode.east_asian_width', True)

# 读取全部数据，使用默认索引
df = pd.read_excel(r'C:\Python36\超市营业额2.xlsx')
# 删除工号一列的数据
df.drop('工号', axis=1, inplace=True)
df = df.groupby(by=['姓名', '柜台']).sum()
print('按姓名和柜台进行分组汇总'.ljust(20,'='))
print(df[:10])

print('查看周七的汇总数据'.ljust(20,'='))
print(df.loc['周七',:])

print('查看周七在化妆品柜台的交易数据'.ljust(20,'='))
print(df.loc[('周七', '化妆品')])

# 重新读取数据，指定多个索引
df = pd.read_excel(r'C:\Python36\超市营业额2.xlsx',
                   index_col=[1, 5])

# 丢弃"工号"列
df.drop('工号', axis=1, inplace=True)

# 按索引"柜台"排序，查看前12行
dff = df.sort_index(level='柜台', axis=0)
print('按柜台排序，查看前12行'.ljust(20,'='))
print(dff[:12])

# 按索引"姓名"排序，查看前12行
dff = df.sort_index(level='姓名', axis=0)
print('按姓名排序，查看前12行'.ljust(20,'='))
print(dff[:12])

# 按索引"柜台"分组求和
```

125

```
print('按柜台分组求和'.ljust(20,'='))
dfff = dff.groupby(level='柜台').sum()
dfff.columns = ['交易额总和']
print(dfff)

# 按索引"姓名"分组求中值
print('按姓名分组求中值'.ljust(20,'='))
dfff = dff.groupby(level='姓名').median()
dfff.columns = ['交易额中值']
print(dfff)
```

运行结果为：

```
按姓名和柜台进行分组汇总========
                 交易额
姓名    柜台
周七    化妆品        9516.0
      日用品       12863.0
      蔬菜水果      16443.0
      食品         8996.0
张三    化妆品       22975.0
      日用品       18629.0
      蔬菜水果       7265.0
      食品         9261.0
李四    化妆品       20467.0
      日用品       10104.0
查看周七的汇总数据===========
              交易额
柜台
化妆品        9516.0
日用品       12863.0
蔬菜水果      16443.0
食品         8996.0
查看周七在化妆品柜台的交易数据=====
交易额     9516.0
Name: (周七, 化妆品), dtype: float64
按柜台排序，查看前12行========
                         日期          时段        交易额
姓名    柜台
周七    化妆品   2019-03-11    9：00-14：00     859.0
      化妆品   2019-03-11   14：00-21：00    1633.0
      化妆品   2019-03-12    9：00-14：00    1302.0
      化妆品   2019-03-12   14：00-21：00    1317.0
      化妆品   2019-03-13   14：00-21：00     922.0
      化妆品   2019-03-14   14：00-21：00      NaN
      化妆品   2019-03-15   14：00-21：00     916.0
      化妆品   2019-03-16   14：00-21：00    1246.0
      化妆品   2019-03-31   14：00-21：00    1321.0
张三    化妆品   2019-03-01    9：00-14：00    1664.0
      化妆品   2019-03-02    9：00-14：00    1530.0
      化妆品   2019-03-03    9：00-14：00    1361.0
按姓名排序，查看前12行========
                         日期          时段        交易额
姓名    柜台
周七    化妆品   2019-03-11    9：00-14：00     859.0
```

```
化妆品    2019-03-11    14: 00-21: 00    1633.0
化妆品    2019-03-12     9: 00-14: 00    1302.0
化妆品    2019-03-12    14: 00-21: 00    1317.0
化妆品    2019-03-13    14: 00-21: 00     922.0
化妆品    2019-03-14    14: 00-21: 00       NaN
化妆品    2019-03-15    14: 00-21: 00     916.0
化妆品    2019-03-16    14: 00-21: 00    1246.0
化妆品    2019-03-31    14: 00-21: 00    1321.0
日用品    2019-03-01     9: 00-14: 00     994.0
日用品    2019-03-02     9: 00-14: 00    1444.0
日用品    2019-03-03     9: 00-14: 00    1592.0
按柜台分组求和=============
              交易额总和
柜台
化妆品        75389.0
日用品        88162.0
蔬菜水果      78532.0
食品          85174.0
按姓名分组求中值============
              交易额中值
姓名
周七          1134.5
张三          1290.0
李四          1276.0
王五          1227.0
赵六          1224.0
钱八          1381.0
```

7.2.13　使用标准差与协方差分析员工业绩

1. 标准差公式与含义

对于给定的一组数据，标准差是每个样本值与全体样本平均值的差的平方和的平均值的平方根，即

$$\sigma = \sqrt{\frac{1}{n}\left[(x_1 - \overline{x})^2 + (x_2 - \overline{x})^2 + \cdots + (x_n - \overline{x})^2\right]}$$

为了进行无偏分析也常写作

$$\sigma = \sqrt{\frac{1}{n-1}\left[(x_1 - \overline{x})^2 + (x_2 - \overline{x})^2 + \cdots + (x_n - \overline{x})^2\right]}$$

其中，$x_1, x_2, \cdots, x_n$ 表示该组数据中的每个样本值，$\overline{x}$ 表示该组数据所有样本值的平均值。

标准差是一组数据分散程度或波动程度的一种度量，也是数据不确定性或不稳定性的一种度量。对于一组特定的数据，如果标准差较大则代表大部分数值和其平均值之间差异较大，如果标准差较小则代表这些数值都接近平均值。

应用于投资时，标准差可以作为度量回报稳定性的重要指标。标准差数值越大，代表回报远离平均值，回报不稳定，所以风险高。相反地，标准差数值越小，代表回报比较稳定，所以风险也比较小。

2. 协方差定义与含义

两组数据 X 和 Y 的协方差计算公式如下。

$$\text{cov}(X,Y) = E\big[(X - E(X))(Y - E(Y))\big]$$

其中，$E(X)$ 表示 X 的平均值。

对于多组数据，可以使用协方差描述数据之间的相关性。如果两组数据 X 和 Y 的协方差 $\text{cov}(X,Y)$ 的值为正值，则说明两者是正相关的；结果为负值就说明两者是负相关的；如果为 0，则认为两组数据在统计上是"相互独立"的。

为了便于分析多组数据之间的相关性，可以使用协方差矩阵。协方差矩阵对角线上分别是 X 和 Y 的方差，非对角线上是 X 和 Y 的协方差。协方差大于 0 表示 X 和 Y 若其中一个增加，另一个也会增加；小于 0 表示如果其中一个增加，则另一个会减少；协方差为 0 时，两者独立，其中一个变化时不影响另一个。协方差的绝对值越大，两者对彼此的影响越大，反之越小。如果 X 与 Y 是统计独立的，那么二者之间的协方差就是 0，反过来并不成立。即如果 X 与 Y 的协方差为 0，二者并不一定是统计独立的。方差是协方差的一种特殊情况，也就是两个变量相同的情况。

3．使用 pandas 计算数据的标准差与协方差

DataFrame 结构的 std() 方法可以计算标准差，cov() 方法可以计算协方差。下面的代码中，几组数据的平均值都是 3.0，但每组数据的离散程度或者数据距离平均值的距离有很大不同，所以标准差有很大区别。通过协方差矩阵可以看出每组数据发生变化时对另外几组数据的影响。

```
import pandas as pd

df = pd.DataFrame({'A':[3,3,3,3,3], 'B':[1,2,3,4,5],
                   'C':[-5,-4,15,4,5], 'D':[-50,-40,15,40,50]})
print('原始数据'.ljust(20,'='))
print(df)

print('平均值'.ljust(20,'='))
print(df.mean())

print('标准差'.ljust(20,'='))
print(df.std())

print('标准差的平方'.ljust(20,'='))
print(df.std()**2)

print('协方差'.ljust(20,'='))
print(df.cov())
```

运行结果为：

```
原始数据================
   A  B   C    D
0  3  1  -5  -50
1  3  2  -4  -40
2  3  3  15   15
3  3  4   4   40
4  3  5   5   50
平均值==================
A    3.0
B    3.0
C    3.0
```

```
D     3.0
dtype: float64
标准差=================
A     0.000000
B     1.581139
C     8.093207
D    45.771170
dtype: float64
标准差的平方==============
A        0.0
B        2.5
C       65.5
D     2095.0
dtype: float64
协方差=================
       A     B      C       D
A    0.0   0.0    0.0     0.0
B    0.0   2.5    7.0    70.0
C    0.0   7.0   65.5   250.0
D    0.0  70.0  250.0  2095.0
```

4．使用标准差和协方差分析不同柜台的业绩

下面的代码首先读取 Excel 文件中的数据，删除重复值和缺失值，修正异常值，使用交叉表得到每个员工在不同柜台的交易额平均值，最后计算不同柜台的交易额数据的标准差和协方差。我们从结果可以看出，化妆品柜台交易额的标准差较小，这说明不同员工在化妆品柜台的交易额相差不大。食品和蔬菜水果这两个柜台交易额数据的协方差为绝对值较大的负数，这说明如果食品和蔬菜水果其中任何一个柜台的交易额上涨时，另一个柜台的交易额会大幅度下降。

```python
import pandas as pd

# 设置列对齐
pd.set_option('display.unicode.ambiguous_as_wide', True)
pd.set_option('display.unicode.east_asian_width', True)

# 读取全部数据，使用默认索引
df = pd.read_excel(r'C:\Python36\超市营业额2.xlsx',
                   usecols=['姓名','日期','时段','柜台','交易额'])

# 丢弃缺失值和重复值
df.dropna(inplace=True)
df.drop_duplicates(inplace=True)

# 处理异常值
df.loc[df.交易额<200, '交易额'] = 200
df.loc[df.交易额>3000, '交易额'] = 3000

# 使用交叉表得到不同员工在不同柜台的交易额平均值
dff = pd.crosstab(df.姓名, df.柜台, df.交易额, aggfunc='mean')

print('标准差'.ljust(20,'='))
print(dff.std())

print('协方差'.ljust(20,'='))
```

```
print(dff.cov())
```

运行结果为：

```
标准差==================
柜台
化妆品         36.480497
日用品        159.008839
蔬菜水果       60.331171
食品         105.031231
dtype: float64
协方差==================
柜台                 化妆品           日用品          蔬菜水果            食品
化妆品        1330.826697   -2296.460562    923.019793     692.300017
日用品       -2296.460562   25283.810853  -1030.111953    2957.850772
蔬菜水果       923.019793   -1030.111953   3639.850206   -3918.549524
食品          692.300017    2957.850772  -3918.549524   11031.559490
```

7.2.14　使用 pandas 的属性接口实现高级功能

7.2.14

Series 对象和 DataFrame 的列数据提供了 cat、dt、str 3 种属性接口（accessors），分别对应分类数据、日期时间数据和字符串数据，通过这几个接口可以快速实现特定的功能，非常便捷。本节重点介绍和演示 dt 和 str 接口的用法。

DataFrame 数据中的日期时间列支持 dt 接口，该接口提供了 dayofweek、dayofyear、is_leap_year、quarter、day_name()等属性和方法，例如 quarter 可以直接得到每个日期分别是第几个季度，day_name()可以直接得到每个日期对应的周几的名字。

DataFrame 数据中的字符串列支持 str 接口，该接口提供了 center、contains、count、endswith、find、extract、lower、split 等大量属性和方法，大部分用法与字符串的同名方法相同，少部分与正则表达式的用法类似，本书不介绍正则表达式的内容，读者可以根据需要查阅相关资料。下面的代码演示了 dt 和 str 接口支持的操作。

```
import pandas as pd
df = pd.DataFrame({'A':pd.date_range('20190101', periods=5),
                   'B':'test'})
dir(df['A'].dt)
dir(df['B'].str)
```

下面的代码演示了 dt 和 str 接口的部分用法。

```
import copy
import pandas as pd

# 设置列对齐
pd.set_option('display.unicode.ambiguous_as_wide', True)
pd.set_option('display.unicode.east_asian_width', True)

# 读取全部数据，使用默认索引
df = pd.read_excel(r'C:\Python36\超市营业额2.xlsx',
                   usecols=['日期', '交易额'])

# 深复制，不影响原来的 df
```

```
dff = copy.deepcopy(df)
# 把日期列替换为周几
dff['日期'] = pd.to_datetime(df['日期']).dt.day_name()
# 按周几分组，查看交易额平均值，四舍五入
print('按周几分组查看交易额平均值'.ljust(20,'='))
dff = dff.groupby('日期').mean().apply(round)
dff.index.name = '周几'
print(dff)


dff = copy.deepcopy(df)
# 修改日期列，只保留年份和月份
dff['日期'] = dff['日期'].str.extract(r'(\d{4}-\d{2})')
print('只查看年份和月份'.ljust(20,'='))
print(dff[:5])


# 按字符串形式的日期最后一位数进行分组
# 该月 1、11、21、31 日汇总为一组，2、12、22 日为一组，以此类推
print('按日期的日进行分组查看交易额平均值'.ljust(20,'='))
print(df.groupby(df['日期'].str.__getitem__(-1)).mean().apply(round))


# 查看日期尾数为 6 的数据前 12 行
print('查看日期尾数为 6 的数据'.ljust(20,'='))
print(df[df['日期'].str.endswith('6')][:12])


# 查看日期尾数为 12 的数据
# slice() 方法接收 3 个参数，分别为起始位置、结束位置和步长
print('日期尾数为 12 的交易数据'.ljust(20,'='))
print(df[df.日期.str.slice(-2)=='12'])


# 日期中月份或天数包含 2 的交易数据第 15 到第 25 行
print('日期中月份或天数包含 2 的交易数据'.ljust(20,'='))
print(df[df.日期.str.slice(-5).str.contains('2')][15:25])
```

运行结果为：

```
按周几分组查看交易额平均值=======
              交易额
周几
Friday        1277.0
Monday        1233.0
Saturday      1306.0
Sunday        1254.0
Thursday      1830.0
Tuesday       1258.0
Wednesday     1224.0
只查看年份和月份============
      日期    交易额
0  2019-03  1664.0
1  2019-03   954.0
2  2019-03  1407.0
3  2019-03  1320.0
4  2019-03   994.0
按日期的日进行分组查看交易额平均值===
```

```
          交易额
日期
0       1178.0
1       1264.0
2       1273.0
3       1317.0
4       1801.0
5       1223.0
6       1292.0
7       1216.0
8       1508.0
9       1266.0
查看日期尾数为 6 的数据=========
          日期      交易额
40    2019-03-06   1037.0
41    2019-03-06    822.0
42    2019-03-06   1200.0
43    2019-03-06   1245.0
44    2019-03-06   1699.0
45    2019-03-06   1199.0
46    2019-03-06   1162.0
47    2019-03-06   1778.0
121   2019-03-16   1788.0
122   2019-03-16   1590.0
123   2019-03-16   1498.0
124   2019-03-16      NaN
日期尾数为 12 的交易数据=========
          日期      交易额
88    2019-03-12   1183.0
89    2019-03-12    979.0
90    2019-03-12   1651.0
91    2019-03-12   1435.0
92    2019-03-12   1302.0
93    2019-03-12   1317.0
94    2019-03-12    831.0
95    2019-03-12   1530.0
日期中月份或天数包含 2 的交易数据====
          日期      交易额
95    2019-03-12   1530.0
153   2019-03-20   1332.0
154   2019-03-20   1485.0
155   2019-03-20    980.0
156   2019-03-20   1615.0
157   2019-03-20   1037.0
158   2019-03-20   1649.0
159   2019-03-20   1046.0
160   2019-03-20    829.0
161   2019-03-21   1528.0
```

7.2.15　绘制各员工在不同柜台业绩平均值的柱状图

DataFrame 结构的 plot()方法可以直接绘制折线图、柱状图、饼状图等各种形状的图形来展示数据，绘图时会自动调用扩展库 matplotlib 的功能，matplotlib 的详细介绍可参考本书第 9 章。对 DataFrame 结构中的数据进行可视化时，既可以直接使用 plot()方法的 kind 参数指定图形的形状，也可以使用 plot 类的 line()、bar()或其他方法绘制相应形状的图形。DataFrame 结构的 plot 是一个 FramePlotMethods 类的对象，调用 plot()时会自动调用 FramePlotMethods 类的 __call__()方法，其语法格式如下。

```
__call__(self, x=None, y=None, kind='line', ax=None, subplots=False, sharex=
None, sharey=False, layout=None, figsize=None, use_index=True, title=None, grid=
None, legend=True, style=None, logx=False, logy=False, loglog=False, xticks=None,
 yticks=None, xlim=None, ylim=None, rot=None, fontsize=None, colormap=None, table
=False, yerr=None, xerr=None, secondary_y=False, sort_columns=False, **kwds)
```

其中：

（1）参数 x 用来指定作为横坐标的数据列的标签或位置，如果不指定则默认使用 DataFrame 的 index；

（2）参数 y 用来指定作为纵坐标的数据列的标签或位置；

（3）参数 kind 用来指定图形形状，可以为'line'、'bar'、'barh'、'hist'、'box'、'kde'、'density'、'area'、'pie'、'scatter'、'hexbin'。其他参数的含义请参考本书第 9 章。

下面的代码演示了直接使用 DataFrame 结构的 plot()方法绘制柱状图,展示各员工在不同柜台交易额均值的用法。

```
import pandas as pd
import matplotlib.pyplot as plt
import matplotlib.font_manager as fm

# 读取全部数据，使用默认索引
df = pd.read_excel(r'C:\Python36\超市营业额 2.xlsx')

# 修改异常值
df.loc[df.交易额>3000, '交易额'] = 3000
df.loc[df.交易额<200, '交易额'] = 200

# 删除重复值
df.drop_duplicates(inplace=True)

# 填充缺失值
df['交易额'].fillna(df['交易额'].mean(), inplace=True)

# 使用交叉表得到每人在各柜台交易额平均值
print(''.ljust(20,'='))
df_group = pd.crosstab(df.姓名, df.柜台, df.交易额,
                       aggfunc='mean').apply(round)

# 绘制柱状图，默认使用 index 作为横坐标
df_group.plot(kind='bar')

font = fm.FontProperties(fname=r'C:\Windows\Fonts\STKAITI.ttf')
plt.xlabel('员工业绩分布', fontproperties='simhei')
plt.xticks(fontproperties='simhei')
plt.legend(prop=font)
```

```
# 显示绘制结果
plt.show()
```

运行结果为：

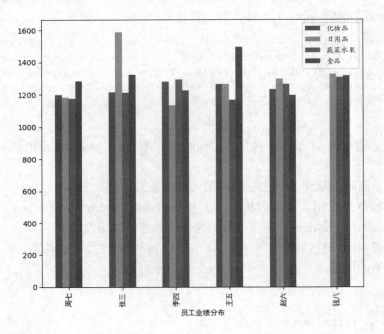

7.2.16　查看 DataFrame 的内存占用情况

DataFrame 结构的 memory_usage() 方法可以查看内存占用情况，返回一个 Series 对象。

```python
import pandas as pd

# 读取全部数据，使用默认索引
df = pd.read_excel(r'C:\Python36\超市营业额 2.xlsx')

print('交易额列占用内存情况'.ljust(20,'='))
print(df['交易额'].memory_usage())

print('内存占用情况'.ljust(20,'='))
print(df.memory_usage())

print('内存占用总额'.ljust(20,'='))
print(df.memory_usage().sum())

print('使用df.info()查看内存占用'.ljust(20,'='))
df.info()
```

运行结果为：

```
交易额列占用内存情况==========
2032
内存占用情况==============
Index          40
工号           1992
```

```
姓名        996
日期        996
时段        996
交易额      1992
柜台        996
dtype: int64
内存占用总额==============
8008
使用 df.info()查看内存占用===
<class 'pandas.core.frame.DataFrame'>
RangeIndex: 249 entries, 0 to 248
Data columns (total 6 columns):
工号        249 non-null    int64
姓名        249 non-null    object
日期        249 non-null    object
时段        249 non-null    object
交易额      246 non-null    float64
柜台        249 non-null    object
dtypes: float64(1), int64(1), object(4)
memory usage: 7.8+ KB
```

7.2.17　数据拆分与合并

用户在处理数据时，有时候会需要对来自多个 Excel 文件的数据或者同一个 Excel 文件中多个 Worksheet 中的数据进行合并，也可能会需要把数据拆分成多个 DataFrame 再写入不同的文件。

1．concat()函数与 append()方法

根据不同的需要，可以对 DataFrame 使用切片或 loc 等运算按行或列进行拆分，得到多个 DataFrame 结构。作为逆操作，扩展库 pandas 提供了 concat()函数用于合并多个 DataFrame 结构，其语法格式如下。

```
concat(objs, axis=0, join='outer', join_axes=None, ignore_index=False, keys=None,
levels=None, names=None, verify_integrity=False, copy=True)
```

其中：

（1）参数 objs 表示包含多个 Series、DataFrame 或 Panel 对象的序列；

（2）参数 axis 默认为 0，表示按行进行纵向合并和扩展。更多参数含义可以执行 import pandas as pd 之后使用 help(pd.concat)进行查看。

另外，也可以使用 DataFrame 结构的 append()方法进行合并，其语法格式如下。

```
append(other, ignore_index=False, verify_integrity=False)
```

仍以前面几节使用的文件 C:\Python36\超市营业额 2.xlsx 为例，该文件中除了前面已经使用的包含在 Sheet1 中的 2019 年 3 月份交易数据，在 Sheet2 中还包含了 2019 年 4 月 1 日的交易数据，数据格式与 Sheet1 相同。下面的代码演示了数据拆分的用法与合并。

```
import pandas as pd

# 设置列对齐
pd.set_option('display.unicode.ambiguous_as_wide', True)
pd.set_option('display.unicode.east_asian_width', True)
```

```
# 读取 Sheet1 中全部数据，使用默认索引
df = pd.read_excel(r'C:\Python36\超市营业额2.xlsx')
# 读取 Sheet2 中全部数据，使用默认索引
df5 = pd.read_excel(r'C:\Python36\超市营业额2.xlsx',
                    sheet__name='Sheet2')

# 按行进行拆分
df1 = df[:3]
df2 = df[50:53]
# 按行进行合并，要求多个 DataFrame 结构相同
df3 = pd.concat([df1,df2,df5])
# 使用 append()方法按行合并，忽略原来的索引
df4 = df1.append([df2,df5], ignore_index=True)
# 按列进行拆分
df6 = df.loc[:, ['姓名','柜台','交易额']]

print(df1, df2, df3, df4, df6[:5], sep='\n\n')
```

运行结果为：

```
    工号  姓名      日期             时段       交易额    柜台
0   1001  张三  2019-03-01   9：00-14：00  1664.0  化妆品
1   1002  李四  2019-03-01  14：00-21：00   954.0  化妆品
2   1003  王五  2019-03-01   9：00-14：00  1407.0   食品

     工号  姓名      日期             时段       交易额    柜台
50  1004  赵六  2019-03-07   9：00-14：00  1340.0   食品
51  1004  赵六  2019-03-07  14：00-21：00   942.0   食品
52  1005  周七  2019-03-07   9：00-14：00  1465.0  日用品

     工号  姓名      日期             时段       交易额    柜台
0   1001  张三  2019-03-01   9：00-14：00  1664.0   化妆品
1   1002  李四  2019-03-01  14：00-21：00   954.0   化妆品
2   1003  王五  2019-03-01   9：00-14：00  1407.0    食品
50  1004  赵六  2019-03-07   9：00-14：00  1340.0    食品
51  1004  赵六  2019-03-07  14：00-21：00   942.0    食品
52  1005  周七  2019-03-07   9：00-14：00  1465.0   日用品
0   1001  张三  2019-04-01   9：00-14：00  1367.0   化妆品
1   1002  李四  2019-04-01  14：00-21：00  1005.0   化妆品
2   1003  王五  2019-04-01   9：00-14：00  1460.0    食品
3   1004  赵六  2019-04-01  14：00-21：00  1270.0    食品
4   1005  周七  2019-04-01   9：00-14：00  1123.0   日用品
5   1006  钱八  2019-04-01  14：00-21：00  1321.0   日用品
6   1007  孙九  2019-04-01   9：00-14：00  1364.0  蔬菜水果
7   1007  孙九  2019-04-01  14：00-21：00  1633.0  蔬菜水果

    工号  姓名      日期             时段       交易额    柜台
0   1001  张三  2019-03-01   9：00-14：00  1664.0   化妆品
1   1002  李四  2019-03-01  14：00-21：00   954.0   化妆品
2   1003  王五  2019-03-01   9：00-14：00  1407.0    食品
3   1004  赵六  2019-03-07   9：00-14：00  1340.0    食品
4   1004  赵六  2019-03-07  14：00-21：00   942.0    食品
5   1005  周七  2019-03-07   9：00-14：00  1465.0   日用品
6   1001  张三  2019-04-01   9：00-14：00  1367.0   化妆品
```

```
7    1002   李四   2019-04-01   14：00-21：00   1005.0   化妆品
8    1003   王五   2019-04-01    9：00-14：00   1460.0    食品
9    1004   赵六   2019-04-01   14：00-21：00   1270.0    食品
10   1005   周七   2019-04-01    9：00-14：00   1123.0   日用品
11   1006   钱八   2019-04-01   14：00-21：00   1321.0   日用品
12   1007   孙九   2019-04-01    9：00-14：00   1364.0  蔬菜水果
13   1007   孙九   2019-04-01   14：00-21：00   1633.0  蔬菜水果

     姓名     柜台     交易额
0    张三    化妆品   1664.0
1    李四    化妆品    954.0
2    王五     食品    1407.0
3    赵六     食品    1320.0
4    周七    日用品    994.0
```

2．merge()方法与join()方法

DataFrame结构的merge()方法可以实现数据表连接操作类似的合并功能，其语法格式如下。

```
merge(right, how='inner', on=None, left_on=None, right_on=None, left_index=False,
right_index=False, sort=False, suffixes=('_x', '_y'), copy=True, indicator=False)
```

其中：

（1）参数right表示另一个DataFrame结构；

（2）参数how的取值可以是'left'、'right'、'outer'或'inner'之一，表示数据连接的方式；

（3）参数on用来指定连接时依据的列名或包含若干列名的列表，要求指定的列名在两个DataFrame中都存在，如果没有任何参数指定连接键，则根据两个DataFrame的列名交集进行连接；

（4）参数left_on和right_on分别用来指定连接时依据的左侧列名标签和右侧列名标签。扩展库pandas也提供了一个顶级的同名函数merge()，用法与DataFrame的merge方法类似。另外，DataFrame结构的join()方法也可以实现按列对左表（调用join()方法的DataFrame）和右表合并，如果右表other索引与左表某列的值相同可以直接连接，如果要根据右表other中某列的值与左表进行连接，需要先对右表other调用set_index()方法设定该列作为索引。DataFrame结构的join()方法语法格式如下。

```
join(other, on=None, how='left', lsuffix='', rsuffix='', sort=False)
```

其中：

（1）参数other表示另一个DataFrame结构，也就是所说的右表；

（2）参数on用来指定连接时依据的左表列名，如果不指定则按左表索引index的值进行连接；

（3）参数how的含义与merge()方法的how相同；

（4）参数lsuffix和rsuffix用来指定列名的后缀。

仍以前面几节使用的文件 C:\Python36\超市营业额2.xlsx 为例，该文件中除了前面已经使用的包含在 Sheet1 中的 2019 年 3 月交易数据和包含在 Sheet2 中的 2019 年 4 月份交易数据，在 Sheet3 中还包含了每位员工的职级，数据格式如图 7-3 所示。下面的代码演示了 merge()和 join()方法的用法。

	A	B	C
1	工号	姓名	职级
2	1001	张三	店长
3	1002	李四	主管
4	1003	王五	组长
5	1004	赵六	员工
6	1005	周七	员工
7	1006	钱八	员工
8	1007	孙九	员工

图 7-3　Sheet3 中的数据格式

```
import numpy as np
import pandas as pd

# 设置列对齐
pd.set_option('display.unicode.ambiguous_as_wide', True)
pd.set_option('display.unicode.east_asian_width', True)

# 读取 Sheet1 中全部数据，使用默认索引
df1 = pd.read_excel(r'C:\Python36\超市营业额2.xlsx')
# 读取 Sheet3 中全部数据，使用默认索引
df2 = pd.read_excel(r'C:\Python36\超市营业额2.xlsx',
                    sheet_name='Sheet3')

# 按同名的列合并，随机查看10行数据
rows = np.random.randint(0, len(df1), 10)
print(pd.merge(df1, df2).iloc[rows,:], end='\n\n')

# 按工号合并，指定其他同名列的后缀
print(pd.merge(df1, df2, on='工号',
               suffixes=['_x','_y']).iloc[rows,:], end='\n\n')

# 两个表都设置工号列为索引
print(df1.set_index('工号').join(df2.set_index('工号'),
                                 lsuffix='_x',
                                 rsuffix='_y').iloc[rows,:])
```

运行结果为：

```
       工号  姓名       日期            时段      交易额      柜台    职级
218  1006  钱八  2019-03-06  14: 00-21: 00  1199.0    日用品   员工
92   1003  王五  2019-03-07   9: 00-14: 00  1713.0    化妆品   组长
89   1003  王五  2019-03-04   9: 00-14: 00  1590.0     食品   组长
189  1005  周七  2019-03-13   9: 00-14: 00  1047.0  蔬菜水果   员工
141  1004  赵六  2019-03-11  14: 00-21: 00  1454.0  蔬菜水果   员工
68   1002  李四  2019-03-22  14: 00-21: 00   864.0  蔬菜水果   主管
162  1004  赵六  2019-03-26   9: 00-14: 00  1257.0    化妆品   员工
143  1004  赵六  2019-03-13   9: 00-14: 00  1130.0    化妆品   员工
114  1003  王五  2019-03-23   9: 00-14: 00  1695.0    日用品   组长
53   1002  李四  2019-03-11  14: 00-21: 00  1045.0    日用品   主管

       工号  姓名_x       日期            时段      交易额      柜台  姓名_y   职级
218  1006   钱八  2019-03-06  14: 00-21: 00  1199.0    日用品   钱八   员工
92   1003   王五  2019-03-07   9: 00-14: 00  1713.0    化妆品   王五   组长
89   1003   王五  2019-03-04   9: 00-14: 00  1590.0     食品   王五   组长
189  1005   周七  2019-03-13   9: 00-14: 00  1047.0  蔬菜水果   周七   员工
141  1004   赵六  2019-03-11  14: 00-21: 00  1454.0  蔬菜水果   赵六   员工
68   1002   李四  2019-03-22  14: 00-21: 00   864.0  蔬菜水果   李四   主管
162  1004   赵六  2019-03-26   9: 00-14: 00  1257.0    化妆品   赵六   员工
143  1004   赵六  2019-03-13   9: 00-14: 00  1130.0    化妆品   赵六   员工
114  1003   王五  2019-03-23   9: 00-14: 00  1695.0    日用品   王五   组长
53   1002   李四  2019-03-11  14: 00-21: 00  1045.0    日用品   李四   主管


       姓名_x       日期            时段      交易额      柜台  姓名_y   职级
工号
1006   钱八  2019-03-06  14: 00-21: 00  1199.0    日用品   钱八   员工
```

1003	王五	2019-03-07	9: 00-14: 00	1713.0	化妆品	王五	组长
1003	王五	2019-03-04	9: 00-14: 00	1590.0	食品	王五	组长
1005	周七	2019-03-13	9: 00-14: 00	1047.0	蔬菜水果	周七	员工
1004	赵六	2019-03-11	14: 00-21: 00	1454.0	蔬菜水果	赵六	员工
1002	李四	2019-03-22	14: 00-21: 00	864.0	蔬菜水果	李四	主管
1004	赵六	2019-03-26	9: 00-14: 00	1257.0	化妆品	赵六	员工
1004	赵六	2019-03-13	9: 00-14: 00	1130.0	化妆品	赵六	员工
1003	王五	2019-03-23	9: 00-14: 00	1695.0	日用品	王五	组长
1002	李四	2019-03-11	14: 00-21: 00	1045.0	日用品	李四	主管

本章知识要点

● Series 是 pandas 提供的一维数组，由索引和值两部分组成，可以包含不同类型的值，如果在创建时没有明确指定索引，则会自动使用从 0 开始的非负整数作为索引。

● 时间序列对象主要使用 pandas 的 date_range()函数生成，可以指定日期时间的起始和结束范围、时间间隔和数据数量等参数。

● DataFrame 是 pandas 最常用的数据结构之一，每个 DataFrame 对象可以看作一个二维表格，由索引（index）、列名（columns）和值（values）三部分组成。

● 扩展库 pandas 支持使用不同的方式创建 DataFrame 结构，也支持使用 read_csv()、read_excel()、read_json()、read_hdf()、read_html()、read_gbq()、read_pickle()、read_sql_table()、read_sql_query()等函数从不同的数据源读取数据创建 DataFrame 结构，同时也提供对应的 to_excel()、to_csv()等系列方法将数据写入不同类型的文件。

● 除了使用下标访问指定行、列的数据和使用切片访问指定的数据，用户还可以使用布尔数组作为下标访问符合特定条件的数据。另外，DataFrame 结构还提供了 loc、iloc、at、iat 等访问器来访问指定的数据。其中，iloc 和 iat 使用整数来指定行、列的下标，而 loc 和 at 使用标签来指定要访问的行和列。

● 在分析数据时，有时需要查看数据的数量、平均值、标准差、最大值、最小值、四分位数等特征，DataFrame 结构对于这些操作都提供了良好的支持。

● DataFrame 结构支持 sort_index()方法沿某个方向按标签进行排序。

● DataFrame 结构支持 sort_values()方法根据值进行排序。

● DataFrame 结构支持使用 groupby()方法根据指定的一列或多列的值进行分组，得到一个 GroupBy 对象。该 GroupBy 对象支持大量方法对列数据进行求和、求均值和其他操作，并自动忽略非数值列，在数据分析时经常使用。

● DataFrame 结构支持使用 agg()方法对指定列进行聚合，并且允许不同列使用不同的聚合函数。

● 异常值是指严重超出正常范围的数值，这样的数据一般是采集和输入过程中的错误或类似原因造成的。在数据分析时，需要对这些数据进行删除或替换为特定的值，减小对最终数据分析结果的影响。异常值处理的关键是根据实际情况准确定义正常数据的范围。

● DataFrame 结构支持使用 dropna()方法丢弃带有缺失值的数据行，或者使用 fillna()方法对缺失值进行批量替换，也可以使用 loc()、iloc()方法直接对符合条件的数据进行替换。

● DataFrame 结构的 duplicated()方法可以用来检测哪些行是重复的，drop_duplicates()

方法用来删除重复的数据。

● DataFrame 结构的 diff()方法支持数据差分算法，返回新的 DataFrame。

● 透视表通过聚合一个或多个键，把数据分散到对应的行和列上，是数据分析常用的技术之一。DataFrame 结构提供了 pivot()方法和 pivot_table()方法来实现透视表所需的功能，返回新的 DataFrame。

● 交叉表是一种特殊的透视表，往往用来统计频次，也可以使用参数 aggfunc 指定聚合函数从而实现其他功能。扩展库 pandas 提供了 crosstab()函数用来生成交叉表，返回新的 DataFrame。

● 如果 DataFrame 结构中索引是日期时间数据，或者包含日期时间数据列，可以使用 resample()方法进行重采样。

● DataFrame 结构的 std()方法可以计算标准差，cov()方法可以计算协方差。

● Series 对象和 DataFrame 的列数据提供了 cat、dt、str 3 种属性接口（accessors），分别对应分类数据、日期时间数据和字符串数据，通过这几个接口可以快速实现特定的功能，非常便捷。DataFrame 数据中的日期时间列支持 dt 接口，该接口提供了 dayofweek、dayofyear、is_leap_year、quarter、day_name()等属性和方法，例如 quarter 可以直接得到每个日期分别是第几个季度，day_name()可以直接得到每个日期对应的周几的名字。DataFrame 数据中的字符串列支持 str 接口，该接口提供了 center、contains、count、endswith、find、extract、lower、split 等大量属性和方法，大部分用法与字符串的同名方法相同。

● DataFrame 结构的 plot()方法可以直接绘制折线图、柱状图、饼状图等各种形状的图形来展示数据，自动调用扩展库 matplotlib 的功能。

● DataFrame 结构的 memory_usage()方法可以查看内存占用情况，返回一个 Series 对象。

本章习题

一、操作题

1. 根据本章用到的文件"超市营业额 2.xlsx"，查看单日交易总额最小的 3 天的交易数据，并查看这 3 天是周几。

2. 查阅资料，根据本章用到的文件"超市营业额 2.xlsx"，把所有员工的工号前面增加一位数字，增加的数字和原工号最后一位相同，把修改后的数据写入新文件"超市营业额 2_修改工号.xlsx"。例如，工号 1001 变为 11001，1003 变为 31003。

3. 查阅资料，根据本章用到的文件"超市营业额 2.xlsx"，把每个员工的交易额数据写入文件"各员工数据.xlsx"，每个员工的数据占一个 worksheet，结构和"超市营业额 2.xlsx"一样，并以员工姓名作为 worksheet 的标题。

4. 查阅资料，根据本章用到的文件"超市营业额 2.xlsx"，绘制折线图展示一个月内各柜台营业额每天的变化趋势。

5. 查阅资料，根据本章用到的文件"超市营业额 2.xlsx"，绘制饼状图展示该月各柜台营业额在交易总额中的占比。

6. 查阅资料，根据本章用到的文件"超市营业额 2.xlsx"，绘制柱状图展示张三在不同柜台的交易总额。

第 **8** 章　sklearn 机器学习实战

本章学习目标

● 了解机器学习常用的基本概念；
● 了解如何根据实际问题类型选择合适的机器学习算法；
● 了解扩展库 sklearn 中的常用模块；
● 理解并熟练运用线性回归算法；
● 理解并熟练运用逻辑回归算法；
● 理解并熟练运用 KNN 算法；
● 理解并熟练运用 KMeans 聚类算法；
● 理解分层聚类算法；
● 理解并熟练运用朴素贝叶斯算法；
● 理解并熟练运用决策树与随机森林算法；
● 理解并熟练运用 DBSCAN 算法；
● 理解并熟练运用协同过滤算法；
● 理解并熟练运用关联规则分析算法；
● 理解并熟练运用支持向量机算法；
● 理解数据降维的作用和主成分分析的应用；
● 理解并熟练运用交叉验证评估模型泛化能力；
● 理解并熟练运用网格搜索确定最佳参数。

8.1　机器学习基本概念

　　机器学习（machine learning）根据已知数据来不断学习和积累经验，然后总结出规律并尝试预测未知数据的属性，是一门综合性非常强的多领域交叉学科，涉及线性代数、概率论、逼近论、凸分析和算法复杂度理论等学科。目前机器学习已经有了十分广泛的应用，例如数据挖掘、计算机视觉、自然语言处理、生物特征识别、搜索引擎、医学诊断、信用卡欺诈检测、证券市场分析、DNA 序列测序、语音和手写识别、推荐系统、战略游戏和机器人运用等。

　　总体来说，机器学习算法和问题可以分为有监督学习和无监督学习两大类。

在有监督学习算法中，所有数据带有额外的属性（例如每个样本所属的类别或对应的目标值），每个样本都必须同时包含输入（如样本的特征）和预期输出（也就是目标），通过大量已知的数据不断训练和减少错误来提高认知能力，最后根据积累的经验去预测未知数据的属性。分类和回归属于经典的有监督学习算法。在分类算法中，样本属于两个或多个离散的类别之一，我们根据已贴标签的样本来学习如何预测未贴标签样本所属的类别。如果预期的输出是一个或多个连续变量，则分类问题变为回归问题。

在无监督学习算法中，训练数据包含一组输入向量而没有相应的目标值。这类算法的目标可能是发现原始数据中相似样本的组合（称作聚类），或者确定数据的分布（称作密度估计），或者把数据从高维空间投影到低维空间（称作降维）以便进行可视化或者减少特征数量并提高分析速度。

一般地，不会把给定的整个数据集都用来训练模型，而是将其分成训练集和测试集两部分，使用训练集对模型进行训练或学习，然后把测试集输入训练好的模型并评估其表现。另外，大多数模型都有若干参数可以设置，例如支持向量机模型的 kernel、C、gamma 参数，这些参数可以手动设置，也可以使用网格搜索（grid search）和交叉验证（cross validation）寻找和确定最合适的值。

本节首先介绍一些基本概念，8.2 节介绍机器学习扩展库 scikit-learn 中的常用模块和方法，接下来的几节通过几个案例来介绍和演示机器学习中的一些算法和应用，本书并不详细介绍每个算法的数学推导，而是重点介绍 sklearn 实现和各种参数的含义和使用。

1. 一维数组

一维数组（one-dimension array）一般用来表示向量，其 shape 属性的长度为 1。示例如下。

```
>>> import numpy as np
>>> data = np.array([1, 2, 3, 4, 5])
>>> data
array([1, 2, 3, 4, 5])
>>> data.shape
(5,)
>>> len(data.shape)        # shape 属性长度为 1
1
```

2. 二维数组

二维数组（two-dimension array）一般用来表示矩阵或样本数据，每行表示一个样本，每列表示样本的一个特征。二维数组 shape 属性的长度为 2。示例如下。

```
>>> import numpy as np
>>> data = np.array([[1,2,3], [4,5,6]])
>>> data
array([[1, 2, 3],
       [4, 5, 6]])
>>> data.shape             # 2 行 3 列
(2, 3)
>>> len(data.shape)        # shape 属性长度为 2
2
```

3. 稀疏矩阵

稀疏矩阵（sparse matrix）是其中大多数元素为 0 的二维数值型矩阵，扩展库 scipy.sparse 中实现了稀疏矩阵的高效表示、存储和相关运算。

4. 可调用对象

在 Python 中，可调用对象（callable）主要包括函数（function）、lambda 表达式、类（class）、

类的方法（method）、实现了特殊方法__call__()的类的对象，这些对象作为内置函数 callable()的参数会使得该函数返回 True。

5．样本

样本（sample）通常使用特征向量来表示，其中每个分量表示样本的一个特征，这些特征组成的特征向量应该能够准确地描述一个样本并能够很好地区别于其他样本。

6．特征、特征向量

抽象地讲，特征（feature）是用来把一个样本映射到一组属性或某个类别的函数，也常用来表示这些属性或类别（即一个样本若干特征组成的特征向量（feature vector）中的每个分量）。在数据矩阵中，特征表示为列，每列包含把一个特征函数应用到一组样本上的结果，每行表示一个样本若干特征组成的特征向量。

7．特征提取器

特征提取器（feature extractor）是把样本映射到固定长度数组形式数据（如扩展库 numpy 中的数组、Python 列表、元组和只包含数值的 pandas.DataFrame 和 pandas.Series 对象）的转换器，至少应提供 fit()、transform()和 get_feature_names()方法。

8．目标

目标（target）是有监督学习或半监督学习中的因变量，一般作为参数 y 传递给估计器的拟合方法 fit()，也称作结果变量、理想值或标签。

9．偏差、方差

偏差（bias）（也称作离差）描述算法的期望预测结果与真实结果的偏离程度，反映了模型的拟合能力。在使用中往往使用偏差的平方，计算公式如下。

$$bias^2(x) = (\overline{f}(x) - y)^2$$

其中，$\overline{f}(x)$ 表示模型的期望预测结果，y 表示真实结果。

方差（variance）用来描述数据的离散程度或者波动程度，比较分散的数据集的方差大，而相对集中的数据集的方差小。方差计算公式如下。

$$var(x) = E_D[(f(x; D) - \overline{f}(x))^2]$$

其中，$f(x; D)$ 表示在训练集 D 上得到的模型 f 在 x 上的预测输出，$\overline{f}(x) = E_D[f(x; D)]$ 表示在训练集 D 上得到的模型 f 在 x 上预测输出的期望值。

在机器学习中，方差可以用来描述模型的稳定性，过于依赖数据集的模型的方差大，对数据集依赖性不强的模型方差小。

理想模型的方差和偏差应该都很小。作为一个简单的类比，在打靶时，如果连续十发子弹的中靶位置比较集中但距离靶心较远，则属于方差小而偏差大；如果 10 发子弹的中靶位置比较分散但都围绕在靶心周围，则属于偏差小而方差大；我们理想中的情况应该是，10 发子弹的中靶位置非常集中并且距离靶心非常近，也就是方差和偏差都很小。

10．维度

维度（dimension）一般指特征的数量，或者二维特征矩阵中列的数量，也是特定问题中每个样本特征向量的长度。

11．早停法

把数据集分成训练集和测试集，使用训练集对模型进行训练，并周期性地使用测试集对模型进行测试和验证，如果模型在测试集上的表现开始变差就停止训练，避免过拟合问题，这样的处理方式称为早停法（early stopping）。

12. 评估度量

评估度量（evaluation metrics）用来测量模型表现的好坏，也常指 metrics 模块中的函数。

13. 拟合

拟合（fit）泛指一类数据处理的方式，包括回归、插值、逼近。简单地说，对于平面上若干已知点，拟合是构造一条光滑曲线，使该曲线与这些点的分布最接近，曲线在整体上靠近这些点，使得某种意义下的误差最小。

在统计学中，通常通过描述函数和目标函数的吻合程度来描述拟合的质量。插值是拟合的特殊情况，曲线经过所有的已知点。回归一般是先提前假设曲线的形状，然后计算回归系数使得某种意义下误差最小。

在机器学习库 scikit-learn 中，估计器的 fit()方法用来根据给定的数据以及模型参数对模型进行训练和拟合。

14. 过拟合

当模型设计过于复杂时，在拟合过程中过度考虑数据中的细节，甚至使用了过多的噪声，使得模型过分依赖训练数据（具有较高的方差和较低的偏差），导致模型在新数据集上的表现很差，这种情况称作过拟合（overfit）。我们可以通过增加样本数量、简化模型、对数据进行降维以减少使用的特征、早停、正则化或其他方法避免过拟合问题。

15. 欠拟合

过于关注数据细节时会导致过拟合，而忽略数据时容易导致欠拟合（underfit）。模型不够复杂，没有充分考虑数据集中的特征，导致拟合能力不强，模型在训练数据和测试数据上的表现都很差，这种情况称作欠拟合。

16. 填充算法

大多数机器学习算法要求输入的内容没有缺失值，否则无法正常工作。试图填充缺失值的算法称作填充算法（imputation algorithms）或插补算法。

17. 数据泄露

预测器在训练时使用了在实际预测时不可用的数据特征，或者误把预测结果的一部分甚至根据预测结果才能得到的结论当作特征，从而导致模型看起来非常精确，但在实际使用中的表现却很差，此时称作存在数据泄露（data leakage）。如果发现建立的模型非常精确，很可能存在数据泄露，应仔细检查与目标 target 相关的特征。

18. 有监督学习

在训练模型时，如果每个样本都有预期的目标或理想值，称作有监督学习（supervised learning）。

19. 半监督学习

在训练模型时，可能只有部分训练数据带有标签或理想值，这种情况称作半监督学习（semi-supervised learning）。在半监督学习中，一般给没有标签的样本统一设置标签为-1。

20. 直推式学习

直推式学习（transductive learning）可以看作半监督学习的一个子问题，或者是一种特殊的半监督学习。直推式学习假设没有标签的数据就是最终用来测试的数据，学习的目的就是在这些数据上取得最佳泛化能力。

21. 无监督学习

在训练模型时，如果每个样本都没有预期的标签或理想值，并且模型和算法的目的是试图发现样本之间的关系，称作无监督学习（unsupervised learning），例如聚类、主成分分析和离群值检测。在无监督学习模型的拟合方法 fit() 中，会忽略传递的任何 y 值。

22. 分类器

分类器（classifier）是指具有有限个可能的离散值作为结果的有监督（或半监督）预测器。对于特定的输入样本，分类器总能给出若干有限离散值中的一个作为结果。

23. 聚类器

聚类器（clusterer）属于无监督学习算法，具有有限个可能的离散输出结果。聚类器必须且至少提供拟合方法 fit()。另外，直推式聚类器应具有 fit_predict() 方法，归纳式聚类器还应具有 predict() 方法。

24. 估计器

估计器（estimator）表示一个模型以及这个模型被训练和评估的方式，例如分类器、回归器、聚类器。

25. 离群点检测器

离群点检测器（outlier detector）是区分核心样本和偏远样本的无监督二分类预测器。

26. 预测器

预测器（predictor）是支持 predict() 和/或 fit_predict() 方法的估计器，可以是分类器、回归器、离群点检测器和聚类器等。

27. 回归器

回归器（regressor）是处理连续输出值的有监督或半监督预测器。回归器通常继承自 base.RegressorMixin，支持 fit()、predict() 和 score() 方法，作为 is_regressor() 函数的参数时使得该函数返回值为 True。

28. 转换器

转换器（transformer）是支持 transform() 和/或 fit_transform() 方法的估计器。类似于 manifold.TSNE 的纯直推式转换器可能没有实现 transform() 方法。

29. 交叉验证生成器

在不同的测试集上执行多重评估，然后组合这些评估的得分，这种技术称作交叉验证。交叉验证生成器（cross-validation generator）用来把数据集分成训练集和测试集部分，提供 split() 和 get_n_splits() 方法，不提供 fit()、set_params() 和 get_params() 方法，不属于估计器。

30. 交叉验证估计器

交叉验证估计器（cross-validation estimator）是具有内置的交叉验证能力、能够自动选择最佳超参数的估计器，例如 ElasticNetCV 和 LogisticRegressionCV。

31. 评分器

评分器（scorer）是可调用对象，不属于估计器，使用给定的测试数据评价估计器，返回一个数值，数值越大表示估计器的性能或表现越好。

32. 损失函数

损失函数（loss function）是用来计算单个样本的预测结果与实际值之间误差的函数。

33．风险函数

风险函数（risk function）是损失函数的期望，表示模型预测的平均质量。

34．代价函数

代价函数（cost function）是用来计算整个训练集上所有样本的预测结果与实际值之间误差平均值的函数，值越小表示模型的鲁棒性越好，预测结果越准确。

35．目标函数

目标函数（objective function）=代价函数+惩罚项。

36．坐标下降

坐标下降（coordinate descent）属于一种非梯度优化的方法，它在算法的每次迭代中，在当前位置沿某个坐标的方向进行一维搜索和优化以求得函数的局部极小值，在整个过程中循环使用不同的坐标方向。如果在某次迭代中函数没有得到优化，说明已经达到一个驻点。

37．梯度下降

对于可微函数，其在每个方向上的偏导数组成的向量称作梯度，梯度的方向表示变化的方向，梯度的模长或幅度表示变化的快慢。在求解机器学习算法的模型参数时，梯度下降（gradient descent）是经常使用的方法之一。在求解损失函数的最小值时，可以通过梯度下降法进行迭代求解，沿梯度的反方向进行搜索，当梯度向量的幅度接近 0 时终止迭代，最终得到最小化的损失函数和模型参数值。

38．随机梯度下降

随机梯度下降（Stochastic Gradient Descent,SGD）是一个用于拟合线性模型的简单但非常有效的方法，每次迭代时随机抽取并使用一组样本，尤其适用于样本数量和特征数量都非常大的场合，其 partial_fit()方法允许在线学习或核外学习。SGDClassifier 和 SGDRegressor 分别使用不同的损失函数和惩罚项提供了用于拟合分类和回归线型模型的功能。例如，loss="log"时，SGDClassifier 拟合一个逻辑回归模型，而 loss="hinge"时，则拟合一个线性支持向量机。

39．正则化

正则化（regularization）是指在损失函数的基础上加上一个约束项（或称作惩罚项、正则项），对模型进行修正或优化，防止过拟合。

40．感知器

感知器（perceptron）是一个适用于大规模学习的简单分类算法，不需要学习率（监督学习和深度学习中决定目标函数能否收敛到局部最小值以及何时收敛到最小值的超参数），也不进行正则化，只在出错时更新模型，速度比 SGD 略快，得到的模型更稀疏。

41．被动攻击算法

被动攻击算法（passive aggressive algorithms）是一组用于大规模学习的算法，和感知器一样不需要学习率，但需要进行正则化。

42．泛化

使用通过对已知数据进行学习得到的模型，对未知数据进行预测的过程我们称之为泛化（generalization）。

43．学习曲线

学习曲线（learning curve）是一种判断模型性能的方法，描述数据集中样本数量增加时模型得分的变化情况，学习曲线可以比较直观地描述模型的状态和性能。

44．召回率

召回率（recall rate）也称为查全率，用于描述模型的灵敏度和识别率。对于分类算法而言，召回率也就是所有样本中被正确识别为 A 类的样本数量与实际属于 A 类的样本数量的比值。

45．准确率

对于分类算法而言，准确率（precision）定义为被正确分类的样本数量与样本总数量的比值。

8.2 机器学习库 sklearn 简介

8.2.1 扩展库 sklearn 常用模块与对象

scikit-learn（或写作 sklearn）是基于 Python 语言的数据分析与机器学习开源库，依赖于 numpy、scipy、matplotlib 等扩展库，可以在安装好依赖库之后使用命令 pip install scikit-learn 或 pip install sklearn 进行在线安装，如果使用 Anaconda3 的话也可以使用命令 conda 安装、卸载或升级扩展库。扩展库 scikit-learn 中包含大量用于机器学习相关的模块，常用模块如表 8-1 所示，其常用方法如表 8-2 所示。本章接下来将通过实际案例讲解部分机器学习算法的原理、sklearn 实现与应用。

表 8-1　　　　　　　　　　　　　扩展库 scikit-learn 中的常用模块

模 块 名 称	简 单 描 述
base	包含所有估计器的基类和常用函数，例如测试估计器是否为分类器的函数 is_classifier() 和测试估计器是否为回归器的函数 is_regressor()
calibration	包含若干用于预测概率校准的类和函数
cluster	包含常用的无监督聚类算法实现，例如 AffinityPropagation、AggomerativeClustering、Birch、DBSCAN、FeatureAgglomeration、KMeans、MiniBatchKMeans、MeanShift、SpectralClustering
covariance	包含用来估计给定点集协方差的算法实现
cross_decomposition	交叉分解模块，主要包含偏最小二乘法（PLS）和经典相关分析（CCA）算法的实现
datasets	包含加载常用参考数据集和生成模拟数据的工具
decomposition	包含矩阵分解算法的实现，包括主成分分析（PCA）、非负矩阵分解（NMF）、独立成分分析（ICA）等，该模块中大部分算法可以用作降维技术
discriminant_analysis	主要包含线型判别分析（LDA）和二次判别分析（QDA）算法
dummy	包含使用简单规则的分类器和回归器，可以作为比较其他真实分类器和回归器好坏的基线，不直接用于实际问题
ensemble	包含用于分类、回归和异常检测的集成方法
feature_extraction	从文本和图像原始数据中提取特征
feature_selection	包含特征选择算法的实现，目前有单变量过滤选择方法和递归特征消除算法
gaussian_process	实现了基于高斯过程的分类与回归
isotonic	保序回归
impute	包含用于填充缺失值的转换器
kernel_approximation	实现了几个基于傅里叶变换的近似核特征映射
kernel_ridge	实现了核岭回归（Kernel Ridge Regression，KRR）
linear_model	实现了广义线型模型，包括线性回归、岭回归、贝叶斯回归、使用最小角回归和坐标下降法计算的 Lasso 和弹性网络估计器，以及随机梯度下降（SGD）相关的算法

模 块 名 称	简 单 描 述
manifold	流形学习，实现了数据嵌入技术
metrics	包含评分函数、性能度量、成对度量和距离计算
mixture	实现了高斯混合建模算法
model_selection	实现了多个交叉验证器类以及用于学习曲线、数据集分割的函数
multiclass	实现了多类和多标签分类，该模块中的估计器都属于元估计器，需要使用基估计器类作为参数传递给构造器。例如，可以用来把一个二分类器或回归器转换为多类分类器
multioutput	实现了多输出回归与分类
naive_bayes	实现了朴素贝叶斯算法
neighbors	实现了 K 近邻算法
neural_network	实现了神经网络模型
pipeline	实现了用来构建混合估计器的工具
inspection	包含用于模型检测的工具
preprocessing	包含缩放、居中、正则化、二值化和插补算法
svm	实现了支持向量机（SVM）算法
tree	包含用于分类和回归的决策树模型
utils	包含一些常用工具，例如查找所有正数中最小值的函数 arrayfuncs.min_pos()，计算稀疏向量密度的函数 extmath.density()

表 8-2　　　　　　　　　　扩展库 scikit-learn 中对象的常用方法

方 法 名 称	简 单 描 述
fit()	每个估计器都会提供这个方法，通常接收一些样本 X 作为参数，如果模型是有监督的还会接收目标 y 作为参数，以及其他用来描述样本属性的参数，例如 sample_weight。该方法应该具备以下功能 ● 除非使用了热启动，否则清除估计器之前存储的任意属性 ● 验证和解释参数（如果参数非法则引发异常） ● 对输入的数据进行验证 ● 根据评价的参数和给定的数据评估并存储模型属性 ● 返回本次拟合好的估计器
fit_predict()	一般适用于无监督的直推式估计器，训练模型并返回对给定训练数据的预测结果。在聚类器中，这些预测结果也会保存在 labels_ 属性中，fit_predict(X)的输出通常等价于 fit(X).predict(X)的结果
fit_transform()	转换器对象的方法，用来训练估计器并返回转换后的训练数据。该方法的参数与 fit()相同，其输出应该和调用 fit(X, ...).transform(X)具有相同的形状。但是在极个别情况中 fit_transform(X, ...)和 fit(X, ...).transform(X)的返回值并不一样，此时需要对训练数据进行不同的处理 直推式转换器可能会提供 fit_transform()方法而不提供 transform()方法，这样比分别执行 fit()和 transform()更高效 在归纳学习中，旨在从大量的经验数据中归纳抽取出一般的判定规则和模式，属于从特殊到一般的学习方法，目的是得到一个应用于新数据的广义模型，用户在进一步建模之前应该注意不要对整个数据集使用 fit_transform()方法，否则会导致数据泄露

方 法 名 称	简 单 描 述
get_feature_names()	特征提取器的基本方法，也适用于在估计器的 transform()方法输出中获取每列名字的转换器。该方法返回包含若干字符串的列表，可以接收字符串列表作为输入用来指定输出的列名，默认情况下输入数据的特征被命名为 x0, x1, …
get_params()	获取所有参数和它们的值
partial_fit()	以在线方式训练估计器，重复调用该方法不会清除模型状态，而是使用给定的数据对模型进行更新
predict()	对每个样本进行预测，通常只接收样本矩阵 X 作为输入。在分类器或回归器中，预测结果必然是训练时使用的目标空间中的一个。尽管如此，即使传递给 fit()方法的 y 是一个列表或其他类似于数组的数据，predict()方法的输出应该总是一个数组或稀疏矩阵。在聚类器或离群点检测中，预测结果是一个整数
predict_proba()	分类器和聚类器的方法，可以返回每个类的概率估计，其输入通常是包含样本特征向量的二维数组 X
score()	预测器的方法，可以在给定数据集上评估预测结果，返回单个数值型得分，数值越大表示预测结果越好
split()	用于交叉验证而不是估计器，该方法接收参数（X, y, groups），返回一个包含若干（train_idx, test_idx）元组的迭代器，用来把数据集分为训练集和测试集
transform()	在转换器中，对输入（通常只有 X）进行转换，结果是一个长度为 n_samples 并且列数固定的数组或稀疏矩阵，估计器尚未完成时调用该方法会引发异常

8.2.2 选择合适的模型和算法

不同的估计器适用于不同类型的问题和不同规模的数据，不存在通用的模型和算法。在实际应用中，需要对问题类型和数据规模进行深入分析之后再选择合适的机器学习算法。读者可在 sklearn 官方在线文档中查阅算法选择路径图。

8.3 线性回归算法的原理与应用

8.3.1 线性回归模型的原理

根据数学知识可知，给定平面上不重合的两个点 $P(x_1, y_1)$ 和 $Q(x_2, y_2)$，可以唯一确定一条直线 $\dfrac{y - y_1}{x - x_1} = \dfrac{y_2 - y_1}{x_2 - x_1}$，简单整理后得到 $y = \dfrac{y_2 - y_1}{x_2 - x_1} \times (x - x_1) + y_1$，根据这个公式就可以准确地计算任意 x 值在该直线上对应点的 y 值，如图 8-1 所示。

如果平面上有若干不共线的样本点，现在要求找到一条最佳回归直线，使得这些点的总离差最小，确定最佳回归系数 ω，满足下面的公式。

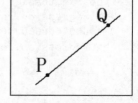

图 8-1 两点确定一条直线

$$\min_{\omega} \|X\omega - y\|_2^2$$

其中，X 为包含若干 x 坐标的数组，$X\omega$ 为这些 x 坐标在回归直线上对应点的纵坐标，y 为样本点的实际纵坐标。

确定了最佳回归直线的方程之后，就可以对未知样本进行预测了，也就是计算任意 x 值在该直线上对应点的 y 值，如图 8-2 所示。

上面的理论也适用于高维空间。在 n 维空间中，每个点具有 n 个坐标或特征，每个点可以使用一个 $1\times n$ 的向量表示，向量中的每个分量表示一个维度的坐标值。如此一来，在 n 维空间中不共线的两个点也可以唯一确定一条"直线"，对于不共线的多个点也可以计算一条"回归直线"，然后再对其他点进行预测，这正是线性回归算法的基本原理。

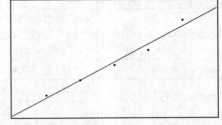

图 8-2　使用最小二乘法得到的回归直线

使用线性回归算法对实际问题进行预测时，使用一个 $m\times n$ 的矩阵表示空间中的 m 个点（或样本）并作为参数 X 输入给模型的 fit() 方法，每个样本是一个 $1\times n$ 向量，该向量中每个分量表示样本的一个特征。根据观察值 X 和对应的目标 y 对线性回归模型进行训练和拟合，得到最佳"直线"并用来对未知的样本 X 进行预测。如果使用 $\bar{y}$ 表示预测结果，那么可以用下面的线性组合公式表示线性回归模型。

$$\bar{y}(w,x)=\omega_0+\omega_1 x_1+\omega_2 x_2+\cdots+\omega_p x_p$$

其中，向量 $\omega=(\omega_1,\omega_2,\cdots,\omega_p)$ 为回归系数，使用 coef_ 表示；ω_0 为截距，使用 intercept_ 表示。在线性回归算法中，使用给定的观察值 X 和对应的目标 y 训练模型，也就是计算最佳回归系数和截距的过程。

8.3.2　sklearn 中线性回归模型的简单应用

以下代码是使用扩展库 sklearn.linear_model 中的线性回归算法 LinearRegression 对平面上两个点（3,1）和（8,2）进行拟合，得到回归直线的斜率和截距，为了便于观察和理解，使用 IDLE 进行演示。

```
>>> from sklearn import linear_model      # 导入线型模型模块
>>> regression = linear_model.LinearRegression()
                                          # 创建线型回归模型
>>> X = [[3], [8]]                        # 观察值的 x 坐标
>>> y = [1, 2]                            # 观察值的 y 坐标
>>> regression.fit(X, y)                  # 拟合
LinearRegression(copy_X=True, fit_intercept=True, n_jobs=1, normalize=False)
>>> regression.intercept_                 # 截距，以下画线结束
0.40000000000000036
>>> regression.coef_                      # 斜率，回归系数
                                          # 反映了 x 对 y 影响的大小
                                          # 以下画线结束，表示模型自身的属性
                                          # 区别于用户设置的参数
array([ 0.2])
>>> regression.predict([[6]])             # 对未知点进行预测，结果为数组
array([ 1.6])
>>> regression.score([[6],[7],[8],[9],[10]],    # 对模型进行评分
                     [1.6,1.8,1.99,2.2,2.401])  # 结果越大越好
0.9997480572972585
```

8.3.3　岭回归的基本原理与 sklearn 实现

岭回归是一种用于共线性数据（自变量之间存在较强的线性关系）分析的有偏估计回归方法，是改良的最小二乘估计法，通过放弃最小二乘法的无偏性，以损失部分信息、降低精度为代价从而获得更符合实际、更可靠的回归系数，对病态数据（这样的数据中某个元素的微小变动会导致计算结果误差很大）的拟合效果比最小二乘法好。岭回归通过在代价函数后面加上一个对参数的约束项（回归系数向量的 l_2 范数与一个常数 α 的乘积，称作 L$_2$ 正则化）来防止过拟合，即

$$\min_{\omega}\|X\omega - y\|_2^2 + \alpha\|\omega\|_2^2$$

下面的 IDLE 代码演示了岭回归的用法以及约束项系数对模型的影响。

```
>>> from sklearn.linear_model import Ridge
>>> ridgeRegression = Ridge(alpha=10)        # 创建岭回归模型
                                             # 设置约束项系数为 10
>>> X = [[3], [8]]
>>> y = [1, 2]
>>> ridgeRegression.fit(X, y)                # 拟合
Ridge(alpha=10, copy_X=True, fit_intercept=True, max_iter=None,
    normalize=False, random_state=None, solver='auto', tol=0.001)
>>> ridgeRegression.predict([[6]])           # 预测
array([ 1.55555556])
>>> ridgeRegression.coef_                    # 查看回归系数
array([ 0.11111111])
>>> ridgeRegression.intercept_               # 截距
0.88888888888888895
>>> ridgeRegression = Ridge(alpha=1.0)       # 设置约束项系数为 1.0
>>> ridgeRegression.fit(X, y)
Ridge(alpha=1.0, copy_X=True, fit_intercept=True, max_iter=None,
    normalize=False, random_state=None, solver='auto', tol=0.001)
>>> ridgeRegression.coef_
array([ 0.18518519])
>>> ridgeRegression.intercept_
0.48148148148148162
>>> ridgeRegression.predict([[6]])
array([ 1.59259259])
>>> ridgeRegression = Ridge(alpha=0.0)       # 约束项系数为 0
                                             # 等价于线性回归
>>> ridgeRegression.fit(X, y)
Ridge(alpha=0.0, copy_X=True, fit_intercept=True, max_iter=None,
    normalize=False, random_state=None, solver='auto', tol=0.001)
>>> ridgeRegression.coef_
array([ 0.2])
>>> ridgeRegression.intercept_
0.39999999999999991
>>> ridgeRegression.predict([[6]])
array([ 1.6])
```

模块 sklearn.linear_model 中的 RidgeCV 实现了带有内置的 alpha 参数交叉验证的岭回归算法，类似于 GridSearchCV，可用来在指定范围内自动搜索和确定约束项的最佳系数。示例如下。

```
>>> import numpy as np
>>> from sklearn.linear_model import RidgeCV
>>> X = [[3], [8]]
>>> y = [1, 2]
>>> reg = RidgeCV(alphas=np.arange(0.2,10,0.2))    # 指定 alpha 参数的范围
>>> reg.fit(X, y)                                   # 拟合
RidgeCV(alphas=array([0.2,  0.4, ...,   9.6,   9.8]), cv=None,
    fit_intercept=True, gcv_mode=None, normalize=False, scoring=None,
    store_cv_values=False)
>>> reg.alpha_                                      # 最佳数值
                                                    # 拟合之后该值才可用

0.30000000000000004
>>> reg.predict([[6]])                              # 预测
array([ 1.59765625])
```

8.3.4　套索回归 Lasso 的基本原理与 sklearn 实现

套索回归 Lasso 是可以估计稀疏系数的线性模型，尤其适用于减少给定解决方案依赖的特征数量的场合。如果数据的特征过多，而其中只有一小部分是真正重要的，此时选择 Lasso 比较合适。

在数学表达上，Lasso 类似于岭回归，也是在代价函数基础上增加了一个惩罚项的线性模型，与岭回归的区别在于 Lasso 的正则项为系数向量的 l_1 范数与一个常数 α 的乘积（称作 L_1 正则化），目标函数的形式如下。

$$\min_{\omega}\|X\omega - y\|_2^2 + \alpha\|\omega\|_1$$

扩展库 sklearn.linear_model 中的 Lasso 类使用坐标下降算法拟合系数。示例如下。

```
>>> from sklearn.linear_model import Lasso
>>> X = [[3], [8]]
>>> y = [1, 2]
>>> reg = Lasso(alpha=3.0)           # 设置惩罚项系数为 3.0
>>> reg.fit(X, y)                    # 拟合
Lasso(alpha=3.0, copy_X=True, fit_intercept=True, max_iter=1000,
    normalize=False, positive=False, precompute=False, random_state=None,
    selection='cyclic', tol=0.0001, warm_start=False)
>>> reg.coef_                        # 查看系数
array([ 0.])
>>> reg.intercept_                   # 查看截距
1.5
>>> reg.predict([[6]])
array([ 1.5])
>>> reg = Lasso(alpha=0.2)           # 设置惩罚项系数为 0.2
>>> reg.fit(X, y)
Lasso(alpha=0.2, copy_X=True, fit_intercept=True, max_iter=1000,
    normalize=False, positive=False, precompute=False, random_state=None,
    selection='cyclic', tol=0.0001, warm_start=False)
>>> reg.coef_
array([ 0.168])
>>> reg.intercept_
0.57599999999999996
>>> reg.predict([[6]])
array([ 1.584])
```

8.3.5　弹性网络 ElasticNet 的基本原理与 sklearn 实现

弹性网络 ElasticNet 是同时使用了系数向量的 l_1 范数和 l_2 范数的线性回归模型，使得可以学习得到类似于 Lasso 的一个稀疏模型，同时还保留了 Ridge 的正则化属性，结合了二者的优点，尤其适用于有多个特征彼此相关的场合。在数学上，目标函数的形式如下。

$$\min_{\omega} \frac{1}{2n_{samples}}\|X\omega - y\|_2^2 + \alpha\rho\|\omega\|_1 + \frac{\alpha(1-\rho)}{2}\|\omega\|_2^2$$

下面的代码演示了 ElasticNet 模型的用法以及不同参数值对结果的影响，其中 ElasticNet 类的参数 l1_ratio 对应上面公式中的 ρ。

```
>>> from sklearn.linear_model import ElasticNet
>>> reg = ElasticNet(alpha=1.0, l1_ratio=0.7)
>>> X = [[3], [8]]
>>> y = [1, 2]
>>> reg.fit(X, y)
ElasticNet(alpha=1.0, copy_X=True, fit_intercept=True, l1_ratio=0.7,
  max_iter=1000, normalize=False, positive=False, precompute=False,
  random_state=None, selection='cyclic', tol=0.0001, warm_start=False)
>>> reg.predict([[6]])
array([ 1.54198473])
>>> reg.coef_
array([ 0.08396947])
>>> reg.intercept_
1.0381679389312977
>>> reg = ElasticNet(alpha=1.0, l1_ratio=0.3)     # 修改参数，进行对比
>>> reg.fit(X, y)
ElasticNet(alpha=1.0, copy_X=True, fit_intercept=True, l1_ratio=0.3,
  max_iter=1000, normalize=False, positive=False, precompute=False,
  random_state=None, selection='cyclic', tol=0.0001, warm_start=False)
>>> reg.predict([[6]])
array([ 1.56834532])
>>> reg.coef_
array([ 0.13669065])
>>> reg.intercept_
0.74820143884892099
```

8.3.6　使用线性回归模型预测儿童身高

理论上，一个人的身高除了随年龄变大而增长之外，在一定程度上还受到遗传和饮食习惯以及其他因素的影响，但是饮食等其他因素对身高的影响很难衡量。我们把问题简化一下，假定一个人的身高只受年龄、性别、父母身高、祖父母身高和外祖父母身高这几个因素的影响，并假定大致符合线性关系；也就是说，在其他条件不变的情况下，随着年龄的增长，儿童会越来越高；同样，对于其他条件都相同的儿童，其父母较高的话，儿童也会略高一些。但在实际应用时要考虑到一个情况，人的身高不是一直在增长，到了一定年龄之后就不再生长了，然后身高会长期保持固定而不再变化（不考虑年龄太大之后会稍微变矮一点的情况）。为了简化该问题，我们假设 18 岁之后身高不再变化。

Python 扩展库 sklearn 的 linear_model 包中提供了 ARD 自相关回归算法 ARDRegression、贝叶斯岭回归算法 BayesianRidge、弹性网络算法 ElasticNet、最小角回归算法 LARS、随机梯度下降算法分类器 SGDClassifier、逻辑回归 LogisticRegression、岭回归分类器 RidgeClassifier、普通最小二乘法线性回归模型 LinearRgression 等大量线型模型的实现，成功安装 sklearn 之后可以在 Python 安装目录的 Lib\site-packages\sklearn\linear_model 子文件夹中找到这些模型的实现源码，或在 Python 开发环境中使用 from sklearn import linear_model 导入包之后再使用 dir(linear_model) 查看所有可用对象名称，如果需要查看帮助文档的话可以使用内置函数 help()，例如 help(linear_model.LinearRegression)。本节重点介绍线性回归模型 LinearRegression，下面的代码演示了如何使用 LinearRegression 预测儿童身高。

```python
import copy
import numpy as np
from sklearn import linear_model

# 训练数据，每一行表示一个样本，包含的信息分别为:
# 儿童年龄,性别（0女1男）
# 父亲、母亲、祖父、祖母、外祖父、外祖母的身高
x = np.array([[1, 0, 180, 165, 175, 165, 170, 165],
              [3, 0, 180, 165, 175, 165, 173, 165],
              [4, 0, 180, 165, 175, 165, 170, 165],
              [6, 0, 180, 165, 175, 165, 170, 165],
              [8, 1, 180, 165, 175, 167, 170, 165],
              [10, 0, 180, 166, 175, 165, 170, 165],
              [11, 0, 180, 165, 175, 165, 170, 165],
              [12, 0, 180, 165, 175, 165, 170, 165],
              [13, 1, 180, 165, 175, 165, 170, 165],
              [14, 0, 180, 165, 175, 165, 170, 165],
              [17, 0, 170, 165, 175, 165, 170, 165]])

# 儿童身高，单位: cm
y = np.array([60, 90, 100, 110, 130, 140, 150, 164,\
              160, 163, 168])
# 创建线性回归模型
lr = linear_model.LinearRegression()
# 根据已知数据拟合最佳直线
lr.fit(x, y)

# 待测的未知数据，其中每个分量的含义和训练数据相同
xs = np.array([[10, 0, 180, 165, 175, 165, 170, 165],
               [17, 1, 173, 153, 175, 161, 170, 161],
               [34, 0, 170, 165, 170, 165, 170, 165]])

for item in xs:
    # 为不改变原始数据，进行深复制，并假设超过18岁以后就不再长高了
    # 对于18岁以后的年龄，返回18岁时的身高
    item1 = copy.deepcopy(item)
    if item1[0] > 18:
        item1[0] = 18
    print(item, ':', lr.predict(item1.reshape(1,-1)))
```

运行结果为：

```
[ 10    0 180 165 175 165 170 165] : [ 140.56153846]
[ 17    1 173 153 175 161 170 161] : [ 158.41]
[ 34    0 170 165 170 165 170 165] : [ 176.03076923]
```

8.4　逻辑回归算法的原理与应用

8.4.1　逻辑回归算法的原理与 sklearn 实现

虽然名字中带有"回归"二字，但实际上逻辑回归是一个用于分类的线性模型，通常也称作最大熵分类或对数线性分类器。

逻辑回归的因变量既可以是二分类的，也可以是多分类的，但是二分类更常用一些。逻辑回归常用于数据挖掘、疾病自动诊断、经济预测等领域，例如可以挖掘引发疾病的主要因素，或根据这些因素来预测发生疾病的概率。

扩展库 sklearn.linear_model 中的 LogisticRegression 类实现了逻辑回归算法，其构造方法的语法格式如下。

```
__init__(self, penalty='l2', dual=False, tol=0.0001, C=1.0, fit_intercept=True,
intercept_scaling=1, class_weight=None, random_state=None, solver='liblinear', max_
iter=100, multi_class='ovr', verbose=0, warm_start=False, n_jobs=1)
```

其中，比较常用的参数如表 8-3 所示，该类对象的常用方法如表 8-4 所示。

表 8-3　　　　　　　　　LogisticRegression 类构造方法的常用参数

参 数 名 称	含　义
penalty	用来指定惩罚时的范数，默认为'l2'，也可以为'l1'，但求解器'newton-cg'、'sag'和'lbfgs'只支持'l2'
C	用来指定正则化强度的逆，必须为正实数，值越小表示正则化强度越大（这一点和支持向量机类似），默认值为 1.0
solver	用来指定优化时使用的算法，该参数可用的值有'newton-cg'、'lbfgs'、'liblinear'、'sag'、'saga'，默认值为'liblinear'，不同求解器的区别如下 ● 'liblinear'使用坐标下降算法，对于小数据集是个不错的选择，而'sag'、'saga'对于大数据集的速度要快一些； ● 对于多分类问题，只有'newton-cg'、'sag'、'saga'和'lbfgs'能够处理多项式损失，而'liblinear'局限于一对多问题（one-versus-rest schemes）； ● 'newton-cg'、'sag'和'lbfgs'只支持'l2'正则化或者没有正则化的场合，对于某些高维数据的收敛速度也更快一些，而'liblinear'和'saga'也能处理'l1'惩罚； ● 'sag'使用随机平均梯度下降算法，对于样本数量和特征数量都很大的数据集，速度比其他求解器更快一些
multi_class	取值可以为'ovr'或'multinomial'，默认值为'ovr'。如果设置为'ovr'，对于每个标签拟合二分类问题，否则在整个概率分布中使用多项式损失进行拟合，该参数不适用于'liblinear'求解器
n_jobs	用来指定当参数 multi_class='ovr'时使用的 CPU 核的数量，值为-1 时表示使用所有的核

表 8-4   LogisticRegression 类对象的常用方法

方　　法	功　　能
fit(self, X, y, sample_weight=None)	根据给定的训练数据对模型进行拟合
predict_log_proba(self, X)	对数概率估计，返回的估计值按分类的标签进行排序
predict_proba(self, X)	概率估计，返回的估计值按分类的标签进行排序
predict(self, X)	预测 X 中样本所属类的标签
score(self, X, y, sample_weight=None)	返回给定测试数据和实际标签相匹配的平均准确率
densify(self)	把系数矩阵转换为密集数组格式
sparsify(self)	把系数矩阵转换为稀疏矩阵格式

　　下面的代码演示了逻辑回归算法的原理，可以调整其中的参数以便对工作原理有更深入的了解，其中关于可视化的内容可以参考本书第 9 章的介绍。

```python
import numpy as np
from sklearn.linear_model import LogisticRegression
import matplotlib.pyplot as plt

# 构造测试数据
X = np.array([[i] for i in range(30)])
y = np.array([0]*15+[1]*15)
# 人为修改部分样本的值
y[np.random.randint(0,15,3)] = 1
y[np.random.randint(15,30,4)] = 0
print(y[:15])
print(y[15:])
# 根据原始数据绘制散点图
plt.scatter(X, y)

# 创建并训练逻辑回归模型
reg = LogisticRegression('l2', C=3.0)
reg.fit(X, y)

# 对未知数据进行预测
print(reg.predict([[5], [19]]))
# 未知数据属于某个类别的概率
print(reg.predict_proba([[5], [19]]))

# 对原始观察点进行预测
yy = reg.predict(X)
# 根据预测结果绘制折线图
plt.plot(X, yy)

plt.show()
```

运行结果为：

```
[0 1 1 0 1 0 0 0 0 0 0 0 0 0 0]
[1 1 0 0 1 1 1 1 1 1 1 1 0 1 1]
[0 1]
[[ 0.70677103  0.29322897]
 [ 0.37200617  0.62799383]]
```

代码绘制的图形如图 8-3 所示。

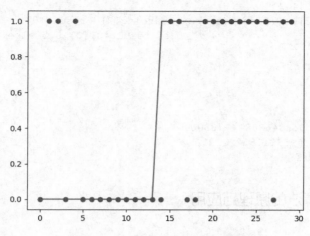

图 8-3　逻辑回归算法原理示意图

8.4.2　使用逻辑回归算法预测考试能否及格

本节将介绍根据学生某门课程的复习时长和效率预测期末是否能够及格的示例。首先构建逻辑回归模型并使用往年的调查结果数据对模型进行训练，然后对本届学生的复习情况做出预测，并给出特定学习状态时考试及格和不及格的概率。在实际情况中，复习得越好通过考试的概率越大，但是由于心理素质强弱不同会对临场发挥有所影响，再加上考试题目对知识点的覆盖率也会影响最终成绩，所以复习得好也不能保证百分之百通过考试。

```python
from sklearn.linear_model import LogisticRegression

# 复习情况，格式为(时长,效率)，其中时长单位为小时
# 效率为[0,1]之间的小数，数值越大表示效率越高
X_train = [(0,0), (2,0.9), (3,0.4), (4,0.9), (5,0.4),
           (6,0.4), (6,0.8), (6,0.7), (7,0.2), (7.5,0.8),
           (7,0.9), (8,0.1), (8,0.6), (8,0.8)]
# 0表示不及格，1表示及格
y_train = [0, 0, 0, 1, 0, 0, 1, 1, 0, 1, 1, 0, 1, 1]

# 创建并训练逻辑回归模型
reg = LogisticRegression()
reg.fit(X_train, y_train)

# 测试模型
X_test = [(3,0.9), (8,0.5), (7,0.2), (4,0.5), (4,0.7)]
y_test = [0, 1, 0, 0, 1]
score = reg.score(X_test, y_test)

# 预测并输出预测结果
learning = [(8, 0.9)]
result = reg.predict_proba(learning)
msg = '''模型得分: {0}
```

```
复习时长为: {1[0]}，效率为: {1[1]}
您不及格的概率为: {2[0]}
您及格的概率为: {2[1]}
综合判断，您会: {3}'''.format(score, learning[0], result[0],
                              '不及格' if result[0][0]>0.5 else '及格')

print(msg)
```

运行结果为:

```
模型得分: 0.4
复习时长为: 8，效率为: 0.9
您不及格的概率为: 0.3046888147788084
您及格的概率为: 0.6953111852211916
综合判断，您会: 及格
```

8.5 朴素贝叶斯算法的原理与应用

8.5.1 基本概念

朴素贝叶斯算法是一种基于贝叶斯理论的概率算法，在学习其原理和应用之前，让我们先了解几个相关的概念。

1. 随机试验

随机试验是指可以在相同条件下重复试验多次，所有可能发生的结果都是已知的，但每次试验到底会发生其中哪一种结果是无法预先确定的。

2. 事件与空间

在一个特定的试验中，每一个可能出现的结果称作一个基本事件，全体基本事件组成的集合称作基本空间。

在一定条件下必然会发生的事件称作必然事件，可能发生也可能不发生的事件称作随机事件，不可能发生的事件称作不可能事件，不可能同时发生的两个事件称作互斥事件，二者必有其一发生的事件称作对立事件。

例如，在水平地面上投掷硬币的试验中，正面朝上是一个基本事件，反面朝上是一个基本事件，基本空间中只包含这两个随机事件，并且二者既为互斥事件又是对立事件。

3. 概率

概率是用来描述在特定试验中一个事件发生的可能性大小的指标，是介于 0 和 1 之间的实数，可以定义为某个事件发生的次数与试验总次数的比值，即

$$P(x) = \frac{n_x}{n}$$

其中，n_x 表示事件 x 发生的次数，n 表示试验总次数。

例如，在投掷硬币的试验中，对于材质均匀的硬币，在水平地面上投掷足够多次，那么正面朝上和反面朝上这两个事件的概率都是 50%。

4. 先验概率

先验概率是指根据以往的经验和分析得到的概率。

例如，前面关于投掷硬币的试验描述中，50%就是先验概率。再如，有 5 张卡片，上

面分别写着数字 1、2、3、4、5，随机抽取一张，取到偶数卡片的概率是 40%，这也是先验概率。

5．条件概率

条件概率也称作后验概率，是指在另一个事件 B 已经发生的情况下事件 A 发生的概率，记为 $P(A|B)$。如果基本空间只有两个事件 A 和 B 的话，则有

$$P(A \bigcap B) = P(A|B)P(B) = P(B|A)P(A)$$

或

$$P(A|B) = \frac{P(A \bigcap B)}{P(B)}$$

以及

$$P(B|A) = \frac{P(A \bigcap B)}{P(A)}$$

其中，$A \bigcap B$ 表示事件 A 和 B 同时发生，当 A 和 B 为互斥事件时有 $P(A \bigcap B) = 0$，容易得知，此时也有 $P(A|B) = P(B|A) = 0$。

仍以上面随机抽取卡片的试验为例，如果已知第一次抽到偶数卡片并且没有放回去，那么第二次抽取到偶数卡片的概率则为 25%，这就是后验概率。

作为条件概率公式的应用，已知某校大学生英语四级考试通过率为 98%，通过四级之后才可以报考六级，并且已知该校学生英语六级的整体通过率为 68.6%，那么通过四级考试的那部分学生中有多少通过了六级呢？

在这里，使用 A 表示通过英语四级，B 表示通过英语六级，那么 $A \bigcap B$ 表示既通过四级又通过六级，根据上面的公式有

$$P(B|A) = \frac{P(A \bigcap B)}{P(A)} = 0.686 \div 0.98 = 0.7$$

可知，在通过英语四级考试的学生中，有 70% 的学生通过了英语六级。

6．全概率公式

已知若干互不相容的事件 B_i，其中 $i = 1, 2, 3, \cdots, n$，并且所有事件 B_i 构成基本空间，那么对于任意事件 A，有

$$P(A) = \sum_{i=1}^{n} P(A|B_i)P(B_i)$$

这个公式称作全概率公式，可以把复杂事件 A 的概率计算转化为不同情况下发生的简单事件的概率求和问题。

例如，仍以上面描述的抽取卡片的试验为例，从 5 个卡片中随机抽取一张不放回，然后再抽取一张，第二次抽取到奇数卡片的概率是多少？

使用 A 表示第一次抽取到偶数卡片，$\overline{A}$ 表示第一次抽取到奇数卡片，B 表示第二次抽取到奇数卡片。B 事件发生的概率是由事件 A 和 $\overline{A}$ 这两种情况决定的，所以，根据全概率公式，有

$$P(B) = P(A)P(B \mid A) + P(\overline{A})P(B \mid \overline{A})$$

$$= \frac{2}{5} \times \frac{3}{4} + \frac{3}{5} \times \frac{2}{4}$$

$$= \frac{3}{5}$$

可知，第二次抽取到奇数卡片的概率为 60%。

7. 贝叶斯理论

贝叶斯理论用来根据一个已发生事件的概率计算另一个事件发生的概率，即

$$P(A \mid B)P(B) = P(B \mid A)P(A)$$

或

$$P(A \mid B) = \frac{P(B \mid A)P(A)}{P(B)}$$

8.5.2 朴素贝叶斯算法分类的原理与 sklearn 实现

朴素贝叶斯算法之所以说"朴素"，是指在整个过程中只做最原始、最简单的假设，例如假设特征之间互相独立并且所有特征同等重要。

使用朴素贝叶斯算法进行分类时，分别计算未知样本属于每个已知类的概率，然后选择其中概率最大的类作为分类结果。根据贝叶斯理论，样本 x 属于某个类 c_i 的概率计算公式为

$$P(c_i \mid x) = \frac{P(x \mid c_i)P(c_i)}{P(x)}$$

然后在所有条件概率 $P(c_1 \mid x)$、$P(c_2 \mid x)$、$P(c_3 \mid x)$、$\cdots$、$P(c_n \mid x)$ 中选择最大的那个，例如 $P(c_k \mid x)$，并判定样本 x 属于类 c_k。

例如，如果邮件中包含"发票""促销""微信"或"电话"之类的词汇，并且占比较高或组合出现，那么这封邮件是垃圾邮件的概率会比没有这些词汇的邮件要大一些。

在扩展库 sklearn.naive_bayes 中提供了 3 种朴素贝叶斯算法，分别是伯努利朴素贝叶斯 BernoulliNB、高斯朴素贝叶斯 GaussianNB 和多项式朴素贝叶斯 MultinomialNB，分别适用于伯努利分布（又称作二项分布或 0-1 分布）、高斯分布（也称作正态分布）和多项式分布的数据集。

以高斯朴素贝叶斯 GaussianNB 为例，该类对象具有 fit()、predict()、partial_fit()、predict_proba()、score()等常用方法，其含义和用法类似于本章前面几节的其他模型，这里不再赘述。下面的代码在 IDLE 中演示了使用高斯朴素贝叶斯算法 GaussianNB 进行分类的方法和步骤。

```
>>> import numpy as np
>>> X = np.array([[-1, -1], [-2, -1], [-3, -2],
                  [1, 1], [2, 1], [3, 2]])
>>> y = np.array([1, 1, 1, 2, 2, 2])
>>> from sklearn.naive_bayes import GaussianNB
>>> clf = GaussianNB()                        # 创建高斯朴素贝叶斯模型
>>> clf.fit(X, y)                             # 拟合
GaussianNB(priors=None)
>>> clf.predict([[-0.8, -1]])                 # 分类
array([1])
>>> clf.predict_proba([[-0.8, -1]])           # 样本属于不同类别的概率
```

```
array([[ 9.99999949e-01,  5.05653254e-08]]).
>>> clf.score([[-0.8,-1]], [1])          # 评分
1.0
>>> clf.score([[-0.8,-1], [0,0]], [1,2])  # 评分
0.5
```

8.5.3（1）

8.5.3　使用朴素贝叶斯算法对中文邮件进行分类

根据 8.5.2 节对朴素贝叶斯算法的描述，使用该算法对电子邮件进行分类的步骤如下。

（1）从电子邮箱中收集足够多的垃圾邮件和非垃圾邮件的内容作为训练集；

（2）读取全部训练集，删除其中的干扰字符，例如【】*。、等，然后分词，再删除长度为 1 的单个字，这样的单个字对于文本分类没有贡献，剩下的词汇将被认为是有效词汇；

（3）统计全部训练集中每个有效词汇的出现次数，截取出现次数最多的前 N（可以根据实际情况进行调整）个；

（4）根据每个经过第（2）步预处理后的垃圾邮件和非垃圾邮件内容生成特征向量，统计第（3）步中得到的 N 个词汇分别在该邮件中的出现频率。每个邮件对应于一个特征向量，特征向量长度为 N，每个分量的值表示对应的词汇在本邮件中出现的次数。例如，特征向量[3, 0, 0, 5]表示第一个词汇在本邮件中出现了 3 次，第二个和第三个词汇没有出现，第四个词汇出现了 5 次；

（5）根据第（4）步中得到特征向量和已知邮件分类创建并训练朴素贝叶斯模型；

（6）读取测试邮件，参考第（2）步，对邮件文本进行预处理，提取特征向量；

（7）使用第（5）步中训练好的模型，根据第（6）步提取的特征向量对邮件进行分类。

下面的代码创建多项式朴素贝叶斯分类模型，使用 151 封邮件的文本内容（0.txt 至 150.txt）进行训练，其中 0.txt 至 126.txt 为垃圾邮件的文本内容，127.txt 至 150.txt 为正常邮件的文本内容。模型训练结束之后，使用 5 封邮件的文本内容（151.txt 至 155.txt）进行测试，代码中用到的数据文件在配套资源中。

8.5.3（2）

```
from re import sub
from os import listdir
from collections import Counter
from itertools import chain
from numpy import array
from jieba import cut
from sklearn.naive_bayes import MultinomialNB

def getWordsFromFile(txtFile):
    # 获取每一封邮件中的所有词汇
    words = []
    # 所有存储邮件文本内容的记事本文件都使用 UTF8 编码
    with open(txtFile, encoding='utf8') as fp:
        for line in fp:
            # 遍历每一行，删除两端的空白字符
            line = line.strip()
            # 使用正则表达式过滤干扰字符或无效字符
            line = sub(r'[.【】0-9、—。,! ~\*]', '', line)
            # 分词
            line = cut(line)
```

```
            # 过滤长度为 1 的词
            line = filter(lambda word: len(word)>1, line)
            # 把本行文本预处理得到的词汇添加到 words 列表中
            words.extend(line)
    # 返回包含当前邮件文本中所有有效词汇的列表
    return words


# 存放所有文件中的词汇
# 每个元素是一个子列表，其中存放一个文件中的所有词汇
allWords = []
def getTopNWords(topN):
    # 按文件编号顺序处理当前文件夹中所有记事本文件
    # 训练集中共有 151 封邮件内容，其中 0.txt 到 126.txt 是垃圾邮件内容
    # 127.txt 到 150.txt 为正常邮件内容
    txtFiles = [str(i)+'.txt' for i in range(151)]
    # 获取训练集中所有邮件中的全部词汇
    for txtFile in txtFiles:
        allWords.append(getWordsFromFile(txtFile))
    # 获取并返回出现次数最多的前 topN 个词汇
    freq = Counter(chain(*allWords))
    return [w[0] for w in freq.most_common(topN)]


# 全部训练集中出现次数最多的前 600 个词汇
topWords = getTopNWords(600)
```

8.5.3（3）

```
# 获取特征向量，前 600 个词汇的每个词汇在每个邮件中出现的频率
vectors = []
for words in allWords:
    temp = list(map(lambda x: words.count(x), topWords))
    vectors.append(temp)
vectors = array(vectors)
# 训练集中每个邮件的标签，1 表示垃圾邮件，0 表示正常邮件
labels = array([1]*127 + [0]*24)

# 创建模型，使用已知训练集进行训练，可以使用 sklearn.externals.joblib 中的函数保存和加载
model = MultinomialNB()
model.fit(vectors, labels)

def predict(txtFile):
    # 获取指定邮件文件内容，返回分类结果
    words = getWordsFromFile(txtFile)
    currentVector = array(tuple(map(lambda x: words.count(x),
                              topWords)))
    result = model.predict(currentVector.reshape(1, -1))[0]
    return '垃圾邮件' if result==1 else '正常邮件'

# 151.txt 至 155.txt 为测试邮件内容
for mail in ('%d.txt'%i for i in range(151, 156)):
    print(mail, predict(mail), sep=':')
```

运行结果为：

```
151.txt:垃圾邮件
152.txt:垃圾邮件
```

153.txt:垃圾邮件
154.txt:垃圾邮件
155.txt:正常邮件

8.6　决策树与随机森林算法的应用

8.6.1　基本概念

在学习决策树和随机森林算法之前，我们首先需要了解一下算法中常用的几个基本概念。

1．熵

熵表示的是数据中包含的信息量大小或着数据的混乱程度。熵越小，数据的纯度越高，数据越趋于一致，混乱程度越低；熵越大，数据的纯度越低，数据混乱程度越高。熵的计算公式如下。

$$Entropy = -\sum_{i=1}^{n} P_i \cdot \log(P_i)$$

其中，P_i 表示第 i 个类样本的出现概率或数量占比。

2．信息增益

信息增益 = 分裂前熵 − 分裂后熵。信息增益越大，则意味着使用某几个属性来进行分裂节点创建子节点所获得的"纯度提升"越大。分裂后所有子节点的纯度都应高于父节点。

3．信息增益率

信息增益率 = 信息增益/分裂前熵。信息增益率越高，说明分裂的效果越好。

4．基尼值

基尼值也称作基尼指数，计算公式如下。

$$Gini = 1 - \sum_{i=1}^{n} P_i^2$$

其中，P_i 表示第 i 个类样本的数量占比。

容易得知，基尼值越大，表示数据纯度越低，也表示从样本空间中随机选取两个样本时这两个样本所属类别不一样的概率越大。

例如，有 10 个样本，如果这 10 个样本全部属于类别 A，那么基尼值为 $1-(1^2+0^2)=0$，从这 10 个样本中任选 2 个样本属于不同类别的概率为 0，此时数据的纯度最高；如果其中 7 个属于类别 A 而另外 3 个属于类别 B，那么基尼值为 $1-(0.7^2+0.3^2)=0.42$；如果有 5 个属于类别 A 而另外 5 个属于类别 B，那么基尼值为 $1-(0.5^2+0.5^2)=0.5$；如果有 3 个属于类别 A、3 个属于类别 B、4 个属于类别 C，那么基尼值为 $1-(0.3^2+0.3^2+0.4^2)=0.66$；如果这 10 个样本分别属于 10 个不同的类别，那么基尼值为 $1-10\times0.1^2=0.9$。

8.6.2　决策树算法原理与 sklearn 实现

简单地说，决策树算法相当于一个多级嵌套的选择结构，通过回答一系列问题来不停地选择树上的路径，最终到达一个表示某个结论或类别的叶子节点，例如有无贷款意向、能够承担的理财风险等级、根据高考时各科成绩填报最合适的学校和专业、寻找最佳伴侣、判断一个人的诚信度、判断商场是否应该引进某种商品、发现不好意思申请补助的贫困生、预测明天是晴天还是阴天、预测一条狗主动攻击人的可能性。

决策树属于有监督学习算法，需要根据已知样本数据及其目标来训练并得到一个可以工作的模型，然后再使用该模型对未知样本进行分类。

在决策树算法中，构造一棵完整的树并用来分类所需的计算量和空间复杂度都非常高，可以采用剪枝算法在保证模型性能的前提下删除不必要的分支。剪枝有预先剪枝和后剪枝两大类方法，预先剪枝是指在树的生长过程中设定一个指标，当达到指标时就停止生长，当前节点确定为叶子节点并不再分裂。预先剪枝适合大样本集的情况，但有可能会导致模型的误差比较大。后剪枝算法可以充分利用全部训练集的信息，但计算量和空间复杂度都要大很多，一般用于小样本的场合。

决策树有多种实现，常见的有 ID3（Iterative Dichotomiser 3）、C4.5、C5.0 和 CART，其中 ID3、C4.5、C5.0 属于分类树，CART 属于分类回归树。ID3 以信息论为基础，以信息熵和信息增益为衡量标准，从而实现对数据的归纳分类。ID3 算法从根节点开始，在每个节点上计算所有可能的特征的信息增益，选择信息增益最大的一个特征作为该节点的特征进行分裂并创建子节点，不断递归这个过程直到完成决策树的构建。ID3 适合二分类问题，且仅能处理离散属性。

C4.5 是对 ID3 的一种改进，根据信息增益率选择属性，在构造树的过程中进行剪枝操作，能够对连续属性进行离散化。该算法先将特征值排序，以连续两个值的中间值作为划分标准。尝试每一种划分，并计算修正后的信息增益，选择信息增益率最大的分裂点作为该属性的分裂点。

分类与回归树（Classification And Regression Tree，CART）以二叉树的形式给出，比传统的统计方法构建的代数预测准则更加准确，并且数据越复杂、变量越多，算法的优越性越显著。

扩展库 sklearn.tree 中使用 CART 算法的优化版本实现了分类决策树 DecisionTreeClassifier 和回归决策树 DecisionTreeRegressor。本节重点介绍分类决策树 DecisionTreeClassifier 的用法，该类构造方法的语法格式如下。

```
__init__(self, criterion='gini', splitter='best', max_depth=None, min_samples_split=2, min_samples_leaf=1, min_weight_fraction_leaf=0.0, max_features=None, random_state=None, max_leaf_nodes=None, min_impurity_decrease=0.0, min_impurity_split=None, class_weight=None, presort=False)
```

其中，常用参数如表 8-5 所示，该类对象的常用方法如表 8-6 所示。

表 8-5　　　　　　　　DecisionTreeClassifier 类构造方法的常用参数

参 数 名 称	含　　义
criterion	用来指定衡量分裂（创建子节点）质量的标准，取值为'gini'时使用基尼值，为'entropy'时使用信息增益
splitter	用来指定在每个节点选择划分的策略，可以为'best'或'random'
max_depth	用来指定树的最大深度，如果不指定则一直扩展节点，直到所有叶子包含的样本数量少于 min_samples_split，或者所有叶子节点都不再可分
min_samples_split	用来指定分裂节点时要求的最小样本数量，值为实数时表示百分比
min_samples_leaf	叶子节点要求的最小样本数量
max_features	用来指定在寻找最佳分裂时考虑的特征数量
max_leaf_nodes	用来设置叶子的最大数量

参 数 名 称	含　　义
min_impurity_decrease	如果一个节点分裂后可以使得不纯度减少的值大于或等于 min_impurity_decrease，则对该节点进行分裂
min_impurity_split	用来设置树的生长过程中早停的阈值，如果一个节点的不纯度高于这个阈值则进行分裂，否则为一个叶子不再分裂
presort	用来设置在拟合时是否对数据进行预排序来加速寻找最佳分裂的过程

表 8-6　　　　　　　　　DecisionTreeClassifier 类对象的常用方法

方　　法	功　　能
fit(self, X, y, sample_weight=None, check_input=True, X_idx_sorted=None)	根据给定的训练集构建决策树分类器
predict_log_proba(self, X)	预测样本集 **X** 属于不同类别的对数概率
predict_proba(self, X, check_input=True)	预测样本集 **X** 属于不同类别的概率
apply(self, X, check_input=True)	返回每个样本被预测的叶子索引
decision_path(self, X, check_input=True)	返回树中的决策路径
predict(self, X, check_input=True)	返回样本集 **X** 的类别或回归值
score(self, X, y, sample_weight=None)	根据给定的数据和标签计算模型精度的平均值

另外，sklearn.tree 模块的函数 export_graphviz()可以用来把训练好的决策树数据导出，然后再使用扩展库 graphviz 中的功能绘制决策树图形，export_graphviz()函数语法格式如下。

```
export_graphviz(decision_tree, out_file="tree.dot", max_depth=None, feature_names=None, class_names=None, label='all', filled=False, leaves_parallel=False, impurity=True, node_ids=False, proportion=False, rotate=False, rounded=False, special_characters=False, precision=3)
```

下面的代码演示了决策树分类器的基本用法，此处使用 IDLE 交互式开发环境。为了能够绘制图形并输出 PDF 文件，需要下载 graphviz 安装包，安装之后把安装路径的 bin 文件夹路径添加至系统环境变量 Path。

然后执行下面的代码。

```
>>> import numpy as np
>>> from sklearn import tree
>>> X = np.array([[0, 0, 0], [0, 0, 1], [0, 1, 0], [0, 1, 1],
                  [1, 0, 0], [1, 0, 1], [1, 1, 0], [1, 1, 1]])
>>> y = [0, 1, 1, 1, 2, 3, 3, 4]
>>> clf = tree.DecisionTreeClassifier()    # 创建决策树分类器
>>> clf.fit(X, y)                          # 拟合
DecisionTreeClassifier(class_weight=None, criterion='gini',
        max_depth=None,
        max_features=None, max_leaf_nodes=None,
        min_impurity_decrease=0.0, min_impurity_split=None,
        min_samples_leaf=1, min_samples_split=2,
        min_weight_fraction_leaf=0.0, presort=False,
        random_state=None, splitter='best')
>>> clf.predict([[1, 0, 0]])               # 分类
array([2])
```

```
>>> import graphviz
>>> dot_data = tree.export_graphviz(clf, out_file=None)     # 导出决策树
>>> graph = graphviz.Source(dot_data)                        # 创建图形
>>> graph.render('result')                                   # 输出 PDF 文件
'result.pdf'
```

代码生成的文件 result.pdf 中的决策树图形如图 8-4 所示。

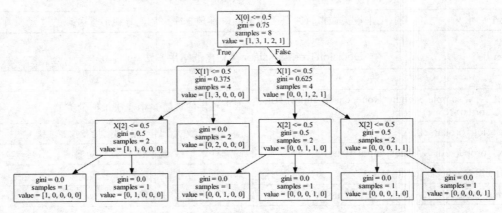

图 8-4　决策树图形

8.6.3　随机森林算法原理与 sklearn 实现

虽然决策树算法比较简单，也不需要对数据进行转换，但是容易出现过拟合问题，使用随机森林算法可以避免这个问题。

随机森林是一种集成学习方法，基本思想是把几棵不同参数的决策树打包到一起，每棵决策树单独进行预测，然后计算所有决策树预测结果的平均值（适用于回归分析）或所有决策树"投票"得到最终结果（适用于分类）。在随机森林算法中，不会让每棵树都生成最佳的节点，而是在每个节点上随机选择一个特征进行分裂。

扩展库 sklearn 在 ensemble 模块中提供了随机森林分类器 RandomForestClassifier 和随机森林回归器 RandomForestRegressor。本节重点介绍随机森林分类器的用法，该类构造方法的语法格式如下。

```
__init__(self, n_estimators=10, criterion='gini', max_depth=None, min_samples_split=
2, min_samples_leaf=1, min_weight_fraction_leaf=0.0, max_features='auto', max_leaf_nodes=
None, min_impurity_decrease=0.0, min_impurity_split=None, bootstrap=True, oob_score=
False, n_jobs=1, random_state=None, verbose=0, warm_start=False, class_weight=None)
```

其中，常用参数如表 8-7 所示，该类对象的常用方法如表 8-8 所示。

表 8-7　　　　　　　　　　RandomForestClassifier 类构造方法的常用参数

参 数 名 称	含　　义
n_estimators	用来指定森林中树的数量，默认为 10
criterion	用来指定衡量分裂（创建子节点）质量的函数，取值为'gini'时使用基尼值，为'entropy'时使用信息增益
max_features	用来指定寻找最佳分裂时考虑的特征数量，可以是整数，也可以是实数（表示百分比）、'auto'（相当于 max_features=sqrt(n_features)）、'sqrt'（与'auto'含义相同）、'log2'（相当于 max_features=log2(n_features)）、None（相当于 max_features=n_features）

参 数 名 称	含　　义
max_depth	用来指定树的最大深度
min_samples_split	用来指定分裂节点时要求的样本数量最小值，值为实数时表示百分比
min_samples_leaf	用来指定叶子节点要求的样本数量最小值
max_leaf_nodes	在最佳优先方式中使用该参数生成树
min_impurity_split	在树的生长过程中早停的阈值，如果一个节点的不纯度高于该阈值则进行分裂，否则为叶子节点不再分裂
min_impurity_decrease	如果一个节点分裂后带来的不纯度减少的量大于等于该参数的值，就对该节点进行分裂
bootstrap	用来设置在构建树时是否可以重复使用同一个样本
oob_score	用来设置是否使用 out-of-bag 样本（本次没有使用的样本）估计泛化精度

表 8-8　　　　　　　　　RandomForestClassifier 类对象的常用方法

方　　法	功　　能
predict(self, X)	预测样本集 **X** 中样本的目标
apply(self, X)	把森林中的树应用到样本集 **X**，返回叶子索引
decision_path(self, X)	返回森林中的决策路径
fit(self, X, y, sample_weight=None)	根据训练集（**X**, y）构建包含若干决策树的森林
score(self, X, y, sample_weight=None)	根据样本集和对应的真实值计算并返回模型得分

下面的代码演示了随机森林分类器的简单使用。

```
from sklearn.datasets import make_classification
from sklearn.ensemble import RandomForestClassifier

# 生成测试数据
X, y = make_classification(n_samples=800,      # 800 个样本
                           n_features=6,        # 每个样本 6 个特征
                           n_informative=4,     # 4 个有用特征
                           n_redundant=2,       # 2 个冗余特征
                           n_classes=2,         # 全部样本分为 2 类
                           shuffle=True)
clf = RandomForestClassifier(n_estimators=4,    # 4 个决策树
                             max_depth=3,        # 最多 3 层
                             criterion='gini',
                             max_features=0.1,
                             min_samples_split=5)
clf.fit(X, y)
# 包含拟合好的决策树的列表
print('决策树列表: \n', clf.estimators_)
# 类标签
print('类标签列表: \n', clf.classes_)
# 执行 fit() 时特征的数量
print('特征数量: \n', clf.n_features_)
# 包含每个特征重要性的列表，值越大表示该特征越重要
print('每个特征的重要性: \n', clf.feature_importances_)

x = [[1]*6]
print('预测结果: \n', clf.predict(x))
```

运行结果为：

决策树列表：

```
[DecisionTreeClassifier(class_weight=None, criterion='gini', max_depth=3, max_
features=0.1, max_leaf_nodes=None, min_impurity_decrease=0.0, min_impurity_split=None,
min_samples_leaf=1, min_samples_split=5, min_weight_fraction_leaf=0.0, presort=False,
random_state=1632357642, splitter='best'),
    DecisionTreeClassifier(class_weight=None, criterion='gini', max_depth=3, max_
features=0.1, max_leaf_nodes=None, min_impurity_decrease=0.0, min_impurity_split=
None, min_samples_leaf=1, min_samples_split=5, min_weight_fraction_leaf=0.0, presort=
False, random_state=1259260102, splitter='best'),
    DecisionTreeClassifier(class_weight=None, criterion='gini', max_depth=3, max_
features=0.1, max_leaf_nodes=None, min_impurity_decrease=0.0, min_impurity_split=
None, min_samples_leaf=1, min_samples_split=5, min_weight_fraction_leaf=0.0, presort=
False, random_state=98318458, splitter='best'),
    DecisionTreeClassifier(class_weight=None, criterion='gini', max_depth=3, max_
features=0.1, max_leaf_nodes=None, min_impurity_decrease=0.0, min_impurity_split=
None, min_samples_leaf=1, min_samples_split=5, min_weight_fraction_leaf=0.0, presort=
False, random_state=1808902811, splitter='best')]
```

类标签列表： [0 1]
特征数量： 6
每个特征的重要性：
    [0.16667415 0.01829883 0.3075627   0.08802379 0.18565235 0.23378818]
预测结果： [0]

8.6.4 使用决策树算法判断学员的 Python 水平

在本节案例中，首先对几本 Python 图书和网上资源的难度进行分类，然后根据调查问卷中学员看过的图书和资源及理解程度等数据构建决策树，然后生成调查问卷并根据受访者回答问题的情况自动使用构建好的决策树对其 Python 水平进行判断。

```python
from sklearn import tree
import numpy as np

questions = ('《Python 程序设计基础（第 2 版）》',
             '《Python 程序设计基础与应用》',
             '《Python 程序设计（第 2 版）》',
             '《大数据的 Python 基础》',
             '《Python 程序设计开发宝典》',
             '《Python 可以这样学》',
             '《中学生可以这样学 Python》',
             '《Python 编程基础与案例集锦（中学版）》',
             '《玩转 Python 轻松过二级》',
             '微信公众号"Python 小屋"的免费资料',)

# 每个样本的数据含义：
# 0没看过，1很多看不懂，2大部分可以看懂，3没压力
answers = [[3, 3, 3, 3, 3, 3, 3, 3, 3, 3],
           [0, 0, 0, 0, 0, 0, 0, 0, 0, 0],
           [1, 1, 1, 1, 1, 1, 1, 1, 1, 1],
           [0, 0, 0, 0, 0, 0, 2, 2, 0, 1],
           [0, 0, 0, 0, 3, 3, 0, 0, 0, 3],
```

```
            [3, 3, 0, 3, 0, 0, 0, 0, 3, 1],
            [3, 0, 3, 0, 3, 0, 0, 3, 3, 2],
            [0, 0, 3, 0, 3, 3, 0, 0, 0, 3],
            [2, 2, 0, 2, 0, 0, 0, 0, 0, 1],
            [0, 2, 1, 3, 1, 1, 0, 0, 2, 1]
          ]
labels = ['超级高手', '门外汉', '初级选手', '初级选手', '高级选手',
          '中级选手', '高级选手', '超级高手', '初级选手', '初级选手']

clf = tree.DecisionTreeClassifier().fit(answers, labels)  # 训练

yourAnswer = []
# 显示调查问卷，并接收用户输入
for question in questions:
    print('=========\n 你看过董付国老师的', question, '吗? ')
    # 确保输入有效
    while True:
        print('没看过输入 0, 很多看不懂输入 1, '
              '大部分可以看懂输入 2, 没压力输入 3')
        try:
            answer = int(input('请输入: '))
            assert 0<=answer<=3
            break
        except:
            print('输入无效，请重新输入。')
            pass
    yourAnswer.append(answer)

print(clf.predict(np.array(yourAnswer).reshape(1,-1)))    # 分类
```

运行结果如图 8-5 所示。

图 8-5　决策树程序运行结果

8.7 支持向量机算法原理与应用

8.7.1 支持向量机算法基本原理与 sklearn 实现

在学习支持向量机算法之前，我们先看一个脑筋急转弯，在图 8-6 中画一条直线对多边形进行分隔来得到两个三角形，那么应该怎样画这条直线呢？

聪明的朋友应该已经想到了，在问题描述中要求画一条直线，但是并没有限制直线的粗细，如果我们可以画一条很粗的直线，那么就有很多种分隔的方法，其中一种画法如图 8-7 所示。

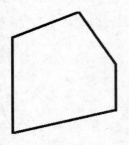

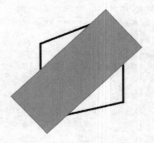

图 8-6 多边形　　　　　　　　　　图 8-7 画一条直线分隔多边形得到两个三角形

接下来再看下面的图 8-8，在二维平面上凌乱地摆放着两类物体，分别使用加号和减号表示，要求画一条直线把这两类物体分隔开。可知，这样的直线可以有很多种画法，但是哪种更好呢？很明显地，对于图中的两条直线，L2 比 L1 要好很多，因为这样的直线和两类物体的距离最大，两个类别之间的间隔最大。如果有新物体加入，误分类的概率更小。毕竟分类器的目的不仅仅是划分已知的训练数据，更重要的目的是尽可能准确地划分未知数据。

在图 8-8 中，最接近于分隔直线 L2 的样本称作支持向量，直线 L2 两侧的阴影区域（或者说那条很粗的直线）的宽度称作间隔。

支持向量机（Support Vector Machine, SVM）是通过寻找超平面对样本进行分隔从而实现分类或预测的算法，分隔样本时的原则是使得间隔最大化，寻找间

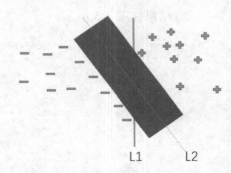

图 8-8 分隔平面上随意摆放的两类物体

隔最大的支持向量；在二维平面上相当于寻找一条"最粗的直线"把不同类别的物体分隔开，或者说寻找两条平行直线对物体进行分隔，并使得这两条平行直线之间的距离最大。如果样本在二维平面上不是线性可分的，无法使用一条简单的直线将其完美分隔开，可尝试着通过某种变换把所有样本都投射到三维空间（例如，把一类物体沿 z 轴正方向移动靠近用户，另一类物体沿 z 轴负方向移动远离用户），然后使用一个平面（例如，屏幕所在的平面）进行分隔。如果样本在三维空间仍不是线性可分的，可尝试着投射到更高维空间使用超平面进行分隔，以此类推。尽管在更高维空间的超平面再投影回到原来维度的空间后不是线性的，但这并不重要。

如果样本在原来维度的空间中不是线性可分的，就投影到更高维的特征空间进行处理，

支持向量机的核决定了如何投影到更高维空间，这也是支持向量机的关键所在。常用的核有线性核、多项式核（Polynomial kernel）、径向基函数（Radial Basis Function，RBF）核、拉普拉斯核和 Sigmoid 核。支持向量机在人脸识别、文本分类、图像分类、手写识别、生物序列分析等模式识别应用中取得了较大成功。

在支持向量机算法中，核函数和正则化参数的选择非常重要。核函数的参数决定了边界的形状，对模型也有较大影响。例如，RBF 核的 gamma 参数用来调节内核宽度，gamma 值越小，RBF 核的直径越大，模型越简单，但容易出现欠拟合；gamma 值越大，模型越复杂，容易出现过拟合问题；C 越小表示单个数据点对模型影响越小，模型越简单。在多项式核的 SVC 中起决定作用的则是 degree 和正则化参数 C。

扩展库 sklearn.svm 中提供了线性支持向量机分类器 LinearSVC、线性支持向量机回归器 LinearSVR，基于 libsvm 的支持向量机分类器 SVC、支持向量机回归器 SVR，无监督异常值检测 OneClassSVM，以及 NuSVC 和 NuSVR。本节主要介绍支持向量机分类器 SVC 的语法，其他几个类的用法请参考相关文档。

由于计算量较大，扩展库 sklearn.svm 中提供的支持向量机分类器 SVC 不太适合超过 10000 个样本以上的场合，该类构造方法的语法格式如下。

```
__init__(self, C=1.0, kernel='rbf', degree=3, gamma='auto', coef0=0.0, shrinking=True, probability=False, tol=0.001, cache_size=200, class_weight=None, verbose=False, max_iter=-1, decision_function_shape='ovr', random_state=None)
```

其中，常用参数如表 8-9 所示，SVC 类对象的属性如表 8-10 所示，SVC 类对象的常用方法如表 8-11 所示。

表 8-9　　　　　　　　　　　　　　SVC 类构造方法的常用参数

参 数 名 称	含 　 义
C	用来设置惩罚项的系数 C，值越大对误分类的惩罚越大，间隔越小，对错误的容忍度越低
kernel	用来指定算法中使用的核函数类型，可用的值有'linear'、'poly'、'rbf'、'sigmoid'、'precomputed'或可调用对象。如果样本在原始空间中就是线形可分的，可以直接使用 kernel='linear'，如果样本在原始空间中不是线性可分的，再根据实际情况选择使用其他的核
degree	用来设置 kernel='poly'时多项式核函数的度，kernel 为其他值时忽略 degree 参数
gamma	用来设置 kernel 值为'rbf'、'poly'和'sigmoid'时的核系数，当 gamma='auto'使用 1/n_features 作为系数
coef0	用来设置核函数中的独立项，仅适用于 kernel 为'poly'和'sigmoid'的场合
probability	用来设置是否启用概率估计，必须在调用 fit()方法之前启用，启用之后会降低 fit()方法的执行速度
shrinking	用来设置是否使用启发式收缩方式
tol	用来设置停止训练的误差精度
max_iter	用来设置最大迭代次数，-1 表示不限制
decision_function_shape	用来设置决策函数的形状，可以用的值有'ovr'或'ovo'，前者表示 one-vs-rest，决策函数形状为(n_samples, n_classes)；后者表示 one-vs-one，决策函数形状为(n_samples, n_classes * (n_classes - 1) / 2)

表 8-10 　　　　　　　　　　　　　SVC 类对象的属性

属　　　性	含　　　义
support_	支持向量的索引
support_vectors_	支持向量
n_support_	每个类的支持向量的数量
dual_coef_	决策函数中支持向量的系数
coef_	为特征设置的权重，仅适用于线性核

表 8-11 　　　　　　　　　　　　　SVC 类对象的常用方法

方　　　法	功　　　能
decision_function(self, X)	计算样本集 **X** 到分隔超平面的函数距离
predict(self, X)	对 **X** 中的样本进行分类
predict_proba(self, X)	返回 **X** 中样本属于不同类的概率
fit(self, X, y, sample_weight=None)	根据训练集对支持向量机分类器进行训练
score(self, X, y, sample_weight=None)	根据给定的测试集和标签计算并返回分类准确度平均值

8.7.2　使用支持向量机对手写数字图像进行分类

下面的代码演示了支持向量机的用法，首先生成大量图片并加入随机干扰，然后把这些图片划分为训练集和测试集，接下来使用训练集对模型进行训练，最后使用测试集进行评分。

```python
from os import mkdir, listdir
from os.path import isdir, basename
from random import choice, randrange
from string import digits
from PIL import Image, ImageDraw
from PIL.ImageFont import truetype
from sklearn import svm
from sklearn.model_selection import train_test_split


# 图像尺寸、图片中的数字字体大小、噪点比例
width, height = 30, 60
fontSize = 40
noiseRate = 8

def generateDigits(dstDir='datasets', num=40000):
    # 生成 num 个包含数字的图片文件存放于当前目录下的 datasets 子目录
    if not isdir(dstDir):
        mkdir(dstDir)
    # digits.txt 用来存储每个图片对应的数字
    with open(dstDir+'\\digits.txt', 'w') as fp:
        for i in range(num):
            # 随机选择一个数字，生成对应的彩色图像文件
            digit = choice(digits)
            im = Image.new('RGB', (width,height), (255,255,255))
            imDraw = ImageDraw.Draw(im)
            font = truetype('c:\\windows\\fonts\\TIMESBD.TTF',
```

```
                                     fontSize)
          # 写入黑色数字
          imDraw.text((0,0), digit, font=font, fill=(0,0,0))
          # 加入随机干扰
          for j in range(int(noiseRate*width*height)):
              w, h = randrange(1, width-1), randrange(height)
              # 水平交换两个相邻像素的颜色
              c1 = im.getpixel((w,h))
              c2 = im.getpixel((w+1,h))
              imDraw.point((w,h), fill=c2)
              imDraw.point((w+1,h), fill=c1)
          im.save(dstDir+'\\'+str(i)+'.jpg')
          fp.write(digit+'\n')


def loadDigits(dstDir='datasets'):
    # 获取所有图像文件名
    digitsFile = [dstDir+'\\'+fn for fn in listdir(dstDir)
                      if fn.endswith('.jpg')]
    # 按编号排序
    digitsFile.sort(key=lambda fn: int(basename(fn)[:-4]))
    # digitsData 用于存放读取的图片中数字信息
    # 每个图片中所有像素值存放于 digitsData 中的一行数据
    digitsData = []
    for fn in digitsFile:
        with Image.open(fn) as im:
            # getpixel()方法用来读取指定位置像素的颜色值
            data = [sum(im.getpixel((w,h)))/len(im.getpixel((w,h)))
                        for w in range(width)
                        for h in range(height)]
            digitsData.append(data)
    # digitsLabel 用于存放图片中数字的标准分类
    with open(dstDir+'\\digits.txt') as fp:
        digitsLabel = fp.readlines()
    # 删除数字字符两侧的空白字符
    digitsLabel = [label.strip() for label in digitsLabel]
    return (digitsData, digitsLabel)


# 生成图片文件
generateDigits(num=8000)
# 加载数据
data = loadDigits()
print('数据加载完成。')


# 随机划分训练集和测试集, 其中参数 test_size 用来指定测试集大小
X_train, X_test, y_train, y_test = train_test_split(data[0],
                                                    data[1],
                                                    test_size=0.1)

# 创建并训练模型
svcClassifier = svm.SVC(kernel="linear", C=1000, gamma=0.001)
svcClassifier.fit(X_train, y_train)
print('模型训练完成。')


# 使用测试集对模型进行评分
```

```
score = svcClassifier.score(X_test, y_test)
print('模型测试得分: ', score)
```

上面代码生成的部分随机数字图片如图 8-9 所示。

图 8-9　代码生成的随机数字图片

运行结果为:

数据加载完成。
模型训练完成。
模型测试得分: 1.0

接下来把数据集替换为手写体，共 1617 个数字图像，部分图像如图 8-10 和图 8-11 所示。

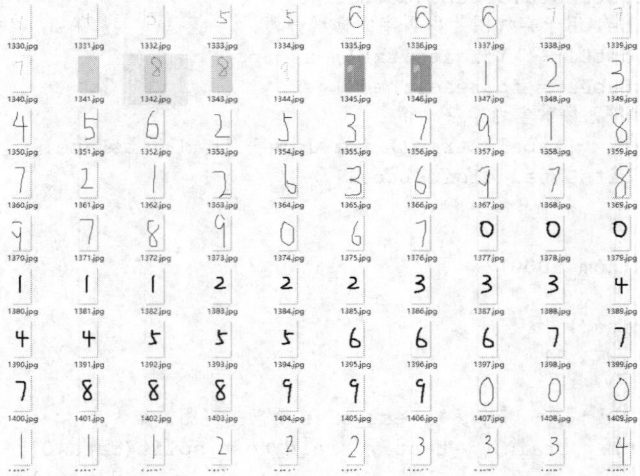

图 8-10　手写体数字数据集（1）

由于数字图像中有彩色图像和带背景颜色的图像，又由于数据集采集的规范性问题（如图 8-11 中箭头所示图片文件中不是阿拉伯数字，并且还有很多数字的线条粗细和图片背景颜色不一样，还有可能存在个别图片标签错误的情况），这些因素都会对模型的性能造成一定影响；并且由于训练集和测试集是随机划分的，所以每次结果并不完全相同，连续 4 次运行显示，模型得分分别为 0.672839506173、0.555555555556、0.456790123457 和 0.530864197531。

图 8-11 手写体数字数据集（2）

8.8 KNN 算法原理与应用

8.8.1 KNN 算法的基本原理与 sklearn 实现

8.8.1

K 近邻（KNearest Neighbor，KNN）算法属于有监督学习算法，既可以用于分类，也可以用于回归，本节重点介绍分类的用法。K 近邻分类算法的基本思路是在样本空间中查找 k 个最相似或者距离最近的样本，然后根据 k 个最相似的样本对未知样本进行分类。如果一个未知样本周围的大多数样本都属于某个类别，那么该样本也被认为属于那个类别，即所谓"近朱者赤，近墨者黑"，"如果要了解一个人，可以从他最亲近的几个朋友去推测他是什么样的人"也是使用了类似的法则。使用 KNN 算法进行分类的基本步骤如下。

（1）对数据进行预处理，提取特征向量，使用合适的形式对原始数据进行重新表达；

（2）确定距离计算公式，并计算已知样本空间中所有样本与未知样本的距离；

（3）对所有距离按升序排列；

（4）确定并选取与未知样本距离最小的 k 个样本；

（5）统计选取的 k 个样本中每个样本所属类别的出现频率；

（6）把出现频率最高的类别作为预测结果，认为未知样本属于这个类别。

在该算法中，如何计算样本之间的距离和如何选择合适的 k 值是比较重要的两个方面，会对分类结果有一定的影响。在图 8-12 中，已知样本空间中有 3 个样本属于三角形表示的类别、4 个样本属于加号表示的类别、5 个样本属于月牙表示的类别。现在的问题是，判断圆点表示的未知样本属于哪个类别。

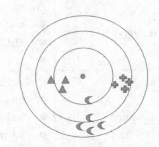

图 8-12 KNN 分类原理示意图

在本例中，使用欧几里德距离来计算样本之间的距离，假设有两个样本的特征向量分别为 X$(x_1, x_2, \cdots, x_n)$ 和 Y$(y_1, y_2, \cdots, y_n)$，那么它们之间的距离为 $d = \sqrt{\sum_{i=1}^{n}(x_i - y_i)^2}$，在本例中 $n = 2$。对于 K 近邻分类算法，如果选择 k 的值为 3，也就是选择与未知样本距离最近的 3 个样本（最内层的圆），此时选择的 3 个样本中有 2 个属于三角形的类别，1 个属于月牙的类别，三角形类别出现次数多，所以判断未知样本属于三角形的类别。继续分析可知，如果选择 k 的值为 9 则未知样本会被判断为加号的类别，选择 k 的值为 12 则未知样本将被判断为月牙的类别。

除了欧几里德距离，还经常使用曼哈顿距离和余弦相似度计算样本之间的差异。对于两个向量 $X(x_1, x_2, \cdots, x_n)$ 和 $Y(y_1, y_2, \cdots, y_n)$，曼哈顿距离计算公式为 $d = \sum_{i=1}^{n} |x_i - y_i|$，余弦相似度计算公式为 $sim(X,Y) = \cos\theta = \dfrac{\vec{x} \cdot \vec{y}}{\|x\| \cdot \|y\|}$，其中 θ 表示两个向量之间的夹角。曼哈顿距离也称作城市距离，计算方法类似于中国象棋中棋子"車"的行走方法，而余弦相似度更加关注两个向量在方向上是否相似，并不关心绝对数值，避免了因为度量标准不同导致的分类误差。

欧几里德距离和曼哈顿距离可以看作闵科夫斯基距离的特例，闵科夫斯基距离的计算公式为 $d = \sqrt[p]{\sum_{i=1}^{n} (|x_i - y_i|)^p}$，当 p 等于 1 时为曼哈顿距离，等于 2 时为欧几里德距离。

这里应注意，KNN 算法没有使用样本空间中的所有样本，只使用其中的一部分，如果不同类别的样本数量相差较大，会影响分类结果的正确性。另外，由于要计算所有已知样本与未知样本的距离，该算法的计算量较大。

扩展库 sklearn.neighbors 中提供了 K 近邻分类（K Neighbors Classifier）算法、K 近邻回归（K Neighbors Regressor）算法、R 近邻分类（Radius Neighbors Classifier）算法、R 近邻回归（Radius Neighbors Regressor）算法、实现近邻搜索的无监督学习算法 NearestNeighbors 等。本节主要介绍 K 近邻分类算法的实现，其构造方法的语法格式如下。

```
__init__(self, n_neighbors=5, weights='uniform', algorithm='auto', leaf_size=30, p=2, metric='minkowski', metric_params=None, n_jobs=1, **kwargs)
```

其中，常用的参数如表 8-12 所示，该类对象的常用方法如表 8-13 所示。

表 8-12　　　　　　　　　KNeighborsClassifier 类构造方法的常用参数

参　数　名　称	含　　义
n_neighbors	对应于算法描述中的 k 值，表示选择多少个距离最小的样本
weights	预测时使用的权函数，可能的值有 ● 'uniform'：每个邻域内的所有样本点具有同样的权重 ● 'distance'：使用距离的倒数作为权重，距离越小，权重越大 ● 自定义可调用对象：接收包含距离的数组，返回包含权重的同样形状的数组
algorithm	计算最近邻居时使用的算法，可能的值有'ball_tree'、'kd_tree'、'brute'、'auto'，其中 ● 'brute'：计算未知样本与空间中所有样本的距离 ● 'ball_tree'：通过构建球树来加速寻找最近邻样本的过程 ● 'kd_tree'：通过构建 KD 树来加速寻找最近邻样本的过程 ● 'auto'：自动选择最合适的算法
leaf_size	BallTree 和 KDTree 算法中使用的叶子大小，对构造和查询速度以及存储树需要的内存空间有影响
metric	距离计算公式，默认使用闵科夫斯基距离
p	对应于闵科夫斯基距离计算公式中的 p：当 $p=1$ 时为曼哈顿距离，$p=2$ 时为欧几里德距离

表 8-13　　　　　　　　　　　KNeighborsClassifier 类对象的常用方法

方　　　法	功　　　能
fit(self, X, y)	使用训练数据及其目标值训练模型
predict(self, X)	预测给定数据所有类别的标签
predict_proba(self, X)	返回测试数据属于不同类别的概率估计
score(self, X, y, sample_weight=None)	返回模型在给定测试数据及标签上的平均准确率

下面的代码演示了 KNN 算法的用法，为便于观察和理解，下面的代码在 IDLE 中进行演示。

```
>>> from sklearn.neighbors import KNeighborsClassifier
>>> X = [[1,5], [2,4], [2.2,5],
         [4,1.5], [5,1], [5,2], [5,3], [6,2],
         [7.5,4.5], [8.5,4], [7.9,5.1], [8.2,5]]
>>> y = [0, 0, 0, 1, 1, 1, 1, 1, 2, 2, 2, 2]
>>> knn = KNeighborsClassifier(n_neighbors=3)      # 创建模型，k=3
>>> knn.fit(X, y)                                  # 训练模型
KNeighborsClassifier(algorithm='auto', leaf_size=30,
        metric='minkowski',
        metric_params=None, n_jobs=1, n_neighbors=3, p=2,
        weights='uniform')
>>> knn.predict([[4.8,5.1]])                       # 分类
array([0])
>>> knn = KNeighborsClassifier(n_neighbors=9)      # 设置参数 k=9
>>> knn.fit(X, y)
KNeighborsClassifier(algorithm='auto', leaf_size=30,
        metric='minkowski',
        metric_params=None, n_jobs=1, n_neighbors=9, p=2,
        weights='uniform')
>>> knn.predict([[4.8,5.1]])                       # 分类
array([1])
>>> knn.predict_proba([[4.8,5.1]])                 # 属于不同类别的概率
array([[ 0.22222222,  0.44444444,  0.33333333]])
```

8.8.2　使用 KNN 算法判断交通工具类型

在本节的例子中，首先使用已知交通工具的部分参数（注意，这些参数故意进行了微调，所以和实际的交通工具参数并不完全一样）和所属类型对 KNN 模型进行拟合，然后使用拟合好的模型根据未知交通工具的参数进行分类。

```
from sklearn.neighbors import KNeighborsClassifier

# X 中存储交通工具的参数
# 总长度（米）、时速（km/h）、重量（吨）、座位数量
X = [[96, 85, 120, 400],          # 普通火车
     [144, 92, 200, 600],
     [240, 87, 350, 1000],
     [360, 90, 495, 1300],
     [384, 91, 530, 1405],
     [240, 360, 490, 800],        # 高铁
     [360, 380, 750, 1200],
     [290, 380, 480, 960],
```

```
        [120, 320, 160, 400],
        [384, 340, 520, 1280],
        [33.4, 918, 77, 180],        # 飞机
        [33.6, 1120, 170.5, 185],
        [39.5, 785, 230, 240],
        [33.84, 940, 150, 195],
        [44.5, 920, 275, 275],
        [75.3, 1050, 575, 490]]
# y 中存储类别, 0 表示普通火车, 1 表示高铁, 2 表示飞机
y = [0]*5+[1]*5+[2]*6
# labels 中存储对应的交通工具名称
labels = ('普通火车', '高铁', '飞机')

# 创建并训练模型
knn = KNeighborsClassifier(n_neighbors=3, weights='distance')
knn.fit(X, y)

# 对未知样本进行分类
unKnown = [[300, 79, 320, 900], [36.7, 800, 190, 220]]
result = knn.predict(unKnown)
for para, index in zip(unKnown, result):
    print(para, labels[index], sep=':')
```

运行结果为：

```
[300, 79, 320, 900]:普通火车
[36.7, 800, 190, 220]:飞机
```

8.9 KMeans 聚类算法原理与应用

8.9.1 KMeans 聚类算法的基本原理与 sklearn 实现

KMeans（K 均值）聚类是一种比较简单但使用广泛的聚类算法，属于无监督学习算法，在数据预处理时使用较多。在初始状态下，样本都没有标签或目标值，由聚类算法发现样本之间的关系，然后自动把在某种意义下相似的样本归为一类并贴上相应的标签。

KMeans 聚类算法的基本思想是：选择样本空间中 k 个样本（点）为初始中心，然后对剩余样本进行聚类，每个中心把距离自己最近的样本"吸引"过来，然后更新聚类中心的值，依次把每个样本归到距离最近的类中，重复上面的过程，直至得到某种条件下最好的聚类结果。

假设要把样本集分为 k 个类别，算法描述如下。

（1）按照定义好的规则选择 k 个样本作为每个类的初始中心；

（2）在每次迭代中，对任意一个样本，计算该样本到 k 个类中心的距离，将该样本归到距离最小的中心所在的类；

（3）利用均值或其他方法更新该类的中心值；

（4）重复上面的过程，直到没有样本被重新分配到不同的类或者没有聚类中心再发生变化，停止迭代。

最终得到的 k 个聚类具有以下特点：各聚类本身尽可能的紧凑，而各聚类之间尽可能的分开。该算法的优势在于简洁和快速，算法的关键在于预期分类数量 k 的确定以及初始中心和

距离计算公式的选择。另外，由于每次迭代中涉及的计算量非常大，该算法速度不是很理想。

扩展库 sklearn.cluster 中的 KMeans 类实现了 K 均值聚类算法，其构造方法的语法格式如下。

```
__init__(self, n_clusters=8, init='k-means++', n_init=10, max_iter=300, tol=
0.0001, precompute_distances='auto', verbose=0, random_state=None, copy_x=True,
n_jobs=1, algorithm='auto')
```

其中，常用参数如表 8-14 所示，该类对象的属性及含义如表 8-15 所示，该类对象的常用方法如表 8-16 所示。

表 8-14　　　　　　　　　　　KMeans 类构造方法的常用参数

参 数 名 称	含　义
n_clusters	用来设置算法初始选择的中心样本数量，也是最终要生成的聚类的数量，对应于算法描述中的 *k*，该数值越大则算法的计算量越大
init	用来设置初始化的方法，可选的值有 ● 'k-means++'：选择相互距离尽可能远的初始聚类中心来加速算法的收敛过程 ● 'random'：随机选择数据作为初始的聚类中心 ● (n_clusters, n_features)形式的数组：显式设置初始聚类中心
n_init	用来设置 K-均值算法使用不同的中心种子运行的次数，最终结果是 n_init 次连续运行得到的最佳输出
max_iter	用来设置 K-均值算法单次运行的最大迭代次数
precompute_distances	用来设置预计算距离的方式，可选的值有 ● 'auto'：如果 n_samples*n_cluster > 1200 万则不预计算距离 ● True：总是预计算距离 ● False：永不预计算距离
algorithm	用来设置模型使用的 K-均值算法，可选的值有 ● 'elkan'：使用三角不等式来获得更高的性能 ● 'full'：使用期望值最大化算法 ● 'auto'：对于密集数据自动选择'elkan'，对于稀疏数据自动选择'full'

表 8-15　　　　　　　　　　　KMeans 类对象的属性及含义

属 性 名 称	含　义
cluster_centers_	各聚类中心的坐标
labels_	每个点的标签
inertia_	所有样本到它们最近的聚类中心的距离之和

表 8-16　　　　　　　　　　　KMeans 类对象的常用方法

方　法	功　能
fit(self, X, y=None)	计算 K-均值聚类，其中参数 *X* 为用来聚类的训练数据，大小为（n_samples, n_features）的数组，参数 *y* 可以不提供
fit_predict(self, X, y=None)	计算聚类中心并预测每个样本的聚类索引，相当于先调用 fit(*X*).predict(*X*)
fit_transform(self, X, y=None)	计算聚类并把 *X* 转换到聚类距离空间
predict(self, X)	预测 *X* 中每个样本所属的最近聚类
score(self, X, y=None)	对模型进行评分

下面的代码演示了 sklearn.cluster 中 KMeans 聚类算法的基本用法。

```python
from numpy import array
from random import randrange
from sklearn.cluster import KMeans

# 原始数据
X = array([[1,1,1,1,1,1,1],
           [2,3,2,2,2,2,2],
           [3,2,3,3,3,3,3],
           [1,2,1,2,2,1,2],
           [2,1,3,3,3,2,1],
           [6,2,30,3,33,2,71]])
# 训练模型，选择3个样本作为中心，把所有样本划分为3个类
kmeansPredicter = KMeans(n_clusters=3).fit(X)
print('原始数据: \n', X)
# 原始数据每个样本所属的类别标签
category = kmeansPredicter.labels_
print('聚类结果: ', category)
print('='*30)
print('聚类中心: \n', kmeansPredicter.cluster_centers_)
print('='*30)

def predict(element):
    result = kmeansPredicter.predict(element)
    print('预测结果: ', result)
    print('相似元素: \n', X[category==result])

# 测试
predict([[1,2,3,3,1,3,1]])
print('='*30)
predict([[5,2,23,2,21,5,51]])
```

运行结果为：

```
原始数据:
 [[ 1  1  1  1  1  1  1]
  [ 2  3  2  2  2  2  2]
  [ 3  2  3  3  3  3  3]
  [ 1  2  1  2  2  1  2]
  [ 2  1  3  3  3  2  1]
  [ 6  2 30  3 33  2 71]]
聚类结果:  [2 0 0 2 0 1]
==============================
聚类中心:
 [[ 2.33333333   2.          2.66666667   2.66666667   2.66666667
    2.33333333   2.          ]
  [ 6.          2.         30.          3.         33.          2.
   71.          ]
  [ 1.          1.5         1.          1.5         1.5         1.
    1.5         ]]
==============================
预测结果:  [0]
相似元素:
 [[2 3 2 2 2 2 2]
```

```
[3 2 3 3 3 3 3]
[2 1 3 3 3 2 1]]
```
```
==============================
预测结果:  [1]
相似元素:
 [[ 6  2 30  3 33  2 71]]
```

8.9.2　使用 KMeans 聚类算法压缩图像颜色

虽然现实中物体颜色可以有百万、千万甚至更多种,但实际上人眼对其中很多颜色是不敏感的,色彩中存在大量的冗余。基于这个考虑,我们可以对图像中的颜色进行聚类,然后每个聚类中的所有颜色一律使用聚类中心颜色替代,从而使用更少的颜色来表示原始图像。

在下面的代码中,首先读取一个图像文件,然后把所有颜色聚类为 4 种颜色,最后使用这 4 种颜色表示原来的图像。由于图像包含的数据量太大,当参数 n_clusters 的值变大时算法速度会急剧下降,可以使用 **MiniBatchKMeans** 提高速度,具体参数含义请自行查阅官方文档。

```python
import numpy as np
from sklearn.cluster import KMeans
from PIL import Image
import matplotlib.pyplot as plt

# 打开并读取原始图像中像素颜色值, 转换为三维数组
imOrigin = Image.open('颜色压缩测试图像.jpg')
dataOrigin = np.array(imOrigin)
# 然后再转换为二维数组, -1 表示自动计算该维度的大小
data = dataOrigin.reshape(-1,3)

# 使用 KMeans 聚类算法把所有像素的颜色值划分为 4 类
kmeansPredicter = KMeans(n_clusters=4)
kmeansPredicter.fit(data)

# 使用每个像素所属类的中心值替换该像素的颜色
# temp 中存放每个数据所属类的标签
temp = kmeansPredicter.labels_
dataNew = kmeansPredicter.cluster_centers_[temp]
dataNew.shape = dataOrigin.shape
plt.imshow(dataNew)
plt.imsave('结果图像.jpg', dataNew)
plt.show()
```

原始图像如图 8-13 所示,KMeans 聚类算法选择的初始中心不同会得到不同的结果图像,某一次运行得到的结果图像如图 8-14 所示。

图 8-13　原始图像

图 8-14　KMeans 聚类算法压缩颜色后的结果图像

8.10 分层聚类算法原理与应用

8.10

分层聚类又称作系统聚类算法或系谱聚类，该算法首先把所有样本看作各自一类，定义类间距离计算方式，选择距离最小的一对元素合并成一个新的类，重新计算各类之间的距离并重复上面的步骤，直到将所有原始元素划分为指定数量的类。该算法的计算复杂度非常高，不适合大数据聚类问题。

扩展库 sklearn.cluster 中提供了分层聚类算法 Agglomerative Clustering，该类构造方法的语法格式如下。

```
__init__(self, n_clusters=2, affinity='euclidean', memory=None, connectivity=None, compute_full_tree='auto', linkage='ward', pooling_func=<function mean at 0x0000028EBB2F7EA0>)
```

其中，常用参数如表 8-17 所示，该类对象的属性如表 8-18 所示，该类对象的常用方法如表 8-19 所示。

表 8-17　　　　　　　　　　Agglomerative Clustering 类构造方法的常用参数

参 数 名 称	含 义
n_clusters	最终要确定的聚类的数量
affinity	用来设置距离计算方法，可以为'Euclidean'、'l1'、'l2'、'manhattan'、'cosine'或'precomputed'，当参数 linkage='ward'时，affinity 的值只能为'euclidean'
connectivity	用来设置连通矩阵，定义样本之间的连接关系，可以设置为连通矩阵或者能把数据转换为连通矩阵的可调用对象
compute_full_tree	用来设置是否构建完整的层次树
linkage	用来设置使用哪种连通标准，连通标准用来定义集合之间使用哪种距离，该算法将合并使得该标准最小的两个类，可用的值有 ● 'ward'：使得要合并的聚类的方差最小 ● 'complete'：使用两个集合中所有观察点的最大距离 ● 'average'：使用两个集合中每个观察点之间距离的平均值

表 8-18　　　　　　　　　　Agglomerative Clustering 类对象的属性

属 性	含 义
labels_	每个样本的聚类标签
n_leaves_	层次树中叶子的数量
n_components_	图中连接部分的数量估计值
children_	每个非叶子节点的孩子节点，（n_nodes-1,2）形式的数组

表 8-19　　　　　　　　　　Agglomerative Clustering 类对象的常用方法

方 法	功 能
fit(self, X, y=None)	对数据进行拟合
get_params(self, deep=True)	返回估计器的参数

方　　法	功　　能
set_params(self, **params)	设置估计器的参数
fit_predict(self, X, y=None)	对数据进行聚类并返回聚类后的标签

下面的代码演示了分层聚类算法的用法，在代码中使用扩展库 sklearn.datasets 中的函数 make_blobs()生成符合各向同性高斯分布的散点测试数据及其标签，然后对数据进行聚类和可视化。其中，函数 sklearn.datasets. make_blobs()的语法格式如下。

```
make_blobs(n_samples=100, n_features=2, centers=3, cluster_std=1.0, center_box=
(-10.0, 10.0), shuffle=True, random_state=None)
```

其中：

（1）参数 n_samples 用来设置点的数量；

（2）n_features 用来设置样本的特征数量；

（3）centers 用来设置聚类中心的数量或使用数组指定所有聚类的中心。

```
import numpy as np
import matplotlib.pyplot as plt
from sklearn.datasets import make_blobs
from sklearn.cluster import AgglomerativeClustering

def AgglomerativeTest(n_clusters):
    '''聚类，指定类的数量，并绘制图形'''
    assert 1 <= n_clusters <= 4
    predictResult = AgglomerativeClustering(n_clusters=n_clusters,
                            affinity='euclidean',
                            linkage='ward').fit_predict(data)
    # 定义绘制散点图时使用的颜色和散点符号
    colors = 'rgby'
    markers = 'o*v+'
    # 依次使用不同的颜色和符号绘制每个类的散点图
    for i in range(n_clusters):
        subData = data[predictResult==i]
        plt.scatter(subData[:,0], subData[:,1],
                    c=colors[i], marker=markers[i], s=40)
    plt.show()


# 生成随机数据，200 个点，分成 4 类，返回样本及标签
data, labels = make_blobs(n_samples=200, centers=4)
print(data)
# 聚类为 3 个不同的类
AgglomerativeTest(3)
# 聚类为 4 个不同的类
AgglomerativeTest(4)
```

运行结果如图 8-15（聚为 3 类）和图 8-16（聚为 4 类）所示。

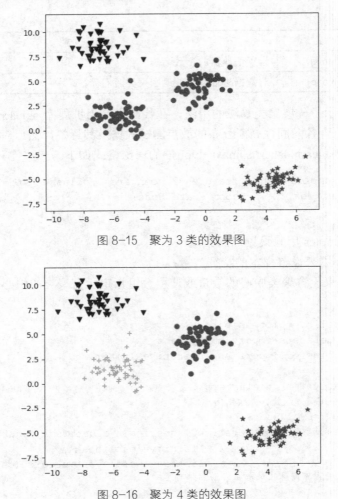

图 8-15 聚为 3 类的效果图

图 8-16 聚为 4 类的效果图

8.11 DBSCAN 算法原理与应用

DBSCAN（Density-Based Spatial Clustering of Applications with Noise）属于密度聚类算法，把类定义为密度相连对象的最大集合，通过在样本空间中不断搜索高密度的核心样本并扩展得到最大集合完成聚类，能够在带有噪点的样本空间中发现任意形状的聚类并排除噪点。

DBSCAN 算法不需要预先指定聚类数量，但对用户设定的参数非常敏感。当空间聚类的密度不均匀、聚类间距相差很大时，聚类质量较差。

在学习和使用 DBSCAN 算法之前，首先要了解几个基本概念。

● 核心样本：如果给定样本的邻域（最大距离为 eps）内样本数量超过阈值 min_samples，则称为核心样本。

● 边界样本：在 eps 邻域内样本的数量小于 min_samples，但是落在核心样本的邻域内的样本。

8.11（1）

184

● 噪声样本：既不是核心样本也不是边界样本的样本。

● 直接密度可达：如果样本 **q** 在核心样本 **p** 的 eps 邻域内，则称 **q** 从 **p** 出发是直接密度可达的。

● 密度可达：集合中的样本链 p_1、p_2、p_3、…、p_n，如果每个样本 p_{i+1} 从 p_i 出发都是直接密度可达的，则称 p_n 从 p_1 出发是密度可达的。

● 密度相连：集合中如果存在样本 **o** 使得样本 **p** 和 **q** 从 **o** 出发都是密度可达的，则称样本 **p** 和 **q** 是互相密度相连的。

DBSCAN 聚类算法的工作过程如下。

（1）定义邻域半径 eps 和样本数量阈值 min_samples；

（2）从样本空间中抽取一个尚未访问过的样本 **p**；

（3）如果样本 **p** 是核心样本，进入第（4）步；否则根据实际情况将其标记为噪声样本或某个类的边界样本，返回第（2）步；

（4）找出样本 **p** 出发的所有密度相连样本，构成一个聚类 **Cp**（该聚类的边界样本都是非核心样本），并标记这些样本为已访问；

（5）如果全部样本都已访问，算法结束；否则返回第（2）步。

扩展库 sklearn.cluster 实现了 DBSCAN 聚类算法，其构造方法的语法格式如下。

```
__init__(self, eps=0.5, min_samples=5, metric='euclidean', metric_params=None,
algorithm='auto', leaf_size=30, p=None, n_jobs=1)
```

构造方法的常用参数如表 8-20 所示，该类对象的属性如表 8-21 所示，该类对象的常用方法如表 8-22 所示。

表 8-20　　　　　　　　　　　DBSCAN 类构造方法的常用参数

参 数 名 称	含　　义
eps	用来设置邻域内样本之间的最大距离，如果两个样本之间的距离小于 eps，则认为属于同一个领域。参数 eps 的值越大，聚类覆盖的样本越多
min_samples	用来设置核心样本的邻域内样本数量的阈值，如果一个样本的 eps 邻域内样本数量超过 min_samples，则认为该样本为核心样本。参数 min_samples 的值越大，核心样本越少，噪声越多
metric	用来设置样本之间距离的计算方式
algorithm	用来计算样本之间距离和寻找最近样本的算法，可用的值有'auto'、'ball_tree'、'kd_tree'或'brute'
leaf_size	传递给 BallTree 或 cKDTree 的叶子大小，会影响树的构造和查询速度以及占用内存的大小
p	用来设置使用闵科夫斯基距离公式计算样本距离时的幂

表 8-21　　　　　　　　　　　DBSCAN 类对象的属性

属　　性	含　　义
core_sample_indices_	核心样本的索引
components_	通过训练得到的每个核心样本的副本
labels_	数据集中每个点的聚类标签，其中−1 表示噪声样本

表 8-22   DBSCAN 类对象的常用方法

方　法	功　能
fit(self, X, y=None, sample_weight=None)	对数据进行拟合，如果构造 DBSCAN 聚类器时设置了 metric='precomputed'则要求参数 *X* 为样本之间的距离数组
fit_predict(self, X, y=None, sample_weight=None)	对 *X* 进行聚类并返回聚类标签

　　下面的代码演示了 sklearn 中 DBSCAN 类的用法，首先使用 make_blobs()函数生成 300 个样本点，然后使用不同参数的 DBSCAN 进行聚类并可视化。

```python
import numpy as np
import matplotlib.pyplot as plt
from sklearn.cluster import DBSCAN
from sklearn.datasets import make_blobs


def DBSCANtest(data, eps=0.6, min_samples=8):
    # 聚类
    db = DBSCAN(eps=eps, min_samples=min_samples).fit(data)

    # 聚类标签（数组，表示每个样本所属聚类）和所有聚类的数量
    # 标签-1 对应的样本表示噪点
    clusterLabels = db.labels_
    uniqueClusterLabels = set(clusterLabels)
    # 标记核心对象对应下标为 True
    coreSamplesMask = np.zeros_like(db.labels_, dtype=bool)
    coreSamplesMask[db.core_sample_indices_] = True

    # 绘制聚类结果
    colors = ['red', 'green', 'blue', 'gray', '#88ff66',
              '#ff00ff', '#ffff00', '#8888ff', 'black',]
    markers = ['v', '^', 'o', '*', 'h', 'd', 'D', '>', 'x']
    for label in uniqueClusterLabels:
        # 使用最后一种颜色和符号绘制噪声样本
        # clusterIndex 是个 True/False 数组
        # 其中 True 表示对应样本为 cluster 类
        clusterIndex = (clusterLabels==label)

        # 绘制核心对象
        coreSamples = data[clusterIndex&coreSamplesMask]
        plt.scatter(coreSamples[:, 0], coreSamples[:, 1],
                    c=colors[label], marker=markers[label], s=100)

        # 绘制非核心对象
        nonCoreSamples = data[clusterIndex & ~coreSamplesMask]
        plt.scatter(nonCoreSamples[:, 0], nonCoreSamples[:, 1],
                    c=colors[label], marker=markers[label], s=20)
    plt.show()

data, labels = make_blobs(n_samples=300, centers=5)
DBSCANtest(data)
DBSCANtest(data, 0.8, 15)
```

　　使用参数 eps=0.6 和 min_samples=8 时聚类的结果如图 8-17 所示，使用参数 eps=0.8 和

min_samples=15 时聚类的结果如图 8-18 所示。

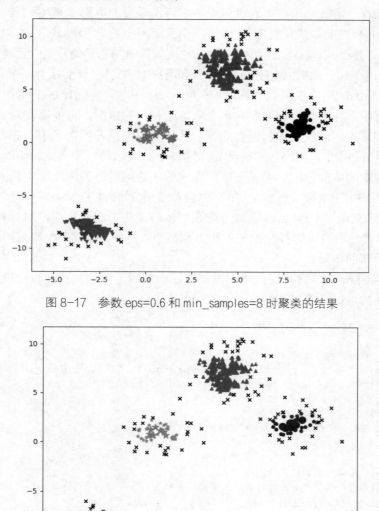

图 8-17　参数 eps=0.6 和 min_samples=8 时聚类的结果

图 8-18　参数 eps=0.8 和 min_samples=15 时聚类的结果

8.12　使用协同过滤算法进行电影推荐

协同过滤算法常用于商品推荐或者类似的场合，根据用户之间或商品之间的相似性进行精准推荐。协同过滤算法可以分为基于用户的协同过滤算法和基于商品的协同过滤算法，本节重点介绍基于用户的协同过滤算法的原理与应用。

以电影推荐为例，假设用户 1 喜欢看电影 A、B、C、D、G，用户 2 喜欢看电影 A、D、E、F，用户 3 喜欢看电影 A、B、D，现在用户 3 想再看一部没看过的电影，向用户 1 和用户 2 寻求推荐。简单分析易知，与用户 2 相比，用户 1 和用户 3 更相似，所以根据用户 1 喜欢的电影进行推荐，也就是用户 1 看过但用户 3 还没看过的电影 C 或 G。

常用来计算相似性的方法有欧几里德距离、余弦距离和杰卡德相似度。在本例中采用的相似性度量标准是杰卡德公式，也就是两个集合交集中元素数量与它们的并集中元素数量的比值，这个比值越大表示两个集合的相似度越高。用户 3 和用户 1 的交集为{A, B, D}，并集为{A, B, C, D, G}，相似度为 3/5=0.6；用户 3 和用户 2 的交集为{A, D}，并集为{A,B,D,E,F}，相似度为 2/5=0.4。

在实际应用中，并不是只有喜欢和不喜欢这两种绝对情况，可能需要对喜欢的程度进行分级，例如特别喜欢、比较喜欢、不喜欢等。具体到电影推荐的例子中，假设每个用户对自己看过的电影进行打分，使用 5 分表示特别喜欢、1 分表示特别不喜欢，中间的分数 2 分、3 分、4 分表示喜欢的中间程度。为了便于问题求解，这时可以使用嵌套字典的字典对数据进行表示，例如{'用户 1':{'电影 A':5,'电影 B':5,'电影 C':2,'电影 D':4,'电影 G':4},'用户 2':{'电影 A':3,'电影 D':2,'电影 E':5,'电影 F':4},...}。此时考虑相似度时还应考虑两个用户对共同看过的电影的打分也相似，也就是所有电影打分的差的平方和最小。另外，根据最相似的用户进行推荐时，也应推荐打分最高的电影。

在扩展库 sklearn 中并没有提供协同过滤算法的实现，下面的代码直接使用 Python 编程实现了本节描述的电影推荐过程。

```python
from random import randrange

# 模拟历史电影打分数据，共 10 个用户，每个用户打分的电影数量不等
data = {'user'+str(i):{'film'+str(randrange(1, 15)):randrange(1, 6)
                       for j in range(randrange(3, 10))}
        for i in range(10)}
# 寻求推荐的用户对电影打分的数据
user = {'film'+str(randrange(1, 15)):randrange(1,6)
        for i in range(5)}


# 最相似的用户及其对电影打分情况
# 两个最相似的用户共同打分的电影最多，同时所有电影打分差值的平方和最小
rule = lambda item:(-len(item[1].keys()&user),
                    sum(((item[1].get(film)-user.get(film))**2
                        for film in user.keys()&item[1].keys())))
similarUser, films = min(data.items(), key=rule)
# 输出信息以便验证，每行数据有 3 列
# 分别为该用户与当前用户共同打分的电影数量、打分差的平方和、该用户打分数据
print('known data'.center(50, '='))
for item in data.items():
    print(len(item[1].keys()&user.keys()),
          sum(((item[1].get(film)-user.get(film))**2
              for film in user.keys()&item[1].keys())),
          item,
          sep=':')
print('current user'.center(50, '='), user, sep='\n')
print('most similar user and his films'.center(50, '='))
print(similarUser, films, sep=':')
print('recommended film'.center(50, '='))
# 在当前用户没看过的电影中选择打分最高的进行推荐
print(max(films.keys()-user.keys(), key=lambda film: films[film]))
```

由于代码中使用到的电影打分数据是随机生成的，每次运行结果并不相同，某次运行的结果如图 8-19 所示。

```
===================known data=====================
3:21:('user0', {'film14': 1, 'film12': 5, 'film2': 4, 'film3': 4, 'film11': 2, 'film4': 7, 'film7': 4})
3:1:('user1', {'film3': 2, 'film14': 4, 'film11': 3, 'film9': 3, 'film6': 3, 'film2': 3})
3:11:('user2', {'film14': 2, 'film11': 4, 'film4': 3, 'film12': 4})
3:9:('user3', {'film13': 3, 'film1': 1, 'film12': 1, 'film10': 3, 'film5': 5, 'film6': 1, 'film7': 1})
2:4:('user4', {'film3': 4, 'film11': 1, 'film7': 1, 'film4': 2, 'film14': 5})
2:5:('user5', {'film8': 4, 'film10': 2, 'film9': 4})
3:13:('user6', {'film2': 3, 'film3': 1, 'film1': 1, 'film11': 3, 'film14': 2, 'film7': 5})
0:0:('user7', {'film13': 5, 'film8': 4, 'film2': 5})
1:0:('user8', {'film6': 4, 'film5': 1, 'film7': 5, 'film4': 3, 'film8': 3, 'film11': 3})
1:4:('user9', {'film2': 4, 'film5': 1, 'film7': 1, 'film1': 2, 'film14': 3})
===================current user=====================
{'film9': 3, 'film10': 4, 'film12': 1, 'film11': 3, 'film14': 5}
=========most similar user and his films===========
user1:{'film3': 2, 'film14': 4, 'film11': 3, 'film9': 3, 'film6': 3, 'film2': 3}
===============recommended film=====================
film2
```

图 8-19　电影推荐算法运行结果

8.13 关联规则分析原理与应用

8.13.1 关联规则分析原理与基本概念

关联规则分析或者关联规则学习主要用于从大规模数据中寻找物品之间隐含的或者可能存在的联系，从而实现某种意义上的预测。例如，捡到鼠标垫的幸运者 3 个月内是否有可能购买笔记本电脑；正在浏览某商品页面的用户还可能对什么商品感兴趣；一个特别爱吃炒花生的人喜欢喝酒的可能性有多大；在饭店吃饭时点了糖醋里脊和红烧茄子的客人再点红烧排骨的可能性有多大；把啤酒和尿不湿的货架放到一起真的可以提高销量吗？

关联规则分析有很多不同的实现，其中常用的是 Apriori 先验算法，在学习和使用该算法之前，首先要了解一下该算法中的常用概念。

● 项集：包含若干物品或条目的集合。包含 k 个物品的集合称作 k-项集。

● 频繁项集：经常一起出现的物品的集合。如果某个项集是频繁的，那么它的所有子集都是频繁的；如果某个项集不是频繁的，那么它的所有超集都不是频繁的。这一点是避免项集数量过多的重要基础，使得快速计算频繁项集成为可能。

● 关联规则：可以表示为一个蕴含式 R:X==>Y，其中 **X&Y** 为空集。这样一条关联规则的含义是，如果 **X** 发生，那么 **Y** 很可能也会发生。

● 支持度：一个项集 **X** 的支持度是指包含该项集的记录数量在整个数据集中所占的比例，也就是项集 **X** 的概率 $P(X)$。对于某条关联规则 **A==>B**，支持度是指项集 **A|B** 的支持度，也就是同时包含 **A** 和 **B** 的记录的数量与记录总数量的比。

● 置信度：用来表示某条规则可信度的大小，用来检验一个推测是否靠谱。对于某条关联规则 **X==>Y**，置信度是指同时包含 **X** 和 **Y** 的项集 **X|Y**（表示 **X** 和 **Y** 的并集）的支持度与项集 **X** 的支持度的比值 $P(X|Y)/P(X)$。如果某条关联规则不满足最小置信度要求，那么该规则的所有子集也不会满足最小置信度。根据这一点可以减少要测试的规则数量。

● 强关联规则：同时满足最小支持度和最小置信度的关联规则。根据不同的支持度和置信度阈值设置，关联规则分析的结果会有所不同。

在使用时，关联规则分析主要分两步来完成。第一步是查找满足最小支持度要求的所有频繁项集，首先得到所有 1-频繁项集（包含 1 个元素的集合），然后根据这些 1-频繁项集生成 2-频繁项集，再根据 2-频繁项集生成 3-频繁项集，依次类推。为减少无效搜索和空间占用，每次迭代时可以对 k-项集进行过滤，如果一个 k-项集是频繁项集的话，它的所有 k−1 子集都应该是频繁项集。反之，如果一个 k-项集有不是频繁项集的 k−1 子集，就删掉这个 k-项集。第二步是在频繁项集中查找满足最小置信度的所有关联规则。

8.13.2 使用关联规则分析演员关系

在使用关联规则分析解决实际问题时，需要有足够多的历史数据以供挖掘潜在的关联规则，然后使用这些规则进行预测。本节通过分析演员关系的案例介绍关联规则分析的应用。

已知 Excel 文件“电影导演演员.xlsx”中包含一些演员参演电影的信息，其中部分内容如图 8-20 所示，要求根据这些信息查找关系较好的演员二人组合（也就是 2-频繁项集），以及演员之间存在的关联。

	A	B	C
1	电影名称	导演	演员
2	电影1	导演1	演员1，演员2，演员3，演员4
3	电影2	导演2	演员3，演员2，演员4，演员5
4	电影3	导演3	演员1，演员5，演员3，演员6
5	电影4	导演1	演员1，演员4，演员3，演员7
6	电影5	导演2	演员1，演员2，演员3，演员8
7	电影6	导演3	演员5，演员7，演员3，演员9
8	电影7	导演4	演员1，演员4，演员6，演员7
9	电影8	导演1	演员1，演员4，演员3，演员8
10	电影9	导演2	演员5，演员4，演员3，演员9
11	电影10	导演3	演员1，演员4，演员5，演员10
12	电影11	导演1	演员1，演员4，演员3，演员11
13	电影12	导演2	演员7，演员4，演员9，演员12
14	电影13	导演3	演员1，演员7，演员3，演员13
15	电影14	导演4	演员10，演员4，演员9，演员14
16	电影15	导演5	演员1，演员8，演员11，演员15
17	电影16	导演6	演员14，演员4，演员13，演员16
18	电影17	导演7	演员3，演员4，演员9
19	电影18	导演8	演员3，演员4，演员10

图 8-20 Excel 文件中的电影、演员数据

下面给出解决上述问题的完整代码，为方便读者阅读，代码中关键位置进行了必要的注释，读者可以调整其中的参数 minSupport 和 minConfidence 并观察对结果的影响，来加深对关联规则分析算法的理解。

```
from itertools import chain, combinations
from openpyxl import load_workbook

def loadDataSet():
    '''加载数据，返回包含若干集合的列表'''
    # 返回的数据格式为 [{1, 3, 4}, {2, 3, 5}, {1, 2, 3, 5}, {2, 5}]
    result = []
    # xlsx 文件中有 3 列，分别为电影名称、导演名称、演员清单
    # 同一个电影的多个主要演员使用逗号分隔
    ws = load_workbook('电影导演演员.xlsx').worksheets[0]
    for index, row in enumerate(ws.rows):
        # 跳过第一行表头
        if index==0:
            continue
        result.append(set(row[2].value.split('，')))
    return result

def createC1(dataSet):
    '''dataSet 为包含集合的列表，每个集合表示一个项集
       返回包含若干元组的列表，
       每个元组为只包含一个物品的项集，所有项集不重复'''
    return sorted(map(lambda i:(i,), set(chain(*dataSet))))

def scanD(dataSet, Ck, Lk, minSupport):
    '''dataSet 为包含集合的列表，每个集合表示一个项集
```

```
        ck 为候选项集列表，每个元素为元组
        minSupport 为最小支持度阈值
        返回 Ck 中支持度大于等于 minSupport 的那些项集'''
    # 数据集总数量
    total = len(dataSet)
    supportData = {}
    for candidate in Ck:
        # 加速，k-频繁项集的所有 k-1 子集都应该是频繁项集
        if Lk and (not all(map(lambda item: item in Lk,
                               combinations(candidate,
                                             len(candidate)-1)))):
            continue
        # 遍历每个候选项集，统计该项集在所有数据集中出现的次数
        # 这里隐含了一个技巧：True 在内部存储为 1
        set_candidate = set(candidate)
        frequencies = sum(map(lambda item: set_candidate<=item,
                              dataSet))
        # 计算支持度
        t = frequencies/total
        # 大于等于最小支持度，保留该项集及其支持度
        if t >= minSupport:
            supportData[candidate] = t
    return supportData


def aprioriGen(Lk, k):
    '''根据 k-项集生成(k+1)-项集'''
    result = []
    for index, item1 in enumerate(Lk):
        for item2 in Lk[index+1:]:
            # 只合并前 k-2 项相同的项集，避免生成重复项集
            # 例如，(1,3)和(2,5)不会合并，
            # (2,3)和(2,5)会合并为(2,3,5)，
            # (2,3)和(3,5)不会合并，
            # (2,3)、(2,5)、(3,5)只能得到一个项集(2,3,5)
            if sorted(item1[:k-2]) == sorted(item2[:k-2]):
                result.append(tuple(set(item1)|set(item2)))
    return result


def apriori(dataSet, minSupport=0.5):
    '''根据给定数据集 dataSet，
       返回所有支持度>=minSupport 的频繁项集'''
    C1 = createC1(dataSet)
    supportData = scanD(dataSet, C1, None, minSupport)
    k = 2
    while True:
        # 获取满足最小支持度的 k-项集
        Lk = [key for key in supportData if len(key)==k-1]
        # 合并生成(k+1)-项集
        Ck = aprioriGen(Lk, k)
        # 筛选满足最小支持度的(k+1)-项集
        supK = scanD(dataSet, Ck, Lk, minSupport)
        # 无法再生成包含更多项的项集，算法结束
        if not supK:
```

```
            break
        supportData.update(supK)
        k = k+1
    return supportData

def findRules(supportData, minConfidence=0.5):
    '''查找满足最小置信度的关联规则'''
    # 对频繁项集按长度降序排列
    supportDataL = sorted(supportData.items(),
                          key=lambda item:len(item[0]),
                          reverse=True)
    rules = []
    for index, pre in enumerate(supportDataL):
        for aft in supportDataL[index+1:]:
            # 只查找(k-1)-项集到 k-项集的关联规则
            if len(aft[0]) < len(pre[0])-1:
                break
            # 当前项集 aft[0]是 pre[0]的子集
            # 且 aft[0]==>pre[0]的置信度大于等于最小置信度阈值
            if set(aft[0])<set(pre[0]) and\
               pre[1]/aft[1]>=minConfidence:
                rules.append([pre[0],aft[0]])
    return rules

# 加载数据
dataSet = loadDataSet()
# 获取所有支持度大于 0.2 的项集
supportData = apriori(dataSet, 0.2)
# 在所有频繁项集中查找并输出关系较好的演员二人组合
bestPair = [item for item in supportData if len(item)==2]
print(bestPair)

# 查找支持度大于 0.6 的强关联规则
for item in findRules(supportData, 0.6):
    pre, aft = map(set, item)
    print(aft, pre-aft, sep='==>')
```

运行结果为：

```
[('演员 1', '演员 3'), ('演员 4', '演员 1'), ('演员 4', '演员 3'), ('演员 5', '演员 3'),('演员 4', '演员 9')]
{'演员 4', '演员 1'}==>{'演员 3'}
{'演员 1'}==>{'演员 3'}
{'演员 1'}==>{'演员 4'}
{'演员 3'}==>{'演员 4'}
{'演员 4'}==>{'演员 3'}
{'演员 5'}==>{'演员 3'}
{'演员 9'}==>{'演员 4'}
```

8.14　数据降维

一般情况下，拿到的数据是无法直接使用的，除了进行异常值处理、重复值处理、缺失值处理，数据降维也是经常需要使用的数据预处理技术之一。

在样本的众多特征中，并不是每个特征都对要分析的问题有贡献。即使是对问题有贡献的若干特征，其中的每个特征的重要程度可能也不一样。在对数据进行降维时，我们需要对数据背后的领域知识有较深入的了解，否则很难确定需要过滤和筛选哪些特征，从而影响降维的质量。

数据降维是指采取某种映射方法，把高维空间中可能包含冗余信息或噪声的数据点映射到低维空间中，在低维空间中重新表示高维空间中的数据，从而可以挖掘数据内部本质结构特征、提高识别精度以及减少计算量和空间复杂度。

主成分分析（Principal Component Analysis, PCA）是一种比较常用的线性降维方法，该方法通过对矩阵进行奇异值分解（参考本书 6.7 节）把高维空间中的数据映射到低维空间中重新表示，并期望在投影后的维度上方差最大，使得投影后的维度尽可能少，同时又保留尽可能多的原数据特征。除了 PCA，其他常用的降维算法还有线性判别分析（Linear Discriminant Analysis，LDA）、局部线性嵌入（Locally Linear Embedding，LLE）和拉普拉斯特征映射。本节重点介绍 PCA 在 sklearn 中的实现和应用。

扩展库 sklearn 在 decomposition 模块中提供了主成分分析 PCA 的实现，该类构造方法的语法格式如下。

```
__init__(self, n_components=None, copy=True, whiten=False, svd_solver='auto',
tol=0.0, iterated_power='auto', random_state=None)
```

PCA 类构造方法的常用参数如表 8-23 所示，该类对象的属性如表 8-24 所示，该类对象的常用方法如表 8-25 所示。

表 8-23　　　　　　　　　　　　　　PCA 类构造方法的常用参数

参 数 名 称	含 义
n_components	用来设置要保留的成分的数量
whiten	用来设置是否白化。设置为 True 时，components_ 向量乘以 n_samples 的平方根然后再除以奇异值，降低冗余，降低样本特征之间的相关性，使得各特征具有相同的方差（此时协方差矩阵为单位矩阵）
svd_solver	用来设置奇异值分解的方法，可用的值有'auto'、'full'、'arpack'、'randomized'
iterated_power	用来设置 svd_solver='randomized'时 SVD 算法的迭代次数

表 8-24　　　　　　　　　　　　　　PCA 类对象的常用属性

属 性	含 义
components_	(n_components, n_features) 形状的数组，特征空间中的主成分，表示数据中最大方差的方向
explained_variance_	(n_components,) 形状的数组，降维后各主成分的方差值
explained_variance_ratio_	降维后各主成分的方差在总方差中的百分比
singular_values_	(n_components,) 形状的数组，降维后各主成分的奇异值
mean_	(n_features,) 形状的数组，每个特征的经验平均值，等价于 X.mean(axis=1)
n_components_	主成分的数量
noise_variance_	噪声方差

表 8-25   PCA 类对象的常用方法

方　　法	功　　能
fit(self, X, y=None)	使用 *X* 训练模型
fit_transform(self, X, y=None)	使用 *X* 拟合模型并对 *X* 进行降维
transform(self, X)	对 *X* 进行降维

下面的代码在 IDLE 环境中演示了主成分分析 PCA 在降维中的应用。

```
>>> import numpy as np
>>> from sklearn.decomposition import PCA
>>> X = np.array([[-1, -1], [-2, -1], [-3, -2],
                  [1, 1], [2, 1], [3, 2]])
>>> pca = PCA(n_components=2)
>>> pca.fit(X)
PCA(copy=True, iterated_power='auto', n_components=2,
    random_state=None, svd_solver='auto', tol=0.0, whiten=False)
>>> pca.components_
array([[-0.83849224, -0.54491354],
       [ 0.54491354, -0.83849224]])
>>> pca.explained_variance_
array([ 7.93954312,  0.06045688])
>>> pca.explained_variance_ratio_
array([ 0.99244289,  0.00755711])
>>> pca.singular_values_
array([ 6.30061232,  0.54980396])
>>> pca.transform(X)
array([[ 1.38340578,  0.2935787 ],
       [ 2.22189802, -0.25133484],
       [ 3.6053038 ,  0.04224385],
       [-1.38340578, -0.2935787 ],
       [-2.22189802,  0.25133484],
       [-3.6053038 , -0.04224385]])
>>> pca = PCA(n_components=2, whiten=True)        # 白化
>>> pca.fit(X)
PCA(copy=True, iterated_power='auto', n_components=2, random_state=None,
  svd_solver='auto', tol=0.0, whiten=True)
>>> pca.transform(X)
array([[ 0.49096647,  1.19399271],
       [ 0.78854479, -1.02218579],
       [ 1.27951125,  0.17180692],
       [-0.49096647, -1.19399271],
       [-0.78854479,  1.02218579],
       [-1.27951125, -0.17180692]])
>>> pca = PCA(n_components=1, svd_solver='arpack')
>>> pca.fit(X)
PCA(copy=True, iterated_power='auto', n_components=1, random_state=None,
  svd_solver='arpack', tol=0.0, whiten=False)
>>> pca.singular_values_
array([ 6.30061232])
>>> pca.components_
array([[-0.83849224, -0.54491354]])
>>> pca.transform(X)
```

```
array([[ 1.38340578],
       [ 2.22189802],
       [ 3.6053038 ],
       [-1.38340578],
       [-2.22189802],
       [-3.6053038 ]])
```

8.15　交叉验证与网格搜索

在拿到具体问题和数据之后，选择合适的模型和算法是非常重要的步骤。关于如何选择合适的算法和模型，读者可以参考扩展库 sklearn 官方在线文档的介绍。确定了模型之后，不同的参数设置也会对模型及其分类和回归结果有较大影响。如何评估所用模型的优劣，如何设置更合适的模型参数，是本节要介绍的内容。

8.15.1　使用交叉验证评估模型泛化能力

前面几节已经提到，在使用机器学习算法时往往会使用 sklearn.model_selection 模块中的函数 train_test_split()人为地把拿到的数据集划分为训练集和测试集，使用模型的 fit()方法在训练集上进行训练，然后再使用模型的 score()方法在测试集上进行评分，如果模型得分符合预期要求则可以使用 predict()方法对未知数据进行分类或预测。

使用上述方法对模型进行评估，容易因为数据集划分不合理而影响评分结果，从而导致单次评分结果可信度不高。为了得到更加准确可靠的结果，可以使用不同的划分多评估几次，然后计算所有评分的平均值来评价模型和参数的质量。

交叉验证（Cross-validation）正是用来完成这项任务的技术，该技术会反复对数据集进行划分，并使用不同的划分对模型进行评分，可以更好地评估模型的泛化质量。

扩展库 sklearn 在 model_selection 模块中提供了用来实现交叉验证的函数 cross_val_score()，其语法格式如下。

```
cross_val_score(estimator, X, y=None, groups=None, scoring=None, cv=None,
n_jobs=1, verbose=0, fit_params=None, pre_dispatch='2*n_jobs')
```

其中：

（1）参数 estimator 用来指定要评估的模型；

（2）参数 X 和 y 分别用来指定数据集及其对应的标签；

（3）参数 cv 用来指定划分策略，设置为整数时表示把数据集拆分成几个部分对模型进行训练和评分，也可以设置为随机划分或逐一测试等策略。该函数返回实数数组，数组中每个实数分别表示每次评分的结果，在实际使用时往往使用这些得分的平均值作为最终结果。

函数 cross_val_score()可以使用 K 折叠（K-folds）交叉验证，把数据集拆分为 k 个部分，然后使用 k 个数据集对模型进行训练和评分。另外，sklearn.model_selection 模块中还提供了随机拆分交叉验证 ShuffleSplit 和逐个测试交叉验证 LeaveOneOut，可以查阅官方文档或者导入对象之后使用内置函数 help()查看详细的用法。

下面的代码使用 3 种交叉验证分别对手写数字识别的支持向量机分类算法进行了评估。

```
from time import time
from os import listdir
from os.path import basename
from PIL import Image
from sklearn import svm
from sklearn.model_selection import cross_val_score,\
    ShuffleSplit, LeaveOneOut
```

8.15（1）

```
# 图像尺寸
width, height = 30, 60

def loadDigits(dstDir='datasets'):
    # 获取所有图像文件名
    digitsFile = [dstDir+'\\'+fn for fn in listdir(dstDir)
                  if fn.endswith('.jpg')]
    # 按编号排序
    digitsFile.sort(key=lambda fn: int(basename(fn)[:-4]))
    # digitsData 用于存放读取的图片中数字信息
    # 每个图片中所有像素值存放于 digitsData 中的一行数据
    digitsData = []
    for fn in digitsFile:
        with Image.open(fn) as im:
            data = [sum(im.getpixel((w,h)))/len(im.getpixel((w,h)))
                    for w in range(width)
                    for h in range(height)]
            digitsData.append(data)
    # digitsLabel 用于存放图片中数字的标准分类
    with open(dstDir+'\\digits.txt') as fp:
        digitsLabel = fp.readlines()
    digitsLabel = [label.strip() for label in digitsLabel]
    return (digitsData, digitsLabel)

# 加载数据
data = loadDigits()
print('数据加载完成。')
```

8.15（2）

```
# 创建模型
svcClassifier = svm.SVC(kernel="linear", C=1000, gamma=0.001)

# 交叉验证
start = time()
scores = cross_val_score(svcClassifier, data[0], data[1], cv=8)
print('交叉验证（k折叠）得分情况: \n', scores)
print('平均分: \n', scores.mean())
print('用时（秒): ', time()-start)
print('='*20)

start = time()
scores = cross_val_score(svcClassifier, data[0], data[1],
                         cv=ShuffleSplit(test_size=0.3,
                                         train_size=0.7,
                                         n_splits=10))
print('交叉验证（随机拆分）得分情况: \n', scores)
```

```
print('平均分: \n', scores.mean())
print('用时（秒）: ', time()-start)
print('='*20)

start = time()
scores = cross_val_score(svcClassifier, data[0], data[1],
                         cv=LeaveOneOut())
print('交叉验证（逐个测试）得分情况: \n', scores)
print('平均分: \n', scores.mean())
print('用时（秒）: ', time()-start)
```

根据图 8-21 显示的运行结果可以发现，K 折叠和随机拆分的速度差不多（注意拆分的份数略有不同），而逐个测试的速度就非常慢了。虽然逐个测试的结果可信度更高，但时间开销太大，在实际上使用较少。

```
数据加载完成。
交叉验证（k折叠）得分情况:
 [ 0.36097561  0.4         0.56097561  0.3804878   0.40196078  0.5862069
  0.44102564  0.39487179]
平均分:
 0.440813017644
用时（秒）: 46.14859461784363
====================
交叉验证（随机拆分）得分情况:
 [ 0.48353909  0.54320988  0.51440329  0.49794239  0.50617284  0.50823045
  0.50205761  0.5         0.51851852  0.52057613]
平均分:
 0.509465020576
用时（秒）: 49.77192044258118
====================
交叉验证（逐个测试）得分情况:
 [ 0.  1.  0. ...,  0.  0.  1.]
平均分:
 0.545454545455
用时（秒）: 10031.216516494751
```

图 8-21　3 种交叉验证效果对比

8.15.2　使用网格搜索确定模型最佳参数

选定了合适的模型之后，参数的设置也非常重要，不同的参数对模型泛化能力有不同的影响。首先编写代码循环测试可能的参数取值，对于每一组参数使用交叉验证对模型进行评分，然后从中选择最佳的参数，也可以使用扩展库 sklearn 提供的网格搜索 GridSearchCV 来完成这个功能，使用网格搜索更加简洁、方便一些。扩展库 sklearnd 的 model_selection 模块中 GridSearchCV 类的构造方法的语法格式如下。

　　__init__(self, estimator, param_grid, scoring=None, fit_params=None, n_jobs=1, iid=True, refit=True, cv=None, verbose=0, pre_dispatch='2*n_jobs', error_score= 'raise', return_train_score=True)

GridSearchCV 类构造方法的常用参数如表 8-26 所示，该类对象的常用属性如表 8-27 所示，该类对象的常用方法如表 8-28 所示。

表 8-26　　　　　　　　　　　　GridSearchCV 类构造方法的常用参数

参 数 名 称	含　　义
estimator	用来设置待选择参数的估计器
param_grid	用来设置待测试和选择的参数
scoring	用来设置选择参数时使用的评分函数

续表

参 数 名 称	含　义
cv	用来设置交叉验证划分策略，取值可以为： ● None：默认使用 3-折叠交叉验证 ● 整数：指定折叠的数量 ● 可以作为交叉验证生成器使用的可调用对象
refit	用来设置是否使用在整个数据集上发现的最佳参数对模型进行重新拟合

表 8-27　　　　　　　　　GridSearchCV 类对象的常用属性

属　性	含　义
cv_results_	交叉验证结果
best_estimator_	得分最高的估计器，仅 refit=True 时可用
best_score_	最佳估计器的交叉验证平均得分
best_params_	最佳参数
scorer_	使用的评分函数
n_splits_	交叉验证时折叠或迭代的数量

表 8-28　　　　　　　　　GridSearchCV 类对象的常用方法

方　法	功　能
fit(self, X, y=None, groups=None, **fit_params)	使用所有参数对模型进行拟合
predict(self, X)	使用发现的最佳参数调用模型的 predict()方法
score(self, X, y=None)	如果估计器进行了重新拟合，返回估计器在给定数据上的得分
transform(self, X)	使用发现的最佳参数调用模型的 transform()方法

仍以手写体数字识别的支持向量机算法为例，下面的代码演示了使用网格搜索发现最佳参数的用法。对于不同的模型，需要确定的参数也不一样，可以参考前几节中对其他模型的介绍。

```python
from time import time
from os import listdir
from os.path import basename
from PIL import Image
from sklearn import svm
from sklearn.model_selection import GridSearchCV

# 图像尺寸
width, height = 30, 60

def loadDigits(dstDir='datasets'):
    # 函数代码没有改变，此处省略，请参见 8.15.1 节内容

# 加载数据
data = loadDigits()
print('数据加载完成。')

# 创建模型
svcClassifier = svm.SVC()
```

```
# 待测试的参数
parameters = {'kernel': ('linear', 'rbf'),
              'C': (0.001, 1, 10, 100, 1000),
              'gamma':(0.001, 0.1, 0.5, 1, 10)}


# 使用网格搜索寻找最佳参数
start = time()
clf = GridSearchCV(svcClassifier, parameters)
clf.fit(data[0], data[1])
# 解除注释可以查看详细结果
# print(clf.cv_results_)
print(clf.best_params_)
print('得分: ', clf.score(data[0], data[1]))
print('用时（秒）: ', time()-start)
```

运行结果为：

```
数据加载完成。
{'C': 0.001, 'gamma': 0.001, 'kernel': 'linear'}
得分:  0.987012987013
用时（秒）:  1246.565750360489
```

本章知识要点

● 机器学习（machine learning）根据已知数据来不断学习和积累经验，然后总结出规律并尝试预测未知数据的属性，是一门综合性非常强的多领域交叉学科，涉及线性代数、概率论、逼近论、凸分析、算法复杂度理论等多门学科。

● 在有监督学习算法中，数据带有额外的属性（例如每个样本所属的类别），通过大量已知的数据不断训练模型和减少错误来提高认知能力，最后根据积累的经验去预测未知数据的属性。

● 在无监督学习算法中，训练数据包含一组输入向量而没有任何相应的目标值。这类算法的目的可能是发现原始数据中相似样本的组合（称作聚类），或者确定数据的分布（称作密度估计），或者把数据从高维空间投影到低维空间（称作降维）以便进行可视化或确定主要特征。

● 一般地，不会把给定的整个数据集都用来训练模型，而是将其分成训练集和测试集两部分，模型使用训练集进行训练或学习，然后把测试集输入训练好的模型并评估其表现。

● scikit-learn（或写作 sklearn）是基于 Python 语言的数据分析与机器学习开源包，依赖于 numpy、scipy、matplotlib 等扩展库，可以在安装好依赖库之后使用命令 pip install scikit-learn 或 pip install sklearn 进行安装。

● 岭回归是一种用于共线性数据分析的有偏估计回归方法，是一种改良的最小二乘估计法，通过放弃最小二乘法的无偏性，以损失部分信息、降低精度为代价从而获得更符合实际、更可靠的回归系数，对病态数据（这样的数据中某个元素的微小变动会导致计算结果误差很大）的拟合效果比最小二乘法好。

● Lasso 是可以估计稀疏系数的线性模型，尤其适用于减少解决方案依赖的特征的数量的场合。如果数据的特征过多，而其中只有一小部分是真正重要的，此时选择 Lasso 比较合适。

● 逻辑回归虽然名字中带有"回归"二字，但实际上它是一个用于分类的线性模型，通常也称作最大熵分类或对数线性分类器。

● KNN 算法（K-Nearest Neighbor）也就是 K 近邻算法，可以用于分类和回归。用于分类时的基本思路是在样本空间中查找 k 个最相似或者距离最近的样本，然后根据 k 个最相似的样本对未知样本进行分类。

● KMeans 聚类算法的基本思想是：选择样本空间中 k 个样本（点）为初始中心，然后对剩余样本进行聚类，每个中心把距离自己最近的样本"吸引"过来，然后更新聚类中心的值，依次把每个样本归到距离最近的类中，重复上面的过程，直至得到某种条件下最好的聚类结果。

● 分层聚类又称作系统聚类算法或系谱聚类，首先把每个样本看作各自一类，定义类间距离计算方式，选择距离最小的一对元素合并成一个新的类，重新计算各类之间的距离并重复上面的步骤，直到将所有原始元素划分为指定数量的类。该算法的计算复杂度非常高，不适合大数据聚类问题。

● 简单地说，决策树算法相当于一个多级嵌套的选择结构，通过回答一系列问题来不停地选择树上的路径，最终到达一个表示某个结论或类别的叶子节点。

● 随机森林是一种集成学习方法，基本思想是把几棵不同参数的决策树打包到一起，每棵决策树单独预测，然后计算所有决策树预测结果的平均值（回归分析）或所有决策树"投票"得到最终结果（分类）。

● DBSCAN（Density-Based Spatial Clustering of Applications with Noise）属于密度聚类算法，把类定义为密度相连对象的最大集合，通过在样本空间中不断搜索高密度的核心样本并扩展得到最大集合完成聚类，能够在带有噪点的样本空间中发现任意形状的聚类并排除噪点。

● 关联分析（又称作关联规则学习）主要用于从大规模数据中寻找物品之间隐含的或者可能存在的联系，从而实现某种意义上的预测。

● 支持向量机（Support Vector Machine, SVM）是通过寻找超平面对样本进行分隔从而实现分类或预测的模型，分隔的原则是间隔最大化。如果样本在原来维度的空间中不是线性可分的，就投影到更高维的特征空间进行处理，支持向量机的核决定了如何投影到更高维空间，这也是支持向量机的关键所在。

● 交叉验证（cross validation）反复对数据集进行划分，并使用不同的划分对模型进行评分，可以更好地评估模型的泛化能力。

● 选定了合适的模型之后，参数的设置也非常重要，不同的参数对模型泛化的性能也有所影响。可以编写代码循环测试可能的参数取值，对于每一组参数使用交叉验证对模型进行评分，然后从中选择最佳的参数，也可以使用扩展库 sklearn 提供的网格搜索 GridSearchCV 来完成这个任务。

本章习题

操作题：练习并理解本章所有程序代码。

第 **9** 章　**matplotlib 数据可视化实战**

本章学习目标

- 熟练掌握扩展库 matplotlib 及其依赖库的安装；
- 了解 matplotlib 的绘图一般过程；
- 熟练掌握折线图的绘制与属性设置；
- 熟练掌握散点图的绘制与属性设置；
- 熟练掌握柱状图的绘制与属性设置；
- 熟练掌握饼状图的绘制与属性设置；
- 熟练掌握雷达图的绘制与属性设置；
- 了解三维曲线、曲面、柱状图、散点图的绘制；
- 熟练掌握绘图区域的切分与属性设置；
- 熟练掌握图例属性的设置；
- 了解事件响应与处理机制的工作原理；
- 了解图形填充的方法；
- 了解保存绘图结果的方法。

9.1　数据可视化库 matplotlib 基础

Python 扩展库 matplotlib 依赖于扩展库 numpy 和标准库 tkinter，可以绘制多种形式的图形，例如折线图、散点图、饼状图、柱状图、雷达图等，图形质量可以达到出版要求，在数据可视化与科学计算可视化领域都比较常用。使用 pandas 也可以直接调用 matplotlib 库中的绘图功能，这一点在第 7 章已经介绍，不再赘述。

Python 扩展库 matplotlib 主要包括 pylab、pyplot 等绘图模块和大量用于字体、颜色、图例等图形元素的管理与控制的模块，提供了类似于 MATLAB 的绘图接口，支持线条样式、字体属性、轴属性及其他属性的管理和控制，可以使用非常简洁的代码绘制出优美的各种图案。

使用 pylab 或 pyplot 绘图的一般过程为：首先生成或读入数据，然后根据实际需要绘制二维折线图、散点图、柱状图、饼状图、雷达图或三维曲线、曲面、柱状图等，接下来设置坐标轴标签（可以使用 matplotlib.pyplot 模块的 xlabel()、ylabel()函数或轴域的 set_xlabel()、 set_ylabel()方法）、坐标轴刻度（可以使用 matplotlib.pyplot 模块的 xticks()、yticks()函数或轴域的 set_xticks()、set_yticks()方法）、图例（可以使用 matplotlib.pyplot 模块的 legend()函数）、标题（可以使用 matplotlib.pyplot 模块的 title()函数）等图形属性，最后显示或保存绘图结果。每一种图形都有特定的应用场景，对于不同类型的数据和可视化要求，我们需要选择最合适类型的图形进行展示，不能生硬地套用某种图形。

在绘制图形、设置轴和图形属性时，大多数函数都有很多可选参数来支持个性化设置，例如颜色、散点符号、线型等参数，而其中很多参数又有多个可能的值。本章重点介绍和演示 pyplot 模块中相关函数的用法，但是并没有给出每个参数的所有可能取值，这些读者可以通过 Python 的内置函数 help()或者查阅 matplotlib 官方在线文档来获知，必要的时候可以查阅 Python 安装目录中的 Lib\site-packages\matplotlib 文件夹中的源代码获取更加完整的帮助信息。

9.2 绘制折线图实战

折线图比较适合描述和比较多组数据随时间变化的趋势，或者一组数据对另外一组数据的依赖程度。

扩展库 matplotlib.pyplot 中的函数 plot()可以用来绘制折线图，通过参数指定折线图上端点的位置、标记符号的形状、大小和颜色以及线条的颜色、线型等样式，然后使用指定的样式把给定的点依次进行连接，最终得到折线图。如果给定的点足够密集，可以形成光滑曲线的效果。该函数的语法格式如下，其常用参数如表 9-1 所示。

```
plot(*args, **kwargs)
```

表 9-1　　plot()函数的常用参数

参 数 名 称	含 义
args	前两个位置参数用来设置折线图上若干端点的坐标，其中： 第一个参数用来指定折线图上一个或多个端点的 x 坐标 第二个参数用来指定折线图上一个或多个端点的 y 坐标 第三个位置参数用来同时指定折线图的颜色、线型和标记符号形状（也可以通过关键参数 kwargs 指定），其中 ● 颜色可以取值为'r'（红色）、'g'（绿色）、'b'（蓝色）、'c'（青色）、'm'（品红色）、'y'（黄色）、'k'（黑色）、'w'（白色） ● 线型常用的取值有'-'（实心线）、'--'（短划线）、'-.'（点划线）和':'（点线） ● 标记符号可能的取值有'.'（圆点）、'o'（圆圈）、'v'（向下的三角形）、'^'（向上的三角形）、'<'（向左的三角形）、'>'（向右的三角形）、'*'（五角星）、'+'（加号）、'_'（下画线）、'x'（x 符号）、'D'（菱形） 例如，plot(x, y, 'r-+')使用等长数组 x 和 y 中对应元素作为端点坐标绘制红色实心线并使用加号标记端点，而 plot(x, y, 'g--v')会绘制绿色短划线并以下三角标记端点；而 plot(x, y, 'r+')只会以加号标记端点却不绘制线条。
kwargs	用来设置标签、线宽、反走样以及标记符号的大小、边线颜色、边线宽度与背景色等属性，可选的参数有 ● alpha：指定透明度，介于 0 到 1 之间，默认为 1，表示完全不透明 ● antialiased 或 aa：True 表示图形启用抗锯齿或反走样，False 表示不启用抗锯齿，默认为 True

参 数 名 称	含　　义
kwargs	● 　color 或 c：用来指定线条颜色，可以取值为'r'（红色）、'g'（绿色）、'b'（蓝色）、'c'（青色）、'm'（品红色）、'y'（黄色）、'k'（黑色）、'w'（白色）或'#rrggbb'形式的颜色值，例如'#ff0000'表示红色 ● 　label：用来指定线条标签，设置之后会显示在图例中 ● 　linestyle 或 ls：用来指定线型 ● 　linewidth 或 lw：用来指定线条宽度，单位为像素 ● 　marker：用来指定标记符号的形状 ● 　markeredgecolor 或 mec：用来指定标记符号的边线颜色 ● 　markeredgewidth 或 mew：用来指定标记符号的边线宽度 ● 　markerfacecolor 或 mfc：用来指定标记符号的背景颜色 ● 　markersize 或 ms：用来指定标记符号的大小 ● 　visible：用来指定线条和标记符号是否可见，默认为 True

例 9-1　某商品进价 49 元，售价 75 元，现在商场新品上架搞促销活动，顾客每多买一件就给优惠 1%，但是每人最多可以购买 30 件。对于商场而言，活动越火爆商品单价越低，但总收入和盈利越多。对于顾客来说，虽然买得越多单价越低，但是消费总金额却是越来越多的，并且购买太多也会因为用不完而导致过期不得不丢弃造成浪费。现在要求计算并使用折线图可视化顾客购买数量 num 与商家收益、顾客总消费以及顾客省钱情况的关系，并标记商场收益最大的批发数量和商场收益。

```
import matplotlib.pyplot as plt
import matplotlib.font_manager as fm

# 进价与零售价
basePrice, salePrice = 49, 75

# 计算购买 num 个商品时的单价，买得越多，单价越低
def compute(num):
    return salePrice * (1-0.01*num)

# numbers 用来存储顾客购买数量
# earns 用来存储商场的盈利情况
# totalConsumption 用来存储顾客消费总金额
# saves 用来存储顾客节省的总金额
numbers = list(range(1, 31))
earns = []
totalConsumption = []
saves = []
# 根据顾客购买数量计算三组数据
for num in numbers:
    perPrice = compute(num)
    earns.append(round(num*(perPrice-basePrice), 2))
    totalConsumption.append(round(num*perPrice, 2))
    saves.append(round(num*(salePrice-perPrice), 2))

# 绘制商家盈利和顾客节省的折线图，系统自动分配线条颜色
plt.plot(numbers, earns, label='商家盈利')
```

203

```
plt.plot(numbers, totalConsumption, label='顾客总消费')
plt.plot(numbers, saves, label='顾客节省')

# 设置坐标轴标签文本
plt.xlabel('顾客购买数量（件）', fontproperties='simhei')
plt.ylabel('金额（元）', fontproperties='simhei')
# 设置图形标题
plt.title('数量-金额关系图', fontproperties='stkaiti', fontsize=20)

# 创建字体，设置图例
myfont = fm.FontProperties(fname=r'C:\Windows\Fonts\STKAITI.ttf',
                            size=12)
plt.legend(prop=myfont)

# 计算并标记商家盈利最多的批发数量
maxEarn = max(earns)
bestNumber = numbers[earns.index(maxEarn)]
# 散点图，在相应位置绘制一个红色五角星，详见 9.3 节
plt.scatter([bestNumber], [maxEarn], marker='*', color='red', s=120)
# 使用 annotate() 函数在指定位置进行文本标注
plt.annotate(xy=(bestNumber, maxEarn),              # 箭头终点坐标
            xytext=(bestNumber-1, maxEarn+200),#    箭头起点坐标
            s=str(maxEarn),                         # 显示的标注文本
            arrowprops=dict(arrowstyle="->"))       # 箭头样式

# 显示图形
plt.show()
```

运行结果如图 9-1 所示。

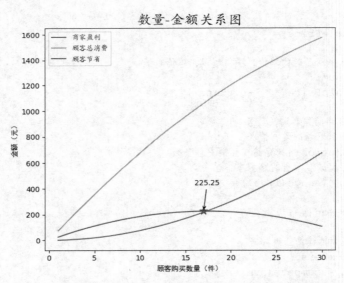

图 9-1　顾客购买数量对商场盈利、消费金额和节省金额的影响

例 9-2　已知学校附近某烧烤店 2019 年每月的营业额如表 9-2 所示。编写程序绘制折线图对该烧烤店全年营业额进行可视化，使用红色点划线连接每月的数据，并在每月的数据处使用三角形标记。

表 9-2　　　　　　　　　　　某烧烤店 2019 年每个月的营业额

月份	1	2	3	4	5	6	7	8	9	10	11	12
营业额（万元）	5.2	2.7	5.8	5.7	7.3	9.2	18.7	15.6	20.5	18.0	7.8	6.9

```
import matplotlib.pyplot as plt

#月份和每月营业额
month = list(range(1,13))
money = [5.2, 2.7, 5.8, 5.7, 7.3, 9.2,
         18.7, 15.6, 20.5, 18.0, 7.8, 6.9]
# plot()函数的第一个参数表示横坐标数据，第二个参数表示纵坐标数据
# 第三个参数表示颜色、线型和标记样式
# 颜色常用的值有（r/g/b/c/m/y/k/w）
# 线型常用的值有（-/--/:/-.）
# 标记样式常用的值有（./,/o/v/^/s/*/D/d/x/</>/h/H/1/2/3/4/_/|）
plt.plot(month, money, 'r-.v')

plt.xlabel('月份', fontproperties='simhei', fontsize=14)
plt.ylabel('营业额（万元）', fontproperties='simhei', fontsize=14)
plt.title('烧烤店 2019 年营业额变化趋势图',
          fontproperties='simhei', fontsize=18)

# 紧缩四周空白，扩大绘图区域可用面积
plt.tight_layout()

plt.show()
```

运行结果如图 9-2 所示。

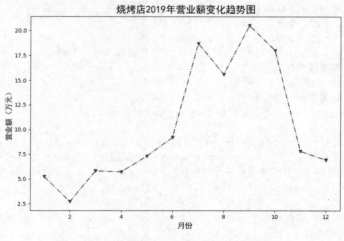

图 9-2　某烧烤店 2019 年营业额折线图

9.3　绘制散点图实战

散点图比较适合描述数据在平面或空间中的分布，可以用来帮助分析数据之间的关联，

或者观察聚类算法的选择和参数设置对聚类效果的影响。

扩展库 matplotlib.pyplot 中的函数 scatter()可以根据给定的数据绘制散点图，语法格式如下，常用参数如表 9-3 所示。

```
scatter(x, y, s=None, c=None, marker=None, cmap=None, norm=None, vmin=None,
vmax=None, alpha=None, linewidths=None, verts=None, edgecolors=None, hold=None,
data=None, **kwargs)
```

表 9-3   scatter()函数的常用参数

参 数 名 称	含　　义
x、y	分别用来指定散点的 x 和 y 坐标，可以为标量或数组形式的数据，如果 x 和 y 都为标量则在指定位置绘制一个散点符号，如果均为数组形式的数据则把两个数组中对应位置上数据作为坐标，在这些位置上绘制若干散点符号
s	用来指定散点符号的大小
marker	用来指定散点符号的形状
alpha	用来指定散点符号的透明度
linewidths	用来指定线宽，可以是标量或类似于数组的对象
edgecolors	用来指定散点符号的边线颜色，可以是颜色值或包含若干颜色值的序列

例 9-3　结合折线图和散点图，重新绘制例 9-2 中要求的图形。使用 plot()函数依次连接若干端点绘制折线图，使用 scatter()函数在指定的端点处绘制散点图，结合这两个函数，可以实现例 9-2 同样的效果图。为了稍做区分，在本例中把端点符号设置为蓝色三角形。

```python
import matplotlib.pyplot as plt

# 月份和每月营业额
month = list(range(1,13))
money = [5.2, 2.7, 5.8, 5.7, 7.3, 9.2,
         18.7, 15.6, 20.5, 18.0, 7.8, 6.9]

# 绘制折线图，设置颜色和线型
plt.plot(month, money, 'r-.')
# 绘制散点图，设置颜色、符号和大小
plt.scatter(month, money, c='b', marker='v', s=28)

plt.xlabel('月份', fontproperties='simhei', fontsize=14)
plt.ylabel('营业额（万元）', fontproperties='simhei', fontsize=14)
plt.title('烧烤店 2019 年营业额变化趋势图',
          fontproperties='simhei', fontsize=18)

# 紧缩四周空白，扩大绘图面积
plt.tight_layout()

plt.show()
```

运行结果如图 9-3 所示。

例 9-4　某商场开业 3 个月后，有顾客反应商场一楼部分位置的手机信号不好，个别收银台有时无法正常使用微信或支付宝支付，商场内也有些位置无法正常使用微信。为此，商场安排工作人员在不同位置对手机信号强度进行测试以便进一步提高服务质量和用户体验，测试数据保存于文件"D:\服务质量保证\商场一楼手机信号强度.txt"中，文件中每行使用逗号分隔的 3 个数字分别表示商场内一个位置的 *x*、*y* 坐标和信号强度，其中 *x*、*y* 坐标值以商场西南角为坐标原点且向东为 *x* 正轴（共 150 米）、向北为 *y* 正轴（共 30 米），信号强度以 0 表示无信号、100 表示最强。

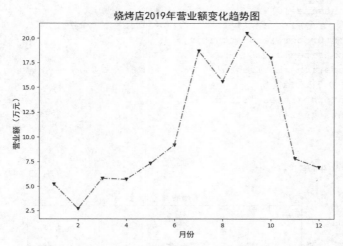

图 9-3　使用折线图和散点图可视化某烧烤店营业额数据

　　编写程序，使用散点图对该商场一楼所有测试位置的手机信号强度进行可视化，既可以直观地发现不同位置信号的强度以便分析原因，也方便观察测试位置的分布是否合理。在散点图中，使用横轴表示 *x* 坐标位置、纵轴表示 *y* 坐标位置，使用五角星标记测试位置，五角星大小表示信号的强弱，五角星越大表示信号越强，反之表示信号越弱。同时，为了获得更好的可视化效果，信号强度高于或等于 70 的位置使用绿色五角星，低于 70 且高于或等于 40 的使用蓝色五角星，低于 40 的位置使用红色五角星。

```python
import matplotlib.pyplot as plt

xs = []
ys = []
strengths = []

# 读取文件中的数据
with open(r'D:\服务质量保证\商场一楼手机信号强度.txt') as fp:
    for line in fp:
        x, y, strength = map(int, line.split(','))
        xs.append(x)
        ys.append(y)
        strengths.append(strength)

# 绘制散点图，s指大小，c指颜色，marker指符号形状
for x, y, s in zip(xs, ys, strengths):
    if s < 40:
        color = 'r'
    elif s < 70:
        color = 'b'
```

9.3

```
        else:
            color = 'g'
        plt.scatter(x, y, s=s, c=color, marker='*')

plt.xlabel('长度坐标',
            fontproperties='stkaiti',        # 设置中文字体
            fontsize=10)                      # 设置字号
plt.ylabel('宽\n度\n坐\n标',                   # 每行显示一个字
            fontproperties='stkaiti',
            fontsize=10,
            rotation='horizontal')            # 设置文字方向
plt.title('商场内信号强度',
            fontproperties='stxingkai',
            fontsize=14)

plt.show()
```

运行结果如图 9-4 所示。

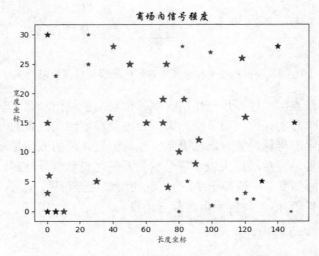

图 9-4　某商场一楼不同位置的手机信号强度

9.4　绘制柱状图实战

柱状图适合用来比较多组数据之间的大小，或者类似的场合，但对大规模数据的可视化不是很适合。

扩展库 matplotlib.pyplot 中的函数 bar()可以用来根据给定的数据绘制柱状图，语法格式如下，部分常用参数如表 9-4 所示。

```
bar(left, height, width=0.8, bottom=None, hold=None, data=None, **kwargs)
```

表 9-4　　　　　　　　　　　　　　　bar()函数的常用参数

参 数 名 称	含　　义
left	用来指定每个柱的左侧边框的 x 坐标

参 数 名 称	含　　义
height	用来指定每个柱的高度
width	用来指定每个柱的宽度，默认为 0.8
bottom	用来指定每个柱底部边框的 y 坐标
color	用来指定每个柱的颜色
edgecolor	用来指定每个柱的边框的颜色
linewidth	用来指定每个柱的边框的线宽
align	用来指定每个柱的对齐方式，以垂直柱状图为例，如果 align='edge' 且 width>0 表示柱的左侧边框与给定的 x 坐标对齐，如果 align='edge' 且 width<0 表示柱的右侧边框与给定的 x 坐标对齐，如果 align='center' 表示给定的 x 坐标恰好位于柱的中间位置
orientation	用来指定柱的朝向，设置为'vertical'时绘制垂直柱状图，设置为'horizontal'时绘制水平柱状图
alpha	用来指定透明度
antialiased 或 aa	用来设置是否启用抗锯齿功能
edgecolor 或 ec	用来设置柱的边框颜色
fill	用来设置是否填充
hatch	用来指定内部填充符号，可选的值有'/'、'\\'、'|'、'—'、'+'、'x'、'o'、'O'、'.'、'*'
label	用来指定图例中显示的文本标签
linestyle 或 ls	用来指定边框的线型
linewidth 或 lw	用来指定边框的线宽
visible	用来设置绘制的柱是否可见

例 9-5　某商场几个部门 2019 年每个月的业绩如表 9-5 所示。编写程序绘制柱状图可视化各部门的业绩，可以借助于 pandas 的 DataFrame 结构快速绘制图形，并要求坐标轴、标题和图例能够显示中文。

表 9-5　　　　　　　　　　　　某商场各部门业绩（万元）

月份	1	2	3	4	5	6	7	8	9	10	11	12
男装	51	32	58	57	30	46	38	38	40	53	58	50
女装	70	30	48	73	82	80	43	25	30	49	79	60
餐饮	60	40	46	50	57	76	70	33	70	61	49	45
化妆品	110	75	130	80	83	95	87	89	96	88	86	89
金银首饰	143	100	89	90	78	129	100	97	108	152	96	87

```
import pandas as pd
import matplotlib.pyplot as plt
import matplotlib.font_manager as fm

data = pd.DataFrame({'月份': [1,2,3,4,5,6,7,8,9,10,11,12],
        '男装': [51,32,58,57,30,46,38,38,40,53,58,50],
        '女装': [70,30,48,73,82,80,43,25,30,49,79,60],
        '餐饮': [60,40,46,50,57,76,70,33,70,61,49,45],
        '化妆品': [110,75,130,80,83,95,87,89,96,88,86,89],
```

```
                  '金银首饰': [143,100,89,90,78,129,100,97,108,152,96,87]})

# 绘制柱状图，指定月份数据作为 x 轴
data.plot(x='月份', kind='bar')
# 设置 x、y 轴标签和字体
plt.xlabel('月份', fontproperties='simhei')
plt.ylabel('营业额（万元）', fontproperties='simhei')
# 设置图例字体
myfont = fm.FontProperties(fname=r'C:\Windows\Fonts\STKAITI.ttf')
plt.legend(prop=myfont)

plt.show()
```

运行结果如图 9-5 所示。

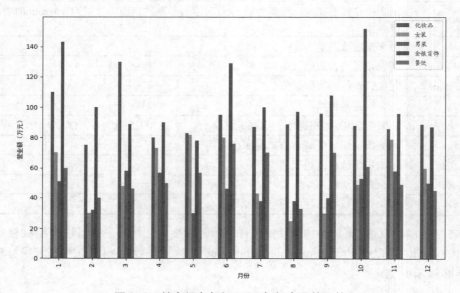

图 9-5　某商场各部门 2019 年每个月的业绩

　　例 9-6　根据例 9-2 中烧烤店的数据绘制柱状图，要求可以设置每个柱的颜色、内部填充符号、描边效果和标注文本。

```
import matplotlib.pyplot as plt

# 月份和每月营业额
month = list(range(1,13))
money = [5.2, 2.7, 5.8, 5.7, 7.3, 9.2,
         18.7, 15.6, 20.5, 18.0, 7.8, 6.9]

# 绘制每个月份的营业额
for x, y in zip(month, money):
    # 营业额越高，颜色中的红色分量越大
    # 格式字符串中的 0 表示不够 2 位时前面补 0
    color = '#%02x'%int(y*10)+'6666'
    plt.bar(x, y,
            color=color, hatch='*', width=0.6,
```

```
        edgecolor='b', linestyle='--',linewidth=1.5)
    plt.text(x-0.3, y+0.2, '%.1f'%y)

# 设置 x、y 轴标签和字体
plt.xlabel('月份', fontproperties='simhei')
plt.ylabel('营业额（万元）', fontproperties='simhei')
plt.title('烧烤店营业额', fontproperties='simhei', fontsize=14)

# 设置 x 轴刻度
plt.xticks(month)

# 设置 y 轴跨度
plt.ylim(0, 22)

plt.show()
```

运行结果如图 9-6 所示。

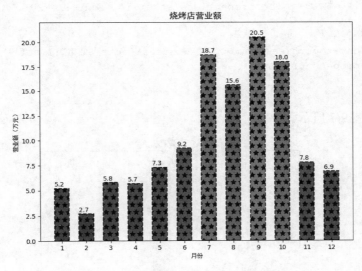

图 9-6　烧烤店 2019 年每个月的营业额

例 9-7　"集体过马路"是网友对集体闯红灯现象的一种调侃，即"凑够一撮人就可以走了，与红绿灯无关"。出现这种现象的原因之一是很多人认为法不责众，从而不顾交通法规和安全，但这种危险的过马路方式造成了很多不同程度的交通事故和人员伤亡。某城市在多个路口对行人过马路的方式进行了随机调查。在所有参与调查的市民中，"从不闯红灯""跟从别人闯红灯""带头闯红灯"的人数如表 9-6 所示，针对这组调查数据，编写程序绘制柱状图进行展示和对比。

表 9-6　　　　　　　　　　　　　　　　闯红灯情况调查结果

	从不闯红灯	跟从别人闯红灯	带头闯红灯
男性	450	800	200
女性	150	100	300

```
import pandas as pd
import matplotlib.pyplot as plt
```

```python
import matplotlib.font_manager as fm

# 创建 DataFrame 结构
df = pd.DataFrame({'男性':(450,800,200),
                   '女性':(150,100,300)})
# 绘制柱状图
df.plot(kind='bar')

# 设置 x 轴刻度和文本
plt.xticks([0,1,2],
           ['从不闯红灯', '跟从别人闯红灯', '带头闯红灯'],
           fontproperties='simhei',         # 中文字体
           rotation=20)                      # 旋转刻度的文本

# 设置 y 轴只在有数据的位置显示刻度
plt.yticks(list(df['男性'].values) + list(df['女性'].values))
plt.ylabel('人数', fontproperties='stkaiti', fontsize=14)
plt.title('过马路方式', fontproperties='stkaiti', fontsize=20)

# 创建和设置图例字体
font = fm.FontProperties(fname=r'C:\Windows\Fonts\STKAITI.ttf')
plt.legend(prop=font)

plt.show()
```

运行结果如图 9-7 所示。

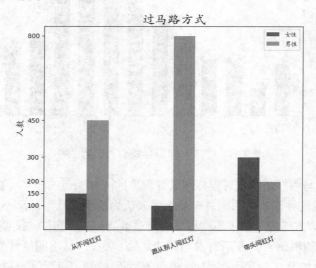

图 9-7　集体过马路方式数据的柱状图

9.5　绘制饼状图实战

饼状图比较适合展示一个总体中各类别数据所占的比例，例如商场年度营业额中各类商品、不同员工的占比，家庭年度开销中不同类别的占比等。但由于人眼对面积不是很敏感，难以区分微小的差异，使用饼状图时要注意这个问题。

9.5

扩展库 matplotlib.pyplot 中的 pie()函数可以用来绘制饼状图，该函数的语法格式如下，部分常用参数如表 9-7 所示。

```
pie(x, explode=None, labels=None, colors=None, autopct=None, pctdistance=0.6,
shadow=False, labeldistance=1.1, startangle=None, radius=None, counterclock=True,
wedgeprops=None, textprops=None, center=(0, 0), frame=False, hold=None, data=None)
```

表 9-7　　　　　　　　　　　　　pie()函数的常用参数

参 数 名 称	含　　义
x	数组形式的数据，自动计算其中每个数据的占比并确定对应的扇形的面积
explode	取值可以为 None 或与 x 等长的数组，用来指定每个扇形沿半径方向相对于圆心的偏移量，None 表示不进行偏移，正数表示远离圆心
colors	可以为 None 或包含颜色值的序列，用来指定每个扇形的颜色，如果颜色数量少于扇形数量，就循环使用这些颜色
labels	与 x 等长的字符串序列，用来指定每个扇形的文本标签
autopct	用来设置在扇形内部使用数字值作为标签显示时的格式
pctdistance	用来设置每个扇形的中心与 autopct 指定的文本之间的距离，默认为 0.6
labeldistance	每个饼标签绘制时的径向距离
shadow	True/False，用来设置是否显示阴影
startangle	设置饼状图第一个扇形的起始角度，相对于 x 轴并沿逆时针方向计算
radius	用来设置饼的半径，默认为 1
counterclock	True/False，用来设置饼状图中每个扇形的绘制方向
center	(x,y)形式的元组，用来设置饼的圆心位置
frame	True/False，用来设置是否显示边框

例 9-8　已知某班级的数据结构、线性代数、英语和 Python 课程考试成绩，要求绘制饼状图显示每门课的成绩中优（85 分以上）、及格（60～84 分）、不及格（60 分以下）的占比。

```
from itertools import groupby
import matplotlib.pyplot as plt

# 设置图形中使用中文字体
plt.rcParams['font.sans-serif'] = ['simhei']

# 每门课程的成绩
scores = {'数据结构':[89,70,49,87,92,84,73,71,78,81,90,37,
                    77,82,81,79,80,82,75,90,54,80,70,68,61],
          '线性代数':[70,74,80,60,50,87,68,77,95,80,79,74,
                    69,64,82,81,78,90,78,79,72,69,45,70,70],
          '英语':[83,87,69,55,80,89,96,81,83,90,54,70,79,
                 66,85,82,88,76,60,80,75,83,75,70,20],
          'Python':[90,60,82,79,88,92,85,87,89,71,45,50,
                    80,81,87,93,80,70,68,65,85,89,80,72,75]}

# 自定义分组函数，在下面的 groupby()函数中使用
def splitScore(score):
    if score>=85:
        return '优'
```

```
    elif score>=60:
        return '及格'
    else:
        return '不及格'

# 统计每门课程中优、及格、不及格的人数
# ratios 的格式为{'课程名称':{'优':3, '及格':5, '不及格':1},...}
ratios = dict()
for subject, subjectScore in scores.items():
    ratios[subject] = {}
    # groupby()函数需要对原始分数进行排序才能正确分类
    for category, num in groupby(sorted(subjectScore), splitScore):
        ratios[subject][category] = len(tuple(num))

# 创建 4 个子图
fig, axs = plt.subplots(2,2)
axs.shape = 4,
# 依次在 4 个子图中绘制每门课程的饼状图
for index, subjectData in enumerate(ratios.items()):
    # 选择子图
    plt.sca(axs[index])
    subjectName, subjectRatio = subjectData
    plt.pie(list(subjectRatio.values()),           # 每个扇形对应的数值
            labels=list(subjectRatio.keys()),      # 每个扇形的标签
            autopct='%1.1f%%')                      # 百分比显示格式
    plt.xlabel(subjectName)
    plt.legend()
    plt.gca().set_aspect('equal')                   # 设置纵横比相等

plt.show()
```

运行结果如图 9-8 所示。

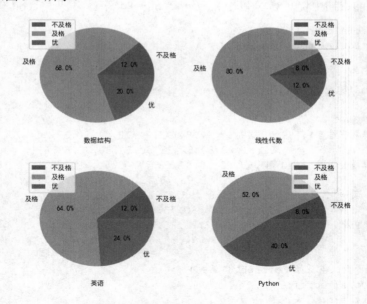

图 9-8　学生每门课成绩分布的饼状图

9.6　绘制雷达图实战

雷达图也称作极坐标图、星图、蜘蛛网图，常用于企业经营状况的分析，可以直观地表达企业经营状况全貌，便于企业管理者及时发现薄弱环节进行改进，也可以用于发现异常值。雷达图类似于平行坐标图，只不过轴是沿径向排列的。

扩展库 matplotlib.pyplot 中的 polar()函数可以用来绘制雷达图，语法格式如下。

```
polar(*args, **kwargs)
```

其中参数 args 和 kwargs 含义与 plot()函数相似。

例 9-9　很多学校的毕业证和学位证只能体现一种学习经历或者证明达到该学习阶段的最低要求，并不能体现学生的综合能力以及擅长的学科与领域，所以大部分单位在招聘时往往还需要借助于成绩单进行综合考察。但单独的表格式成绩单不是很直观，并且存在造假的可能。在证书上列出学生所有课程的成绩不太现实，但是可以考虑把每个学生的专业核心课成绩绘制成雷达图印在学位证书上，这样既可以让用人单位非常直观地了解学生综合能力，也比单独打印的成绩单要权威和正式很多。编写程序，根据某学生的部分专业核心课程和成绩清单绘制雷达图。

```python
import numpy as np
import matplotlib.pyplot as plt

# 某学生的课程与成绩
courses = ['C++', 'Python', '高数', '大学英语', '软件工程',
           '组成原理', '数字图像处理', '计算机图形学']
scores = [80, 95, 78, 85, 45, 65, 80, 60]

dataLength = len(scores)                    # 数据长度

# angles 数组把圆周等分为 dataLength 份
angles = np.linspace(0,                     # 数组第一个数据
                     2*np.pi,               # 数组最后一个数据
                     dataLength,            # 数组中数据数量
                     endpoint=False)        # 不包含终点

scores.append(scores[0])
angles = np.append(angles, angles[0])       # 闭合
# 绘制雷达图
plt.polar(angles,                           # 设置角度
          scores,                           # 设置各角度上的数据
          'rv--',                           # 设置颜色、线型和端点符号
          linewidth=2)                      # 设置线宽

# 设置角度网格标签
plt.thetagrids(angles[:8]*180/np.pi,
               courses,
               fontproperties='simhei')

# 填充雷达图内部
plt.fill(angles,
         scores,
```

```
        facecolor='r',
        alpha=0.6)

plt.show()
```

运行结果如图 9-9 所示。

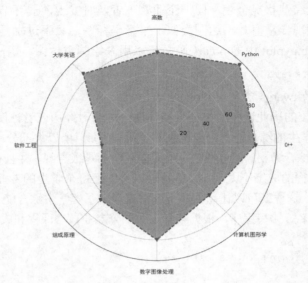

图 9-9　学生成绩分布雷达图

例 9-10　为了分析家庭开销的详细情况，也为了更好地进行家庭理财，张三对 2018 年全年每个月的蔬菜、水果、肉类、日用品、旅游、随礼等各项支出做了详细记录，如表 9-8 所示。编写程序，根据张三的家庭开销情况绘制雷达图。

表 9-8　　　　　　　　　　　　张三 2018 年家庭开销数据

月份	1	2	3	4	5	6	7	8	9	10	11	12
蔬菜	1350	1500	1330	1550	900	1400	980	1100	1370	1250	1000	1100
水果	400	600	580	620	700	650	860	900	880	900	600	600
肉类	480	700	370	440	500	400	360	380	480	600	600	400
日用	1100	1400	1040	1300	1200	1300	1000	1200	950	1000	900	950
衣服	650	3500	0	300	300	3000	1400	500	800	2000	0	0
旅游	4000	1800	0	0	0	0	0	4000	0	0	0	0
随礼	0	4000	0	600	0	1000	600	1800	800	0	0	1000

```
import random
import numpy as np
import matplotlib.pyplot as plt
import matplotlib.font_manager as fm

# 每月支出数据
data = {
  '蔬菜': [1350,1500,1330,1550,900,1400,980,1100,1370,1250,1000,1100],
  '水果': [400,600,580,620,700,650,860,900,880,900,600,600],
  '肉类': [480,700,370,440,500,400,360,380,480,600,600,400],
```

```
        '日用': [1100,1400,1040,1300,1200,1300,1000,1200,950,1000,900,950],
        '衣服': [650,3500,0,300,300,3000,1400,500,800,2000,0,0],
        '旅游': [4000,1800,0,0,0,0,0,4000,0,0,0,0],
        '随礼': [0,4000,0,600,0,1000,600,1800,800,0,0,1000]
}

dataLength = len(data['蔬菜'])              # 数据长度

# angles 数组把圆周等分为 dataLength 份
angles = np.linspace(0,                     # 数组第一个数据
                     2*np.pi,               # 数组最后一个数据
                     dataLength,            # 数组中数据数量
                     endpoint=False)        # 不包含终点

markers = '*v^Do'
for col in data.keys():
    # 使用随机颜色和标记符号
    color = '#'+''.join(map('{0:02x}'.format,
                            np.random.randint(0,255,3)))
    plt.polar(angles, data[col], color=color,
              marker=random.choice(markers), label=col)

# 设置角度网格标签
plt.thetagrids(angles*180/np.pi,
               list(map(lambda i:'%d月'%i, range(1,13))),
               fontproperties='simhei')

# 创建和设置图例字体
font = fm.FontProperties(fname=r'C:\Windows\Fonts\STKAITI.ttf')
plt.legend(prop=font)

plt.show()
```

运行结果如图 9-10 所示。

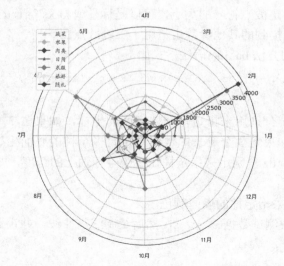

图 9-10　张三 2018 年每月家庭支出情况雷达图

9.7

9.7 绘制三维图形实战

如果要绘制三维图形，首先需要使用下面的语句导入相应的对象。

```
from mpl_toolkits.mplot3d import Axes3D
```

然后使用下面的两种方式之一声明要创建三维子图。

```
ax = fig.gca(projection='3d')
ax = plt.subplot(111, projection='3d')
```

接下来就可以使用 ax 的 plot()方法绘制三维曲线、plot_surface()方法绘制三维曲面、scatter()方法绘制三维散点图或 bar3d()方法绘制三维柱状图了。

在绘制三维图形时，至少需要指定 x、y、z 3 个坐标轴的数据，然后再根据不同的图形类型指定额外的参数设置图形的属性。其中绘制三维曲线的 plot()方法的参数与 9.2 节介绍的二维折线图函数 plot()的参数基本一致，不再赘述。

绘制三维曲面的方法 plot_surface()语法格式如下。

```
plot_surface(X, Y, Z, *args, **kwargs)
```

其中：

（1）参数 rstride 和 cstride 分别控制 x 和 y 两个方向的步长，这决定了曲面上每个面片的大小；

（2）参数 color 用来指定面片的颜色；

（3）参数 cmap 用来指定面片的颜色映射表。

绘制三维散点图的方法 scatter()语法格式如下。

```
scatter(xs, ys, zs=0, zdir='z', s=20, c=None, depthshade=True, *args, **kwargs)
```

其中：

（1）参数 xs、ys、zs 分别用来指定散点符号的 x、y、z 坐标，如果同时为标量则指定一个散点符号的坐标，如果同时为等长数组则指定一系列散点符号的坐标；

（2）参数 s 用来指定散点符号的大小，可以是标量或与 xs 等长的数组；

（3）表 9-3 中没有提到的其他参数也适用于三维散点图。

绘制三维柱状图的方法 bar3d()语法格式如下。

```
bar3d(x, y, z, dx, dy, dz, color=None, zsort='average', *args, **kwargs)
```

其中：

（1）参数 x、y、z 分别用来指定每个柱底面的坐标，如果这 3 个参数都是标量则指定一个柱的底面坐标，如果是 3 个等长的数组则指定多个柱的底面坐标；

（2）参数 dx、dy、dz 分别用来指定柱在 3 个坐标轴上的跨度，即 x 方向的宽度、y 方向的厚度和 z 方向的高度；

（3）参数 color 用来指定柱的表面颜色。

例 9-11　首先生成测试数据 x、y、z，然后绘制三维曲线，并设置图例的字体和字号。

```
import numpy as np
import matplotlib as mpl
from mpl_toolkits.mplot3d import Axes3D
```

```
import matplotlib.pyplot as plt
import matplotlib.font_manager as fm

# 绘制三维图形
fig = plt.figure()
ax = fig.gca(projection='3d')

# 生成测试数据
theta = np.linspace(-4 * np.pi, 4 * np.pi, 100)
z = np.linspace(-4, 4, 100)*0.3
r = z**4 + 1
x = r * np.sin(theta)
y = r * np.cos(theta)

# 绘制三维曲线，设置标签
ax.plot(x, y, z, 'rv-', label='参数曲线')

# 设置图例字体
font = fm.FontProperties(fname=r'C:\Windows\Fonts\STKAITI.ttf')
# 设置图例字号的一种方式
mpl.rcParams['legend.fontsize'] = 10
# 创建并显示图例
ax.legend(prop=font)

plt.show()
```

运行结果如图 9-11 所示。

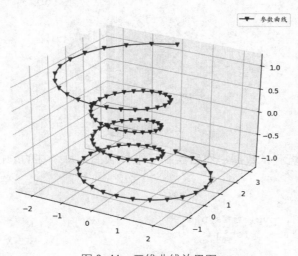

图 9-11　三维曲线效果图

例 9-12　首先生成一组测试数据，然后绘制三维曲面，并设置坐标轴的标签和图形标题。

```
import numpy as np
import matplotlib.pyplot as plt
import mpl_toolkits.mplot3d

# 生成测试数据，在 x 和 y 方向分布生成-2 到 2 之间的 20 个数
# 步长使用虚数，虚部表示点的个数，并且包含 end
```

```
x, y = np.mgrid[-2:2:20j, -2:2:20j]
z = 50 * np.sin(x+y*2)

# 创建三维图形
ax = plt.subplot(111, projection='3d')
# 绘制三维曲面
ax.plot_surface(x,y,z,
                rstride=3, cstride=2,
                cmap=plt.cm.coolwarm)
# 设置坐标轴标签
ax.set_xlabel('X')
ax.set_ylabel('Y')
ax.set_zlabel('Z')
# 设置图形标题
ax.set_title('三维曲面', fontproperties='simhei', fontsize=24)

plt.show()
```

运行结果如图 9-12 所示，可以把鼠标放置于图形之上然后按下鼠标左键旋转图形，从不同角度进行观察。

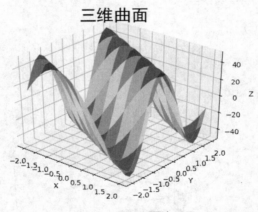

图 9-12　三维曲面效果图

例 9-13　生成随机测试数据，然后绘制三维柱状图，每个柱的颜色统一使用红色，并且宽度和厚度都为 1。

```
import numpy as np
import matplotlib.pyplot as plt
import mpl_toolkits.mplot3d

# 生成测试数据
x = np.random.randint(0, 40, 10)
y = np.random.randint(0, 40, 10)
z = 80*abs(np.sin(x+y))

# 创建三维图形
ax = plt.subplot(projection='3d')
# 绘制三维柱状图
ax.bar3d(x,                          # 设置 x 轴数据
```

```
        y,                     # 设置 y 轴数据
        np.zeros_like(z),      # 设置柱的 z 轴起始坐标为 0
        dx=1,                  # x 方向的宽度
        dy=1,                  # y 方向的厚度
        dz=z,                  # z 方向的高度
        color='red')           # 设置面片颜色为红色

# 设置坐标轴标签
ax.set_xlabel('X')
ax.set_ylabel('Y')
ax.set_zlabel('Z')

plt.show()
```

运行结果如图 9-13 所示。

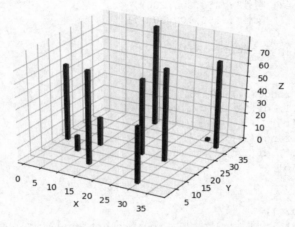

图 9-13　三维柱状图（1）

例 9-14　生成测试数据，绘制三维柱状图，设置每个柱的颜色随机，且宽度和厚度都为 1。

```
import numpy as np
import matplotlib.pyplot as plt
import mpl_toolkits.mplot3d

x = np.random.randint(0, 40, 10)
y = np.random.randint(0, 40, 10)
z = 80*abs(np.sin(x+y))
ax = plt.subplot(projection='3d')

for xx, yy, zz in zip(x, y, z):
    color = np.random.random(3)
    ax.bar3d(xx,
             yy,
             0,
             dx=1,
             dy=1,
             dz=zz,
             color=color)
ax.set_xlabel('X')
```

```
ax.set_ylabel('Y')
ax.set_zlabel('Z')

plt.show()
```

运行结果如图 9-14 所示。

例 9-15　根据例 9-7 描述的问题和数据，绘制三维柱状图对数据进行展示。

```
import pandas as pd
import matplotlib.pyplot as plt
import matplotlib.font_manager as fm
import mpl_toolkits.mplot3d

# 创建 DataFrame 结构
df = pd.DataFrame({'男性':(450,800,200),
                   '女性':(150,100,300)})
# 创建三维图形
ax = plt.subplot(projection='3d')

# 绘制三维柱状图
ax.bar3d([0]*3, range(3), [0]*3,
         0.1, 0.1, df['男性'].values,
         color='r')
ax.bar3d([1]*3, range(3), [0]*3,
         0.1, 0.1, df['女性'].values,
         color='b')

# 设置坐标轴刻度和文本
ax.set_xticks([0,1])
ax.set_xticklabels(['男性','女性'], fontproperties='simhei')
ax.set_yticks([0,1,2])
ax.set_yticklabels(['从不闯红灯','跟从别人闯红灯','带头闯红灯'],
                   fontproperties='simhei')
# 设置 z 轴标签
ax.set_zlabel('人数', fontproperties='simhei')

plt.show()
```

运行结果如图 9-15 所示。

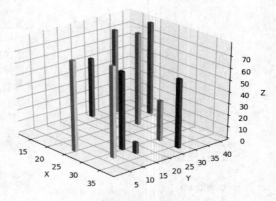

图 9-14　三维柱状图（2）

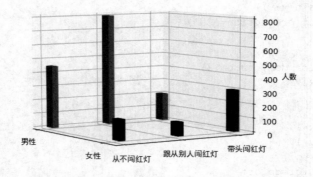

图 9-15　三维柱状图（集体过马路方式）

例 9-16　生成三组数据作为 x、y、z 坐标，每组数据包含 30 个介于[0,40]区间的随机整数，根据生成的数据绘制三维散点图。

```python
import numpy as np
import matplotlib.pyplot as plt
import mpl_toolkits.mplot3d

# 生成测试数据
x = np.random.randint(0, 40, 30)
y = np.random.randint(0, 40, 30)
z = np.random.randint(0, 40, 30)

# 创建三维图形
ax = plt.subplot(projection='3d')
# 绘制三维柱状图
for xx, yy, zz in zip(x,y,z):
    color = 'r'
    if 10<zz<20:
        color = 'b'
    elif zz>=20:
        color = 'g'
    ax.scatter(xx, yy, zz, c=color, marker='*',
               s=160, linewidth=1, edgecolor='b')

# 设置坐标轴标签和图形标题
ax.set_xlabel('X')
ax.set_ylabel('Y')
ax.set_zlabel('Z')
ax.set_title('三维散点图', fontproperties='simhei', fontsize=24)

plt.show()
```

运行结果如图 9-16 所示。

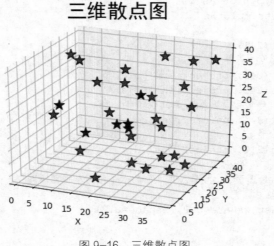

图 9-16　三维散点图

223

9.8

9.8 绘图区域切分实战

在默认情况下，matplotlib 会使用整个绘图区域进行图形绘制，绘制的多个图形会叠加并共用同一套坐标系统。但有时会需要把整个绘图区域切分成多个子区域（也称作轴域），在不同的子区域中绘制不同的图形，并且允许每个子区域使用独立的坐标系统。

扩展库 matplotlib.pyplot 的函数 subplot()可以用来切分绘图区域和创建子图，该函数语法格式如下，常用参数如表 9-9 所示。

```
subplot(*args, **kwargs)
```

表 9-9　　　　　　　　　　　　　subplot()函数的常用参数

参 数 名 称	含　　　义
args	用来设置表示切分的行数、列数以及当前选择子图编号的位置，例如，subplot(2, 2, 1)表示把整个绘图区域切分成 2 行 2 列并返回第 1 个（也就是左上角）子图。如果行数、列数和当前选择的子图编号都小于 10，可以使用更简单的形式，例如 subplot(221)和 subplot(2, 2, 1)的功能是等价的
kwargs	用来设置图形更多属性的关键参数，常用的有： ● facecolor：用来设置当前子图的背景颜色 ● polar：用来设置当前子图是否为极坐标图，默认为 False ● projection：用来设置当前子图的投影方式，可用的值有'aitoff'、'hammer'、'lambert'、'mollweide'、'polar'、'rectilinear'或其他已注册的自定义投影方式，默认为'rectilinear' ● sharex、sharey：用来指定与哪个子图共享 x 或 y 坐标，设置之后，当前子图与 sharex 或 sharey 指定的子图具有同样的起止范围、刻度和缩放比例

例 9-17　对绘图区域进行切分，并在每个子图中绘制图形，演示 subplot()函数的用法。

```python
import numpy as np
import matplotlib.pyplot as plt
import mpl_toolkits.mplot3d

ax1 = plt.subplot(241)
# 在子图中绘制极坐标图
ax2 = plt.subplot(242, projection='polar')
ax3 = plt.subplot(243, projection='polar')
# 设置 polar=True, 等价于设置 projection='polar'
ax4 = plt.subplot(244, polar=True)
# 在子图中绘制三维图形
ax5 = plt.subplot(212, projection='3d')

# 紧缩四周空白, 扩大绘图面积, 设置子图之间的水平距离与垂直距离
plt.tight_layout()
plt.subplots_adjust(wspace=0.2, hspace=0.2)

# 测试数据
r = np.arange(1, 6, 1)
```

```
theta = (r-1) * (np.pi/2)
x = np.arange(1, 7, 0.5)
y = np.linspace(1, 3, 12)
z = 20*np.sin(x+y)

# 在不同子图中绘制图形
ax1.plot(theta, r, 'b--D')
ax2.plot(theta, r, linewidth=3, color='r')
ax3.scatter(theta, r, marker='*', c='g', s=60)
ax4.bar(theta, r)
ax5.plot(x, y, z)

plt.show()
```

运行结果如图 9-17 所示。

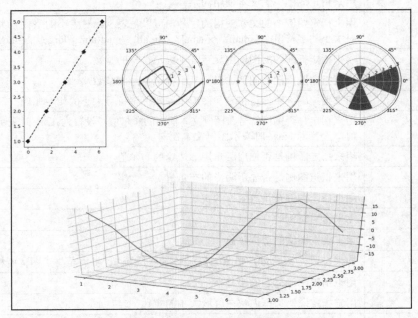

图 9-17　在不同的子图内绘制不同类型的图

9.9　设置图例样式实战

图例往往位于图形绘制结果的一角或一侧，也可以根据图形的特点来设置位置以及背景色等其他样式，主要用于对所绘制的图形中使用的各种符号和颜色进行说明，对于理解图形有重要的作用。

扩展库 matplotlib.pyplot 的函数 legend() 用于设置当前子图的图例样式并在当前子图中显示图例，如果有多个子图的话可以使用 gca() 函数首先选择子图，或者使用子图对象直接调用 legend() 函数。该函数语法格式如下，常用参数如表 9-10 所示。

```
legend(*args, **kwargs)
```

表 9-10   legend()函数的常用参数

参 数 名 称	含 义
loc	用来说明图例的位置，可以为整数、字符串或实数元组，可用的字符串值有'best'、'upper right'、'upper left'、'lower left'、'lower right'、'right'、'center left'、'center right'、'lower center'、'upper center'、'center'，这些字符串依次等价于 0 到 10 之间的整数，例如设置 loc='center'等价于 loc=10，更多对应关系可以查看帮助文档。该参数的值也可以是包含 2 个实数的元组，例如（0.8, 0.3）表示图例的左下角在子图中的位置
bbox_to_anchor	用来指定图例在 bbox_transform 坐标系中的位置，通常为包含 2 个实数的元组，常与 loc 参数的字符串值组合使用。例如，如果设置 loc='upper right'和 bbox_to_anchor=(0.5, 0.5)表示图例的右上角位于子图的中间位置
ncol	用来表示图例分几栏显示的整数，默认为 1
prop	用来指定图例中的文本使用的字体
fontsize	用来指定图例中的文本使用的字号，可以是表示绝对大小的整数、实数或表示相对大小的字符串'xx-small'、'x-small'、'small'、'medium'、'large'、'x-large'、'xx-large'
numpoints	用来指定折线图的图例中显示几个标记符号的整数
scatterpoints	用来指定散点图的图例中显示几个标记符号的整数
markerscale	用来指定图例中标记符号与图形中原始标记符号大小的相对比例
markerfirst	用来指定是否图例符号在图例文本前面的布尔值，设置为 True 时表示图例符号在前，设置为 False 时表示图例文本在前
fancybox	用来指定图例是否使用圆角矩形边缘的布尔值
shadow	用来指定图例是否显示阴影的布尔值
framealpha	用来指定图例背景透明度的实数
facecolor	用来指定图例的背景颜色
edgecolor	用来指定图例的边框颜色
mode	如果设置为'expand'，则图例在水平方向上会进行扩展至与子图宽度相同
title	用来指定图例标题的字符串
borderpad	用来指定图例边框内空白区域大小的实数
labelspacing	用来指定图例中每个条目之间垂直距离的实数
columnspacing	用来指定图例的多栏之间横向距离的实数

例 9-18 绘制正弦、余弦图像，然后设置图例字体、标题、位置、阴影、背景色、边框颜色、分栏和符号位置等属性。

```python
import numpy as np
import matplotlib.pyplot as plt
import matplotlib.font_manager as fm


t = np.arange(0.0, 2*np.pi, 0.01)
s = np.sin(t)
c = np.cos(t)

plt.plot(t, s, label='正弦')
plt.plot(t, c, label='余弦')
```

```
plt.title('sin-cos 函数图像',          #标题文本
          fontproperties='STLITI',    #标题字体
          fontsize=24)                #标题字号
plt.xlabel('x 坐标', fontproperties='simhei', fontsize=18)
plt.ylabel('正弦余弦值', fontproperties='simhei', fontsize=18)

myfont = fm.FontProperties(fname=r'C:\Windows\Fonts\STKAITI.ttf')
plt.legend(prop=myfont,               #图例字体
           title='Legend',            #图例标题
           loc='lower left',          #图例左下角坐标为(0.43,0.75)
           bbox_to_anchor=(0.43,0.75),
           shadow=True,               #显示阴影
           facecolor='yellowgreen',   #图例背景色
           edgecolor='red',           #图例边框颜色
           ncol=2,                    #显示为两列
           markerfirst=False)         #图例文字在前，符号在后

plt.show()
```

运行结果如图 9-18 所示。

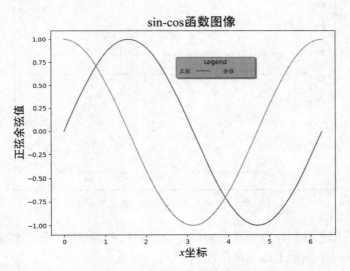

图 9-18　设置图例属性效果图

例 9-19　生成模拟数据，创建两个子图，分别绘制正弦曲线和余弦曲线，把两个子图的图例显示在一起，并显示于子图之外。

```
import matplotlib.pyplot as plt
import numpy as np

# 生成模拟数据
x = np.arange(0, 2*np.pi, 0.1)
y1 = np.sin(x)
y2 = np.cos(x)

# 创建图形，切分绘图区域，绘制两条曲线
fig = plt.figure(1)
```

```
ax1 = plt.subplot(211)
ax2 = plt.subplot(212)
l1, = ax1.plot(x, y1, 'r--')
l2, = ax2.plot(x, y2, 'b-.')

# 设置并显示图例，使用 bbox_to_anchor 参数使图例显示于子图之外
plt.legend([l1, l2],                        # 需要显示图例的两条曲线
           ['sin curve', 'cos curve'],      # 图例中与两条曲线对应的文本
           loc='lower right',               # 图例右下角位置
           bbox_to_anchor=(1, 2.2))

plt.show()
```

运行结果如图 9-19 所示。

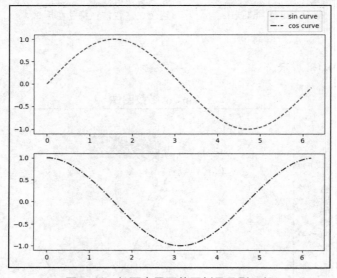

图 9-19　把两个子图的图例显示到一起

例 9-20　生成模拟数据，绘制正弦曲线、余弦曲线和两个散点图，然后分别为曲线和散点图设置图例，在一个图形上显示两个图例。

```
import numpy as np
import matplotlib.pyplot as plt

# 生成模拟数据
x = np.arange(0, 2*np.pi, 0.1)
y1 = np.sin(x)
y2 = np.cos(x)

# 绘制两条曲线
sin, = plt.plot(x, y1, 'r--')
cos, = plt.plot(x, y2, 'b-.')

# 创建第一个图例
legend1 = plt.legend([sin,cos],
                     ['sin','cos'],
```

```
                        loc='lower right')

x1 = np.random.randint(0, 6, 10)
x2 = np.random.randint(0, 6, 10)
y1 = np.random.randint(2, 5, 10)
y2 = np.random.randint(2, 5, 10)

# 绘制两个散点图
scatter1 = plt.scatter(x1, y1, s=20, c='r', marker='*')
scatter2 = plt.scatter(x2, y2, s=30, c='b', marker='v')

# 创建第二个图例
plt.legend([scatter1,scatter2],
            ['red scatter','blue scatter'],
            loc='lower right',
            bbox_to_anchor=(1, 0.5))
# 增加第一个图例
plt.gca().add_artist(legend1)

plt.show()
```

运行结果如图 9-20 所示。

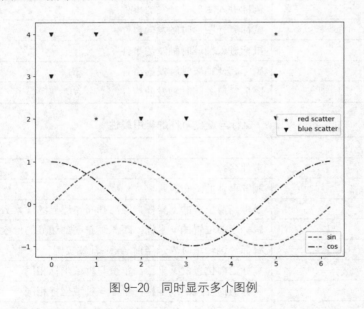

图 9-20　同时显示多个图例

9.10　事件响应与处理实战

使用 matplotlib 绘图时画布支持响应键盘和鼠标事件，当发生特定的事件时执行特定的功能代码，例如可以设置鼠标落下、抬起，鼠标进入、离开图形区域，在图形区域内移动时执行的功能代码；也可以在图形窗口上创建按钮、单选钮等组件并设置相应的动作，实现交互式绘制的功能。

如果需要对特定的键盘或鼠标进行响应和处理，需要首先定义事件处理函数，然后使用画布对象（canvas）的 mpl_connect(s, func)方法创建事件与事件处理函数之间的对应关系，其中参数 s 表示事件，func 表示事件处理函数。函数 func 应能接收一个参数 event，该参数自带若干属性用来描述事件 s 的详细情况，例如鼠标键被按下时所处的位置。常用的事件如表 9-11 所示，鼠标与键盘事件的常用属性如表 9-12 所示。

表 9-11　　　　　　　　　　　　　　　常用的事件

事　件	含　义
button_press_event	鼠标按下时触发的事件
button_release_event	鼠标抬起时触发的事件
draw_event	绘制图形时触发的事件
key_press_event	键盘上某个键按下时触发的事件
key_release_event	键盘上某个键抬起时触发的事件
motion_notify_event	鼠标移动时触发的事件
pick_event	画布中某个对象被选中时触发的事件
resize_event	画布大小改变时触发的事件
scroll_event	鼠标滚轮滚动时触发的事件
figure_enter_event	鼠标进入图形时触发的事件
figure_leave_event	鼠标离开图形时触发的事件
axes_enter_event	鼠标进入轴域时触发的事件
axes_leave_event	鼠标离开轴域时触发的事件
close_event	图形窗口关闭时触发的事件

表 9-12　　　　　　　　　　　　　鼠标与键盘事件的常用属性

属　性	含　义
name	事件名称
canvas	触发事件的画布
x	鼠标当前位置的 x 坐标，距离画布左边界的像素数量
y	鼠标当前位置的 y 坐标，距离画布底部边界的像素数量
inaxes	鼠标经过轴域时表示当前 Axes 轴域实例
xdata	鼠标当前位置的 x 坐标，单位与轴域坐标相同
ydata	鼠标当前位置的 y 坐标，单位与轴域坐标相同
button	鼠标按下的键，1 表示左键，2 表示中键，3 表示右键
key	键盘按下的键，可能为字符、'shift'、'win'或者'control'

例 9-21　绘制正弦曲线，使图形能够响应鼠标事件，当鼠标进入图形区域时设置背景色为黄色，鼠标离开图形区域时背景色恢复为白色，并且当鼠标接近曲线时自动显示当前位置。

9.10（1）

```
import numpy as np
import matplotlib.pyplot as plt


def onMotion(event):
```

```
    # 获取鼠标位置和标注可见性
    x = event.xdata
    y = event.ydata
    visible = annot.get_visible()
    if event.inaxes == ax:
        # 测试鼠标事件是否发生在曲线上
        contain, _ = sinCurve.contains(event)
        if contain:
            # 设置标注的终点和文本位置, 设置标注可见
            annot.xy = (x, y)
            annot.set_text(str(y))    # 设置标注文本
            annot.set_visible(True)   # 设置标注可见
        else:
            # 鼠标不在曲线附近, 设置标注为不可见
            if visible:
                annot.set_visible(False)
        event.canvas.draw_idle()

def onEnter(event):
    # 鼠标进入时修改轴的颜色
    event.inaxes.patch.set_facecolor('yellow')
    event.canvas.draw_idle()

def onLeave(event):
    # 鼠标离开时恢复轴的颜色
    event.inaxes.patch.set_facecolor('white')
    event.canvas.draw_idle()

fig = plt.figure()
ax = fig.gca()
x = np.arange(0, 2*np.pi, 0.01)
y = np.sin(x)
sinCurve, = plt.plot(x, y,          # 绘图数据
                     picker=2)      # 鼠标距离曲线 2 个像素可识别
# 创建标注对象
annot = ax.annotate("",
                    xy=(0,0),                   # 箭头位置
                    xytext=(-50,50),            # 文本相对位置
                    # 相对于 xy 的偏移量单位
                    textcoords="offset pixels",
                    # 圆角, 红色背景
                    bbox=dict(boxstyle="round", fc="r"),
                    # 标注箭头形状
                    arrowprops=dict(arrowstyle="<->"))
annot.set_visible(False)

# 添加事件处理函数
fig.canvas.mpl_connect('motion_notify_event', onMotion)
fig.canvas.mpl_connect('axes_enter_event', onEnter)
fig.canvas.mpl_connect('axes_leave_event', onLeave)

plt.show()
```

运行结果如图 9-21～图 9-23 所示。

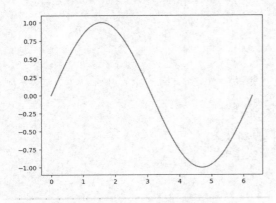

图 9-21　鼠标未进入图形区域

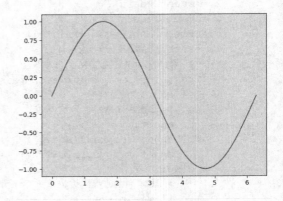

图 9-22　鼠标进入图形区域

例 9-22　编写程序，绘制正弦曲线散点图，响应鼠标移动事件，当鼠标靠近某个顶点时，显示文本标注。

图 9-23　鼠标靠近曲线

```
from math import sin
import numpy as np
import matplotlib.pyplot as plt

fig = plt.figure()

# 存放所有顶点的标注信息
annotations = []

# 绘制顶点并创建标注信息
xx = np.arange(0, 4*np.pi, 0.5)
for x in xx:
    y = sin(x)
    # 依次绘制正弦曲线上的每个顶点
    point, = plt.plot(x, y, 'bo', markersize=5)
    # 为每个顶点创建隐藏的文本标注
    # 参数 xy 表示标注箭头指向的位置，xytext 表示文本起始坐标
    # 参数 arrowprops 表示箭头样式
    # 参数 bbox 表示标注文本的背景色以及边框样式
    annot = plt.annotate('x=%f,y=%f'%(x,y),
                         xy=(x+0.1, y+0.03), xycoords='data',
                         xytext=(x-2, y+0.2), textcoords='data',
                         arrowprops={'arrowstyle':'->',
                                     'connectionstyle':"arc3,rad=-0.5"},
                         bbox={'boxstyle':'round',
                               'facecolor':'w',
                               'alpha':0.6},
                         visible=False
                         )
    annotations.append([point, annot])

def onMouseMove(event):
    changed = False
```

```
    # 遍历所有顶点，检查鼠标当前位置是否与某个顶点足够接近
    # 把足够接近的顶点的标注设置为可见，其他顶点的标注不可见
    for point, annotation in annotations:
        visible = (point.contains(event)[0] == True)
        if visible != annotation.get_visible():
            annotation.set_visible(visible)
            changed = True
    if changed:
        # 只在某顶点标注的可见性发生改变之后才更新画布
        plt.draw()

# 响应并处理鼠标移动事件
fig.canvas.mpl_connect('motion_notify_event', onMouseMove)

plt.show()
```

运行结果如图 9-24 所示。

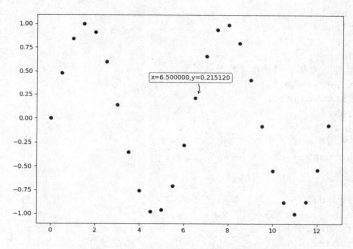

图 9-24　响应鼠标移动事件的离散正弦曲线

例 9-23　编写程序，创建图形并响应键盘和鼠标事件：单击鼠标左键，绘制新直线；单击鼠标中键，删除最后绘制的一个图形；单击鼠标右键，切换颜色；按下键盘上的 C 键，删除画布上的所有已绘制的图形。

```
from itertools import cycle
import matplotlib.pyplot as plt

# 存储鼠标依次单击的位置
x = []
y = []
# 可用颜色和当前颜色
colors = cycle('rgbcmyk')
color = next(colors)

def onMouseClick(event):
    global color
    if event.button == 1:
        # 单击鼠标左键，绘制新直线
```

```
                x.append(event.xdata)
                y.append(event.ydata)
                if len(x) > 1:
                    plt.plot([x[-2],x[-1]], [y[-2],y[-1]], c=color, lw=2)
                plt.xticks(range(10))
                plt.yticks(range(10))
            elif event.button == 3:
                # 单击鼠标右键，切换颜色
                color = next(colors)
            elif event.button == 2:
                # 单击鼠标中键，删除最后绘制的一个图形
                if ax.lines:
                    del ax.lines[-1]
                    x.pop()
                    y.pop()
        event.canvas.draw()

def onClose(event):
    print('closed')

def onClear(event):
    # 按下键盘上的 C 键，清除所有已绘制图形
    if event.key == 'c':
        ax.lines.clear()
        x.clear()
        y.clear()
        # 更新图形画布
        event.canvas.draw()

# 创建图形
fig = plt.figure()
ax = plt.gca()
plt.xticks(range(10))
plt.yticks(range(10))

# 设置响应并处理事件的函数
fig.canvas.mpl_connect('button_press_event', onMouseClick)
fig.canvas.mpl_connect('key_press_event', onClear)
fig.canvas.mpl_connect('close_event', onClose)

plt.show()
```

运行结果如图 9-25 所示。

例 9-24 编写程序，创建图形并响应鼠标的按下和移动事件，当按下鼠标并移动时绘制宽度为 2 的红色曲线。

```
import matplotlib.pyplot as plt

# 存储鼠标依次经过的位置
x = []
y = []

def onMouseClick(event):
```

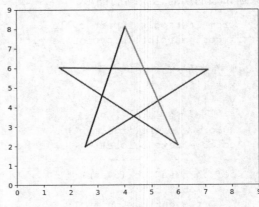

图 9-25　响应键盘与鼠标事件，绘制五角星

```
    if event.button == 1:
        # 单击鼠标左键，绘制新直线
        x.clear()
        y.clear()
        x.append(event.xdata)
        y.append(event.ydata)

def onMouseMove(event):
    x.append(event.xdata)
    y.append(event.ydata)
    if event.button==1 and len(x)>1:
        plt.plot([x[-2],x[-1]], [y[-2],y[-1]], c='r', lw=2)
    event.canvas.draw()

# 创建图形
fig = plt.figure()
ax = plt.gca()
plt.xlim(0, 10)
plt.ylim(0, 10)

# 设置响应并处理事件的函数
fig.canvas.mpl_connect('button_press_event', onMouseClick)
fig.canvas.mpl_connect('motion_notify_event', onMouseMove)

plt.show()
```

运行结果如图 9-26 所示。

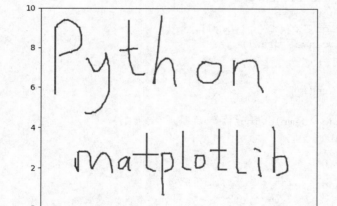

图 9-26　响应鼠标按下和移动事件

例 9-25　编写程序，显示一个图像，响应鼠标事件，使得可以在图像上画直线做标记。

```
import matplotlib.pyplot as plt

def onMouseDown(event):
    if event.button == 1:
        # 单击鼠标左键，绘制新直线，记录直线起点坐标
```

```
        global x0, y0
        x0 = event.xdata
        y0 = event.ydata

def onMouseMove(event):
    global x1, y1
    x1 = event.xdata
    y1 = event.ydata
    if event.button==1:
        # 删除最后绘制的一条直线
        if len(ax.lines)>1:
            del ax.lines[-1]
        # 从起点到当前位置绘制一条直线
        plt.plot([x0,x1], [y0,y1], c='r', lw=2)
        # 更新标注对象的当前位置
        annot.xy = (x1, y1)
        # 计算并显示当前位置与按下鼠标的位置的距离
        distance = (((x0-x1)**2 + (y0-y1)**2) ** 0.5)
        distance = round(distance,2)
        annot.set_text(str((distance)))
        # 设置标注对象可见
        annot.set_visible(True)
        event.canvas.draw()

def onMouseUp(event):
    # 隐藏标注对象
    annot.set_visible(False)
    if event.button == 1:
        plt.plot([x0,x1], [y0,y1], c='r', lw=2)
        event.canvas.draw()

# 创建图形
fig = plt.figure()
ax = plt.gca()
im = plt.imread('sample.jpg')
plt.imshow(im)

# 创建标注对象
annot = ax.annotate("",
                    xy=(0,0),                  # 箭头位置
                    xytext=(-10,10),           # 文本相对位置
                    # 相对于 xy 的偏移量单位
                    textcoords="offset pixels")
annot.set_visible(False)

# 设置响应并处理事件的函数
fig.canvas.mpl_connect('button_press_event', onMouseDown)
fig.canvas.mpl_connect('motion_notify_event', onMouseMove)
fig.canvas.mpl_connect('button_release_event', onMouseUp)

plt.show()
```

236

运行结果如图 9-27 所示。

图 9-27　在图形上绘制直线进行标记

例 9-26　编写程序，生成测试数据，绘制水平柱状图，然后每隔 0.5 秒更新一次数据并实时根据最新数据绘制水平柱状图。

```
import warnings
import numpy as np
import matplotlib.pyplot as plt

# 忽略警告信息
warnings.filterwarnings("ignore",".*GUI is implemented.*")

# 测试数据
x = np.arange(1, 13)
y = np.random.randint(10, 30, 12)
for i in range(20):
    # 清除当前轴域
    plt.cla()
    # 绘制水平柱状图
    plt.barh(x, y)
    plt.title('20%02d 年'%i, fontproperties='simhei',fontsize=20)
    plt.yticks(x, list(map(lambda i: '%d 月'%i, x)),
               fontproperties='simhei')
    plt.xticks(list(range(0,100,10)))
    # 暂停 0.5 秒
    plt.pause(0.5)
    # 更新数据
    y = y+np.random.randint(0, 5, 12)

plt.show()
```

9.10（2）

某时刻的运行结果如图 9-28 所示。

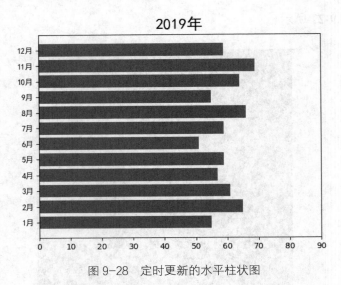

图 9-28　定时更新的水平柱状图

例 9-27　编写程序，在图形窗口中放置按钮"Start"和按钮"Stop"，单击"Start"按钮时绘制从右向左运动的正弦曲线，单击"Stop"按钮时曲线停止运动。

```python
from time import sleep
from threading import Thread
import numpy as np
import matplotlib.pyplot as plt
from matplotlib.widgets import Button

fig, ax = plt.subplots()
# 设置图形显示位置
plt.subplots_adjust(bottom=0.2)

# 实验数据
range_start, range_end, range_step = 0, 1, 0.005
t = np.arange(range_start, range_end, range_step)
s = np.sin(4*np.pi*t)
l, = plt.plot(t, s, lw=2)

# 自定义类，用来封装两个按钮的单击事件处理函数
class ButtonHandler:
    def __init__(self):
        self.flag = False
        self.range_s, self.range_e, self.range_step = 0, 1, 0.005

    # 线程函数，用来更新数据并重新绘制图形
    def threadStart(self):
        while self.flag:
            sleep(0.02)
            self.range_s += self.range_step
            self.range_e += self.range_step
            t = np.arange(self.range_s, self.range_e,
                          self.range_step)
            ydata = np.sin(4*np.pi*t)
```

```
        # 更新数据
        l.set_ydata(ydata)
        # 重新绘制图形
        plt.draw()

    def Start(self, event):
        if not self.flag:
            self.flag = True
            # 创建并启动新线程
            t = Thread(target=self.threadStart)
            t.start()

    def Stop(self, event):
        if self.flag:
            self.flag = False

callback = ButtonHandler()

# 创建按钮并设置单击事件处理函数
axnext = plt.axes([0.7, 0.05, 0.1, 0.075])
btnStart = Button(axnext, 'Start', color='0.7', hovercolor='r')
btnStart.on_clicked(callback.Start)

axprev = plt.axes([0.81, 0.05, 0.1, 0.075])
btnStop = Button(axprev, 'Stop')
btnStop.on_clicked(callback.Stop)

plt.show()
```

运行结果如图 9-29 所示。

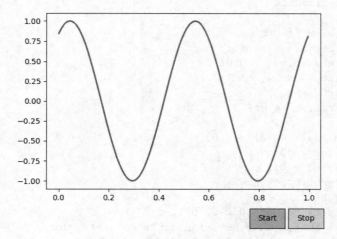

图 9-29　创建按钮并响应单击事件

例 9-28　编写程序，绘制特定振幅和频率的正弦曲线，在图形窗口上创建两个 Slider 组件用来调整正弦曲线的振幅和频率，并创建按钮"Adjust"和按钮"Reset"，单击按钮"Adjust"时微调振幅和频率，单击按钮"Reset"时恢复初始振幅和频率。

9.10（3）

```python
import numpy as np
import matplotlib.pyplot as plt
from matplotlib.widgets import Slider, Button, RadioButtons

fig, ax = plt.subplots()
plt.subplots_adjust(left=0.1, bottom=0.25)
t = np.arange(0.0, 1.0, 0.001)

# 初始振幅与频率，并绘制初始图形
a0, f0 = 5, 3
s = a0*np.sin(2*np.pi*f0*t)
l, = plt.plot(t, s, lw=2, color='red')
# 设置坐标轴刻度范围
plt.axis([0, 1, -10, 10])

axColor = 'lightgoldenrodyellow'
# 创建两个 Slider 组件，分别设置位置/尺寸、背景色和初始值
axfreq = plt.axes([0.1, 0.1, 0.75, 0.03], facecolor=axColor)
sfreq = Slider(axfreq, 'Freq', 0.1, 30.0, valinit=f0)
axamp = plt.axes([0.1, 0.15, 0.75, 0.03], facecolor=axColor)
samp = Slider(axamp, 'Amp', 0.1, 10.0, valinit=a0)

# 为 Slider 组件设置事件处理函数
def update(event):
    # 获取两个 Slider 组件的当前值，并以此来更新图形
    amp = samp.val
    freq = sfreq.val
    l.set_ydata(amp*np.sin(2*np.pi*freq*t))
    plt.draw()
sfreq.on_changed(update)
samp.on_changed(update)

# 调整 Slider 值和曲线形状的按钮
def adjustSliderValue(event):
    ampValue = samp.val + 0.05
    if ampValue > 10:
        ampValue = 0.1
    samp.set_val(ampValue)

    freqValue = sfreq.val + 0.05
    if freqValue > 30:
        freqValue = 0.1
    sfreq.set_val(freqValue)
    update(event)
axAdjust = plt.axes([0.6, 0.025, 0.1, 0.04])
buttonAdjust = Button(axAdjust, 'Adjust', color=axColor,
                        hovercolor='red')
buttonAdjust.on_clicked(adjustSliderValue)

# 创建按钮组件，用来恢复初始值
resetax = plt.axes([0.8, 0.025, 0.1, 0.04])
button = Button(resetax, 'Reset', color=axColor,
                hovercolor='yellow')
```

```
def reset(event):
    sfreq.reset()
    samp.reset()
button.on_clicked(reset)

plt.show()
```

运行结果如图 9-30 所示。

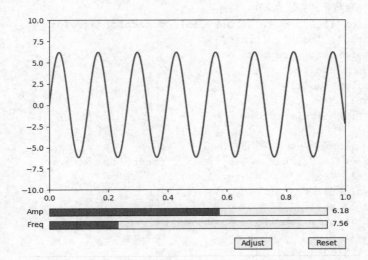

图 9-30　使用 Slider 组件和按钮组件控制振幅和频率

　　例 9-29　编写程序，绘制正弦曲线，并在图形窗口上创建单选钮组件调整曲线的颜色、频率和线型，创建按钮组件实现从固定的几种颜色、频率和线型中随机选择。

```
from random import choice
import numpy as np
import matplotlib.pyplot as plt
from matplotlib.widgets import RadioButtons, Button

# 3中不同频率的信号
t = np.arange(0.0, 2.0, 0.01)
s0 = np.sin(2*np.pi*t)
s1 = np.sin(4*np.pi*t)
s2 = np.sin(8*np.pi*t)

# 创建图形
fig, ax = plt.subplots()
l, = ax.plot(t, s0, lw=2, color='red')
plt.subplots_adjust(left=0.3)

# 定义允许的几种频率，并创建单选钮组件
# 其中[0.05, 0.7, 0.15, 0.15]表示组件在窗口上的归一化位置
axcolor = '#886699'
rax = plt.axes([0.05, 0.7, 0.15, 0.15], facecolor=axcolor)
radio = RadioButtons(rax, ('2 Hz', '4 Hz', '8 Hz'))
```

```
hzdict = {'2 Hz': s0, '4 Hz': s1, '8 Hz': s2}

def hzfunc(label):
    ydata = hzdict[label]
    l.set_ydata(ydata)
    plt.draw()
radio.on_clicked(hzfunc)

# 定义允许的几种颜色，并创建单选钮组件
rax = plt.axes([0.05, 0.4, 0.15, 0.15], facecolor=axcolor)
colors = ('red', 'blue', 'green')
radio2 = RadioButtons(rax, colors)
def colorfunc(label):
    l.set_color(label)
    plt.draw()
radio2.on_clicked(colorfunc)

# 定义允许的几种线型，并创建单选钮组件
rax = plt.axes([0.05, 0.1, 0.15, 0.15], facecolor=axcolor)
styles = ('-', '--', '-.', 'steps', ':')
radio3 = RadioButtons(rax, styles)
def stylefunc(label):
    l.set_linestyle(label)
    plt.draw()
radio3.on_clicked(stylefunc)

# 定义按钮单击事件处理函数，并在窗口上创建按钮
def randomFig(event):
    # 随机选择一个频率，同时设置单选钮的选中项
    hz = choice(tuple(hzdict.keys()))
    hzLabels = [label.get_text() for label in radio.labels]
    radio.set_active(hzLabels.index(hz))
    l.set_ydata(hzdict[hz])

    # 随机选择一个颜色，同时设置单选钮的选中项
    c = choice(colors)
    radio2.set_active(colors.index(c))
    l.set_color(c)

    # 随机选择一个线型，同时设置单选钮的选中项
    style = choice(styles)
    radio3.set_active(styles.index(style))
    l.set_linestyle(style)

    # 根据设置的属性绘制图形
    plt.draw()
axRnd = plt.axes([0.5, 0.015, 0.2, 0.045])
buttonRnd = Button(axRnd, 'Random Figure', color='0.6', hovercolor='r')
buttonRnd.on_clicked(randomFig)

# 显示图形
plt.show()
```

运行结果如图 9-31 所示。

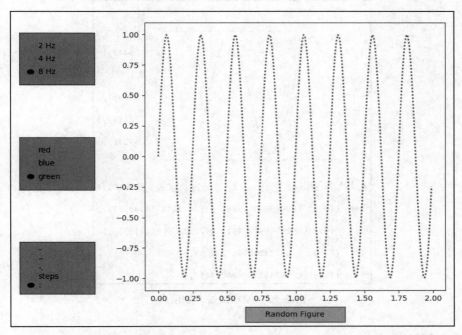

图 9-31　使用单选钮组件控制曲线的颜色、频率和线型

例 9-30　编写程序，绘制正弦曲线并设置拾取距离（鼠标与曲线小于这个距离时认为在曲线上），当鼠标靠近曲线并单击时，输出显示当前顶点的编号和坐标。

```python
import numpy as np
import matplotlib.pyplot as plt

fig = plt.figure()
ax = fig.gca()

x = np.arange(0, 4*np.pi, 0.3)
y = np.sin(x)
ax.plot(x, y, 'r-*', picker=5)

def onpick(event):
    thisline = event.artist
    xdata = thisline.get_xdata()
    ydata = thisline.get_ydata()
    ind = event.ind
    points = tuple(zip(xdata[ind], ydata[ind]))
    print('顶点编号: {}\n坐标: {}'.format(ind[0], points))

fig.canvas.mpl_connect('pick_event', onpick)

plt.show()
```

运行结果如图 9-32 所示。

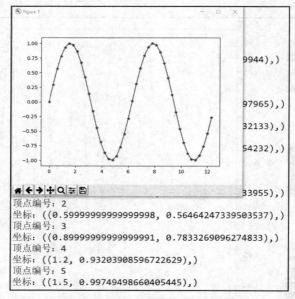

```
顶点编号: 2
坐标: ((0.59999999999999998, 0.56464247339503537),)
顶点编号: 3
坐标: ((0.89999999999999991, 0.7833269096274833),)
顶点编号: 4
坐标: ((1.2, 0.93203908596722629),)
顶点编号: 5
坐标: ((1.5, 0.99749498660405445),)
```

图 9-32　拾取曲线上的顶点

9.11　填充图形

扩展库 matplotlib.pyplot 的函数 fill()可以用来绘制填充的多边形，参数含义与 plot()函数相同；函数 plt.fill_between()可以用来填充两条曲线之间的多边形区域，语法格式如下。

```
fill_between(x, y1, y2=0, where=None, interpolate=False, step=None, hold=None,
data=None, **kwargs)
```

该函数的具体参数含义可以在使用 import matplotlib.pyplot as plt 导入模块之后，使用 help(plt.fill_between)进行查看，本节通过几个例子演示该函数的用法。

例 9-31　编写程序，绘制正弦曲线，然后填充特定的区域。

```
import numpy as np
import matplotlib.pyplot as plt

# 生成模拟数据
x = np.arange(0.0, 4.0*np.pi, 0.01)
y = np.sin(x)

# 绘制正弦曲线
plt.plot(x, y)
# 绘制基准水平直线
plt.plot((x.min(),x.max()), (0,0), 'r', lw=2)
# 设置坐标轴标签
plt.xlabel('x')
plt.ylabel('y')
# 填充指定区域
plt.fill_between(x, y,
```

```
                   where=(2.3<x) & (x<4.3) | (x>10),
                   facecolor='purple')
# 可以填充多次
plt.fill_between(x, y,
                   where=(7<x) & (x<8),
                   facecolor='green')

plt.show()
```

运行结果如图 9-33 所示。

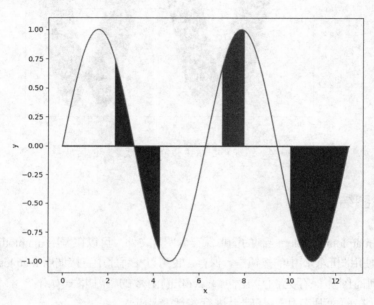

图 9-33　填充正弦曲线的特定区域

例 9-32　编写程序，绘制正弦曲线和余弦曲线，然后填充两条曲线之间的区域。

```
import numpy as np
import matplotlib.pyplot as plt

# 生成模拟数据
x = np.arange(0.0, 4.0*np.pi, 0.01)
y = np.sin(x)
z = np.cos(x)

# 绘制正弦曲线
plt.plot(x, y, 'r', lw=2)
plt.plot(x, z, 'g', lw=2)
# 绘制基准水平直线
plt.plot((x.min(),x.max()), (0,0))
# 设置坐标轴标签
plt.xlabel('x')
plt.ylabel('y')

# 填充正弦曲线与余弦曲线之间的部分
plt.fill_between(x, y, z, facecolor='purple', hatch='o')

plt.show()
```

运行结果如图 9-34 所示。

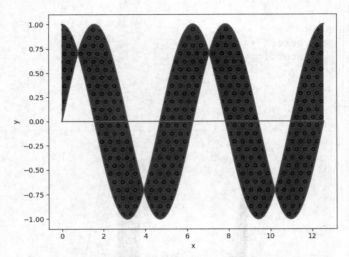

图 9-34　填充正弦曲线和余弦曲线之间的区域

9.12　保存绘图结果

如果需要把 matplotlib.pyplot 绘制的图形保存为图片文件，可以在调用 matplotlib.pyplot.show()函数显示图片之后使用图形窗口中的按钮进行保存，也可以在程序中直接调用 matplotlib.pyplot.savefig()函数把当前绘制的图片保存为图片文件。savefig()函数的语法格式如下，部分参数如表 9-13 所示，可以自行在前面几节代码基础上进行修改和验证。

```
savefig(fname, dpi=None, facecolor='w', edgecolor='w', orientation='portrait',
papertype=None, format=None, transparent=False, bbox_inches=None, pad_inches=0.1,
frameon=None)
```

表 9-13　　　　　　　　　　　　　　　savefig()函数的部分参数

参 数 名 称	含　　义
fname	要保存的文件名
dpi	图形的分辨率（每英寸多少像素），例如 96、300、600，如果不指定则使用 Python 按照目录中配置文件 Lib\site-packages\matplotlib\mpl-data\matplotlibrc 文件中 savefig.dpi 的值
facecolor、edgecolor	设置图形的背景色和边框颜色，默认均为白色
format	用来指定保存文件的类型和扩展名，可以设置为'.png'、'.pdf'、'.ps'、'.eps'、'.svg' 以及'.jpeg'、'.jpg'、'.tif'、'.tiff'等其他后端所支持的类型。如果不指定该参数，则根据参数 fname 字符串指定的文件扩展名来确定类型
transparent	如果设置为 True 则子图透明，如果此时没有设置 facecolor 和 edgecolor 则整个图形也透明
bbox_inches	用来指定保存图形的哪一部分，如果设置为'tight'则使用能够包围图形的最小边框
pad_inches	用来设置当 bbox_inches='tight'时图形的内边距
bbox_extra_artists	用来指定当 bbox_inches='tight'时应考虑保存的额外图形元素

本章知识要点

● Python 扩展库 matplotlib 主要包括 pylab、pyplot 等绘图模块以及大量用于字体、颜色、图例等图形元素的管理与控制的模块。

● 使用 pylab 或 pyplot 绘图的一般过程为：首先读入数据，然后根据实际需要绘制折线图、散点图、柱状图、饼状图、雷达图或三维曲线和曲面，接下来设置坐标轴标签、坐标轴刻度、图例、标题等图形属性，最后显示或保存绘图结果。

● 扩展库 matplotlib.pyplot 中的函数 plot()用来绘制折线图，可以通过参数指定折线图上点的位置、标记符号以及线条的颜色、线型，然后使用指定的格式把给定的点依次进行连接。如果给定的点足够密集，可以形成光滑曲线的效果。

● 扩展库 matplotlib.pyplot 中的函数 scatter()可以根据指定的数据绘制散点图。

● 扩展库 matplotlib.pyplot 中的函数 bar()可以用来根据指定的数据绘制柱状图。

● 扩展库 matplotlib.pyplot 中的 pie()函数可以用来根据指定的数据绘制饼状图。

● 扩展库 matplotlib.pyplot 中的 polar()函数可以用来根据指定的数据绘制雷达图。

● 在默认情况下，matplotlib 会使用整个绘图区域进行图形绘制，绘制的多个图形会叠加并使用同一套坐标系统。但有时会需要把整个绘图区域切分成多个子区域（或轴域），在不同的子区域中绘制不同的图形，每个子区域使用独立的坐标系统。扩展库 matplotlib.pyplot 的函数 subplot()可以用来切分绘图区域和创建子图。

● 如果要绘制三维图形，首先需要使用语句 from mpl_toolkits.mplot3d import Axes3D 导入相应的对象，然后使用 ax = fig.gca(projection='3d')或 ax = plt.subplot(111, projection='3d')声明要创建三维子图，接下来就可以使用 ax 的 plot()方法绘制三维曲线、plot_surface()方法绘制三维曲面、scatter()方法绘制三维散点图或 bar3d()方法绘制三维柱状图了。

● 扩展库 matplotlib.pyplot 的函数 legend()用于设置当前子图的图例样式并在当前子图中显示图例，如果有多个子图的话可以使用 gca()函数首先选择子图，或者使用子图对象直接调用 legend()函数。

● 如果需要对特定的键盘或鼠标进行响应和处理，需要首先定义事件处理函数，然后使用画布对象（canvas）的 mpl_connect(s, func)方法创建事件与事件处理函数之间的对应关系，其中参数 s 表示事件，func 表示事件处理函数。

● 扩展库 matplotlib.pyplot 的函数 fill()可以用来绘制填充的多边形，函数 plt.fill_between()可以用来填充两条曲线之间的多边形区域。

● 如果需要把 matplotlib.pyplot 绘制的图形保存为图片文件，可以调用 matplotlib.pyplot.show()函数显示图片之后点击按钮保存，也可以在程序中直接调用 matplotlib.pyplot.savefig()函数。

本章习题

操作题：练习并理解本章所有例题。

第 1 章　Python 开发环境的搭建与编码规范

一、多选题

序号	1	2	3
答案	BD	ABCD	ABC

二、判断题

序号	1	2	3	4	5
答案	√	×	×	×	√

三、操作题
略

第 2 章　数据类型、运算符与内置函数

一、填空题

序号	1	2	3	4	5
答案	−10	{50, 70, 40, 60}	{40, 60}	{50}	'3'

二、判断题

序号	1	2	3	4
答案	×	√	√	×

三、编程题
1. 参考程序如下。

```
data = eval(input('请输入包含若干自然数的列表：'))
```

```
avg = sum(data) / len(data)
avg = round(avg, 3)
print('平均值为: ', avg)
```

2. 参考程序如下。

```
data = eval(input('请输入包含若干自然数的列表: '))
print('降序排列后的列表: ', sorted(data, reverse=True))
```

3. 参考程序如下。

```
data = eval(input('请输入包含若干自然数的列表: '))
data = map(str, data)
length = list(map(len, data))
print('每个元素的位数: ', length)
```

4. 参考程序如下。

```
data = eval(input('请输入包含若干自然数的列表: '))
print('绝对值最大的数字: ', max(data, key=abs))
```

5. 参考程序如下。

```
from operator import mul
from functools import reduce

data = eval(input('请输入包含若干自然数的列表: '))
print('乘积: ', reduce(mul, data))
```

6. 参考程序如下。

```
from operator import mul
from functools import reduce

vec1 = eval(input('请输入第一个向量: '))
vec2 = eval(input('请输入第二个向量: '))
print('内积: ', sum(map(mul, vec1, vec2)))
```

第3章 列表、元组、字典、集合与字符串

一、填空题

序号	1	2	3	4
答案	None	[3, 4]	3	97

二、判断题

序号	1	2	3	4
答案	×	×	√	×

三、编程题

1. 参考程序如下。

```
from collections import Counter
```

```
text = input('请输入一个字符串: ')
frequencies = Counter(text)
print(frequencies)
```

2. 参考程序如下。

```
text = input('请输入一个字符串: ')
positions = [(ch, index) for index, ch in enumerate(text)
                if text.index(ch)==text.rindex(ch)]
print(positions)
```

3. 参考程序如下。

```
text = input('请输入一个字符串: ')
positions = [(ch, index) for index, ch in enumerate(text)
                if index==text.rindex(ch)]
print(positions)
```

4. 参考程序如下。

```
from operator import __or__
from functools import reduce

sets = eval(input('请输入包含若干集合的列表: '))
union = reduce(__or__, sets, set())
print(union)
```

5. 参考程序如下。

```
text = input('请输入一个字符串: ')

result = [chr(abs(ord(ch)-ord(text[index+1])))
            for index, ch in enumerate(text[:-1])]
result.append(chr(abs(ord(text[-1])-ord(text[0]))))
print(result)
```

6. 参考程序如下。

```
text = input('请输入一个字符串: ')

if text==text[::-1]:
    print('Yes')
else:
    print('No')
```

四、操作题

```
from string import digits
from random import choice
from collections import Counter

z = ''.join(choice(digits) for i in range(1000))
result = Counter(z)
for digit, fre in sorted(result.items()):
    print(digit, fre, sep=':')
```

第 4 章　选择结构、循环结构、函数定义与使用

一、填空题

1. 5
2. True
3.

```
from math import pi as PI

def CircleArea(r):
    if isinstance(r, (int,float)) and r>0:
        return PI*r*r
    else:
        print('半径必须为大于 0 的整数或实数')
```

4.

```
def demo(*para):
    return sum(para)/len(para)
```

5.

```
def rate(origin, userInput):
    right = sum(map(lambda oc, uc: oc==uc, origin, userInput))
    return right
```

二、编程题

1. 参考程序如下。

```
def factoring(n):
    '''对大数进行因数分解'''
    if not isinstance(n, int):
        print('You must give me an integer')
        return
    # 小于 n 的所有素数
    primes = [p for p in range(2, n) if 0 not in
             [p% d for d in range(2, int(p**0.5)+1)]]
    # 开始分解，把所有因数都添加到 result 列表中
    result = []
    for p in primes:
        while n!=1:
            if n%p == 0:
                n = n//p
                result.append(p)
            else:
                break
        else:
            return result
    # 考虑参数本身就是素数的情况
    if not result:
        return [n]
```

```
    print(factoring(308))
```

2. 参考程序如下。

```
def compute(n, a):
    return sum(map(lambda i: int(str(a)*i), range(1, n+1)))

print(compute(3, 5))
```

3. 参考程序如下。

```
from itertools import cycle

def demo(lst, k):
    #切片，以免影响原来的数据
    t_lst = lst[:]

    #游戏一直进行到只剩下最后一个人
    while len(t_lst) > 1:
        #创建 cycle 对象
        c = cycle(t_lst)
        #从 1 到 k 报数
        for i in range(k):
            t = next(c)
        #一个人出局，圈子缩小
        index = t_lst.index(t)
        t_lst = t_lst[index+1:] + t_lst[:index]

    #游戏结束
    return t_lst[0]

lst = list(range(1,11))
print(demo(lst, 3))
```

4. 参考程序如下。

```
def isPalindrome(text):
    '''循环，首尾检查'''
    length = len(text)
    for i in range(length//2+1):
        if text[i] != text[-1-i]:
            return False
    return True

print(isPalindrome('deed'))
print(isPalindrome('need'))
```

三、操作题

```
def myCycle(iterable):
    while True:
        for item in iterable:
            yield item

c = myCycle('abcd')
for i in range(20):
    print(next(c))
```

第 5 章　文件操作

一、判断题

序号	1	2	3	4
答案	√	×	√	√

二、操作题

1. 参考程序如下。

```python
from docx import Document
from docx.shared import RGBColor

boldText = []
redText = []
doc = Document('test.docx')
for p in doc.paragraphs:
    for r in p.runs:
        # 红色字体
        if r.font.color.rgb == RGBColor(255,0,0):
            print(r.text)
```

2. 参考程序如下。

```python
from docx import Document

d = Document('测试.docx')
for p in d.paragraphs:
    for index, run in enumerate(p.runs):
        if run.style.name == 'Hyperlink':
            print(run.text, end=':')
            for child in p.runs[index-2].element.getchildren():
                text = child.text
                if text and text.startswith(' HYPERLINK'):
                    print(text[12:-2])
```

3. 参考程序如下。

```python
with open('information.txt', encoding='utf') as fp:
    fp.seek(300)
    print(fp.read(50))
    fp.seek(900)
    print(fp.read(50))
```

4. 参考程序如下。

```python
from openpyxl import load_workbook

# 3个字典分别存储按员工、按时段、按柜台的销售总额
persons = dict()
periods = dict()
goods = dict()
ws = load_workbook('超市营业额.xlsx').worksheets[0]
```

```
for index, row in enumerate(ws.rows):
    # 跳过第一行的表头
    if index==0:
        continue
    # 获取每行的相关信息
    _, name, _, time, num, good = map(lambda cell: cell.value, row)
    # 根据每行的值更新三个字典
    persons[name] = persons.get(name, 0)+num
    periods[time] = periods.get(time, 0)+num
    goods[good] = goods.get(good, 0)+num

print(persons)
print(periods)
print(goods)
```

5. 参考程序如下。

```
from openpyxl import load_workbook

wb = load_workbook('每个人的爱好.xlsx')
ws = wb.worksheets[0]
for index, row in enumerate(ws.rows):
    if index == 0:
        titles = tuple(map(lambda cell: cell.value, row))[1:]
        lastCol = len(titles)+2
        ws.cell(row=index+1, column=lastCol, value='所有爱好')
    else:
        values  = tuple(map(lambda cell: cell.value, row))[1:]
        result = ', '.join((titles[i] for i, v in enumerate(values)
                            if v=='是'))
        ws.cell(row=index+1, column=lastCol, value=result)

wb.save('每个人的爱好汇总.xlsx')
```

第 6 章　numpy 数组与矩阵运算

一、填空题

序号	1	2	3	4	5	6
答案	pip install numpy	7	12	12.0	5	True
序号	7	8	9	10	11	12
答案	(4, 4)	16	(3,)	(3, 4)	30	25
序号	13	14	15	16	17	18
答案	32	1	55	72	3	15.0
序号	19	20	21	22	23	
答案	15	6	2	[[2.5 3.5 4.5]]	matrix([[55]])	

二、判断题

序号	1	2	3	4	5	6
答案	×	×	×	√	×	√
序号	7	8	9	10	11	12
答案	√	×	√	√	√	√
序号	13	14	15	16	17	18
答案	√	√	√	√	√	√

第 7 章　pandas 数据分析实战

一、操作题

1. 参考程序如下。

```python
import pandas as pd

df = pd.read_excel('超市营业额 2.xlsx')
df = df.loc[:, ['日期', '交易额']].groupby('日期',
                                      as_index=False).sum()
df = df.nsmallest(3, '交易额')
df['weekday'] = pd.to_datetime(df['日期']).dt.day_name()
print(df)
```

2. 参考程序如下。

```python
import pandas as pd

df = pd.read_excel('超市营业额 2.xlsx')
df['工号'] = df['工号'].map(lambda s: str(s)[-1]+str(s))
df.to_excel('超市营业额 2_修改工号.xlsx', index=False)
```

3. 参考程序如下。

```python
import pandas as pd

df = pd.read_excel('超市营业额 2.xlsx')
writer = pd.ExcelWriter('各员工数据.xlsx')
names = set(df['姓名'].values)
for name in names:
    dff = df[df.姓名==name]
    dff.to_excel(writer, sheet_name=name, index=False)
writer.save()
```

4. 参考程序如下。

```python
import pandas as pd
import matplotlib.pyplot as plt
import matplotlib.font_manager as fm

df = pd.read_excel('超市营业额 2.xlsx',
                   usecols=['日期', '柜台', '交易额'])
```

Python 数据分析、挖掘与可视化（慕课版）

```
df = df.groupby(by=['日期','柜台'], as_index=False).sum()
df = df.pivot(index='日期', columns='柜台', values='交易额')
df.plot()
myfont = fm.FontProperties(fname=r'C:\Windows\Fonts\STKAITI.ttf')
plt.xlabel('日期', fontproperties='stkaiti')
plt.legend(prop=myfont)

plt.show()
```

5. 参考程序如下。

```
import pandas as pd
import matplotlib.pyplot as plt
import matplotlib.font_manager as fm

# 设置图形中使用中文字体
plt.rcParams['font.sans-serif'] = ['simhei']

df = pd.read_excel('超市营业额2.xlsx',
                   usecols=['柜台','交易额'])
df = df.groupby(by='柜台', as_index=False).sum()
df.plot(x='柜台', y='交易额', kind='pie', labels=df.柜台.values)
plt.legend()

plt.show()
```

6. 参考程序如下。

```
import pandas as pd
import matplotlib.pyplot as plt
import matplotlib.font_manager as fm

# 设置图形中使用中文字体
plt.rcParams['font.sans-serif'] = ['simhei']

df = pd.read_excel('超市营业额2.xlsx',
                   usecols=['姓名','柜台','交易额'])
df = df[df.姓名=='张三']
df = df.groupby(by='柜台', as_index=False).sum()
df.plot(x='柜台', y='交易额', kind='bar')
plt.legend()

plt.show()
```

附录 A 运算符、内置函数对常用内置对象的支持情况表

	整数、实数、复数	列表	元组	字典	集合	字符串
运算符+	算术加法	连接两个列表	连接两个元组	不支持	不支持	连接两个字符串
运算符-	算术减法	不支持	不支持	不支持	差集运算	不支持
运算符*	算术乘法	支持列表与整数相乘	支持元组与整数相乘	不支持	不支持	支持字符串与整数相乘
运算符/和//	/表示真除法，//表示整除，//不支持复数	不支持	不支持	不支持	不支持	不支持
运算符**	幂运算	不支持	不支持	不支持	不支持	不支持
运算符%	余数，不支持复数	不支持	不支持	不支持	不支持	字符串格式化
关系运算符<、<=、>、>=、==、!=	支持	支持	支持	支持	表示集合包含关系	支持
运算符 in	不支持	支持	支持	支持	支持	支持
逻辑运算符 and、or、not	支持	支持	支持	支持	支持	支持
位运算符|、^、&、<<、>>、~	仅整数支持，表示位运算	不支持	不支持	不支持	|表示并集，&表示交集，^表示对称差集，不支持另外几个	不支持
内置函数 map、filter 和标准库函数 reduce	不支持	支持	支持	支持	支持	支持
内置函数 max、min、sum、len、zip、enumerate、sorted、reversed 等	不支持	支持	支持	支持	支持	支持

257

附录 **B**　**Python 关键字清单**

关　键　字	含　义
False	常量，逻辑假
None	常量，空值
True	常量，逻辑真
and	逻辑与运算
as	在 import、except 或 with 语句中给对象起别名
assert	断言，用来确认某个条件必须满足，可用来帮助调试程序
break	用在循环中，提前结束所在层次的循环
class	用来定义类
continue	用在循环中，提前结束本次循环
def	用来定义函数
del	用来删除对象或对象成员
elif	用在选择结构中，表示 else if 的意思
else	可以用在选择结构、循环结构和异常处理结构中
except	用在异常处理结构中，用来捕获特定类型的异常
finally	用在异常处理结构中，用来表示不论是否发生异常都会执行的代码
for	构造 for 循环，用来迭代序列或可迭代对象中的所有元素
from	明确指定从哪个模块中导入什么对象，例如 from math import sin，也可用在 yield from 表达式中
global	定义或声明全局变量
if	用在选择结构中
import	用来导入模块或模块中的对象
in	成员测试
is	同一性测试
lambda	用来定义 lambda 表达式，类似于函数
nonlocal	用来声明 nonlocal 变量

关 键 字	含 义
not	逻辑非运算
or	逻辑或运算
pass	空语句，执行该语句什么都不做，常用作占位符，比如有的地方从语法上需要一个语句但并不需要做什么
raise	用来显示抛出异常
return	在函数中用来返回值，如果没有指定返回值，默认返回空值 None
try	在异常处理结构中用来限定可能会引发异常的代码块
while	用来构造 while 循环结构，只要条件表达式等价于 True 就重复执行限定的代码块
with	上下文管理，具有自动管理资源的功能
yield	在生成器函数中用来返回值

附录 C 常用标准库对象速查表

标 准 库	对　　象	简 要 说 明
math	sin(x)、cos(x)、tan(x)	正弦函数、余弦函数、正切函数，参数单位为弧度
	asin(x)、acos(x)、atan(x)	反正弦函数、反余弦函数、反正切函数
	ceil(x)、floor(x)	向上取整函数、向下取整函数
	factorial(x)	计算正整数 x 的阶乘
	gcd(x, y)	计算整数 x 和 y 的最大公约数
	isclose(a, b, *, rel_tol=1e-09, abs_tol=0.0)	判断在误差允许范围内数字 a 和 b 是否足够接近
	log(x[, base])、log2(x)、log10(x)	对数函数
	degrees(x)	把弧度转换为角度
	radians(x)	把角度转换为弧度
	sqrt(x)	平方根函数
random	choice(seq)	从非空序列中随机选择一个元素
	choices(population, weights=None, *, cum_weights=None, k=1)	从非空序列中随机选择 k 个元素（允许重复），返回包含这些元素的列表
	randint(a, b)	在区间[a,b]上随机选择一个整数
	randrange(start, stop=None, step=1, _int=<class 'int'>)	从范围 range(start, stop[, step])中随机选择一个整数
	random()	在区间[0, 1]上随机返回一个实数
	sample(population, k)	从序列或集合中随机选择 k 个不重复的元素，返回包含这些元素的列表
	shuffle(x, random=None)	原地打乱列表 x 中元素的顺序
statistics	mean(data)	返回数据的算术平均值
	median(data)	返回数据的中值（排序后中间位置上的数值）
	mode(data)	返回数据中出现次数最多的一个元素，如果有出现次数并列最多的不同元素则报错
	variance(data, xbar=None)	计算样本方差

标　准　库	对　　象	简　要　说　明
statistics	stdev(data, xbar=None)	计算样本标准差，也就是样本方差的平方根
	pvariance(data, mu=None)	计算数据的总体方差
	pstdev(data, mu=None)	计算数据的总体标准差，也就是总体方差的平方根
collections	Counter	用来统计元素出现次数的类，返回类似于字典的对象，其中包含每个元素及其出现次数
	OrderedDict	有序字典类
	deque([iterable[, maxlen]])	创建双端队列
itertools	chain(*iterables)	连接多个序列中的元素，返回具有惰性求值特点的对象
	combinations(iterable, r)	返回包含从 iterable 中任选 r 个不重复元素的所有组合的惰性求值对象
	combinations_with_replacement(iterable, r)	返回包含从 iterable 中任选 r 个元素（允许重复）的所有组合的惰性求值对象
	count(start=0, step=1)	返回包含无限个从 start 开始且以 step 为步长的整数的惰性求值对象
	cycle(iterable)	返回包含 iterable 中所有元素首尾相接无限循环的惰性求值对象
	groupby(iterable, key=None)	按照 key 参数描述的规则对 iterable 中的所有元素进行分组
	permutations(iterable[, r])	返回包含从 iterable 中任选 r 个不重复元素的所有排列的惰性求值对象
	product(*iterables, repeat=1)	计算多个序列中元素的笛卡儿积
calendar	isleap(year)	判断指定年份是否为闰年
	weekday(year, month, day)	返回指定的年、月、日是周几
	month(theyear, themonth, w=0, l=0)	返回指定年、月的日历（字符串形式）
	leapdays(y1, y2)	返回[$y1$, $y2$]之间的年份有多少个闰年
time	ctime(seconds)	返回新纪元时间（1970 年 1 月 1 日 0 时 0 分 0 秒）之后的秒数对应的日期时间字符串
	gmtime([seconds]) localtime([seconds])	返回新纪元时间之后的秒数对应日期时间的具名元组
	mktime(tuple)	把包含日期时间的具名元组转换为新纪元时间之后的秒数
	sleep(seconds)	延迟执行一定的秒数
	strftime(format[, tuple])	把时间元组转换成指定格式的字符串
	strptime(string, format)	把指定格式的字符串转换为时间元组
	time()	返回新纪元时间到现在经历了多少秒
datetime.datetime	now()	返回当前日期时间对象，该对象具有 year、month、day、hour、minute、second 等属性

续表

标 准 库	对 象	简 要 说 明
datetime.date	today()	返回当前日期对象，该对象具有 year、month、day 等属性
os	chdir(path)	把 path 设为当前工作目录
	getcwd()	返回当前工作目录
	listdir(path)	返回 path 目录下的文件和目录列表
	remove(path)	删除指定的文件，要求用户拥有删除文件的权限，并且文件没有只读或其他特殊属性
	rename(src, dst)	重命名文件或目录，可以实现文件的移动，若目标文件已存在则抛出异常，不能跨越磁盘或分区
	startfile(filepath [, operation])	使用关联的应用程序打开指定文件或启动指定应用程序
os.path	basename(path)	返回指定路径的最后一个组成部分
	dirname(p)	返回给定路径的文件夹部分
	exists(path)	判断给定路径是否存在
	getsize(filename)	返回文件的大小
	isdir(path)	判断 path 是否为文件夹
	isfile(path)	判断 path 是否为文件
	join(path, *paths)	连接两个或多个 path
shutil	copyfile(src, dst)	复制文件，不复制文件属性，如果目标文件已存在则直接覆盖
	copytree(src, dst)	递归复制文件夹
	disk_usage(path)	查看磁盘使用情况
	rmtree(path)	删除文件夹
	make_archive(base_name, format, root_dir=None, base_dir=None)	创建 tar 或 zip 格式的压缩文件
	unpack_archive(filename, extract_dir=None, format=None)	解压缩压缩文件
re	findall(pattern, string[, flags])	返回包含字符串中所有与给定模式匹配的项的列表
	match(pattern, string[, flags])	从字符串的开始处匹配模式，返回 match 对象或 None
	search(pattern, string[, flags])	在整个字符串中寻找模式，返回 match 对象或 None
	split(pattern, string[, maxsplit=0])	根据模式匹配项分隔字符串
	sub(pat, repl, string[, count=0])	将字符串中所有与 pat 匹配的项用 repl 替换，返回新字符串，repl 可以是字符串或返回字符串的可调用对象，作用于每个匹配的 match 对象

附录 **D** 常用 Python 扩展库清单

可以说，涉及各领域的广泛应用的扩展库是 Python 生命力如此之强的重要因素。目前 pypi.python.org 已经发布超过 200 万个扩展库文件，这些扩展库几乎涵盖了人类所涉及的方方面面，并且功能更完善、更强大的扩展库还在不断地涌现，下面列出其中常用的一些。

- 图形、图像、游戏领域：pillow、pyopencv、pyopengl、pygame
- 数据分析、科学计算：numpy、pandas、scipy
- 数据可视化、科学计算可视化：matplotlib、seaborn、SciVis、pythreejs、pyecharts
- 并行处理、GPU 加速、分布式计算：pycuda、pyopencl、NumbaPro、pySpark
- 机器学习：scikit-learn、pylearn2
- 深度学习：theano、tensorflow、caffe、Keras、mxnet
- 密码学：pycryptodome、rsa
- 网页设计：django、flask、web2py、Pyramid、Bottle
- GUI 开发：wxPython、kivy、PyQt、PyGtk、Page for Python
- 自然语言处理：jieba、snownlp、pypinyin、chardet、NLTK
- 系统运维：psutil、pywin32
- 网络爬虫：scrapy、BeautifulSoup4、mechanicalsoup、selenium、requests
- 数据库接口：pymssql、pyodbc、MySQLdb、pymongo、cx_Oracle
- 软件分析、逆向工程：idaPython、Immunity Debugger、Paimei、ropper
- 打包与发布：py2exe、pyinstaller、cx_Freeze、py2app
- Word 文件操作：python-docx
- Excel 文件操作：openpyxl
- PowerPoint 文件操作：python-pptx

[1] 董付国. Python 程序设计（第 2 版）[M]. 北京：清华大学出版社，2016.

[2] 董付国. Python 可以这样学[M]. 北京：清华大学出版社，2017.

[3] 董付国. Python 程序设计开发宝典[M]. 北京：清华大学出版社，2017.

[4] 董付国，应根球. 中学生可以这样学 Python[M]. 北京：清华大学出版社，2017.

[5] 董付国. Python 也可以这样学[M]. 台湾：博硕文化股份有限公司，2017.

[6] 董付国. Python 程序设计基础（第 2 版）[M]. 北京：清华大学出版社，2018.

[7] 董付国. 玩转 Python 轻松过二级[M]. 北京：清华大学出版社，2018.

[8] 董付国. Python 程序设计基础与应用[M]. 北京：机械工业出版社，2018.

[9] ［美］Cay Horstmann, Rance Necaise. Python 程序设计[M]. 董付国译. 北京：机械工业出版社，2018.

[10] 董付国. Python 程序设计实验指导书[M]. 北京：清华大学出版社，2019.

[11] 董付国，应根球. Python 编程基础与案例集锦（中学版）[M]. 北京：电子工业出版社，2019.

[12] 董付国. 大数据的 Python 基础[M]. 北京：机械工业出版社，2019.

[13] 段小手. 深入浅出 Python 机器学习[M]. 北京：清华大学出版社，2018.

[14] Peter Harrington. Machine Learning in Action[M]. 北京：人民邮电出版社，2014.

[15] 罗家洪. 矩阵分析引论[M]. 广州：华南理工大学出版社，2004.

[16] Tom M.Apostol. Linear Algebra[M]. 北京：人民邮电出版社，2010.